これからはじめる MySQL 入門

小笠原種高［著］

技術評論社

はじめに

　本書は、データベースマネジメントシステムである「MySQL」に初めて挑戦しようとしている方に向けた本です。「データベースとはどのようなものなのか？」から始め、MySQLの各種コマンド（SQL文）の解説や、トランザクション、ストアドプロシージャ、データベースの運用と管理まで解説しています。

　帳簿や住所録のような単純なデータの塊から始まったデータベースですが、現在では、SNSや検索エンジン、業務用システムなど、さまざまなシステムの根幹に使用されており、大きなシステムを組むのに欠かせないものとなっています。個人でブログを構築するときにも使いますし、業務でシステムを作るときにも必須でしょう。難しく感じたり、取っつきにくく感じたりすることもあるかもしれません。ですが、SQL文自体は実はシンプルなコマンドの組み合わせです。覚えなければならないことはそんなに多くありません。本書で学ぶコマンドを使いこなせるようになれば、ひととおりのデータベース操作はできるようになるので安心してください。

　また、本書はMySQLでの操作を学ぶ本ではありますが、SQL文はほかのRDBMSと共通のコマンドが多くあります。考え方も似ていることが多いでしょう。MySQLをしっかりと学び、自家薬籠中の物とできれば、ほかのRDBMSを学ぶ際にも大きなアドバンテージとなるはずです。

　コマンドを学ぶにあたり、机の前で唸っているだけでは身につきにくいかもしれません。そこで本書では、実際にコマンドを打って操作できるように、仮想環境とサンプルを用意しました。「環境を整えるのがメンドクサイ！」などといわずに、是非実際にやってみてください。できるだけ簡単にセッティングできるよう、仮想イメージも用意しました。VirtualBoxをインストールして、仮想イメージをコピーすれば、すぐに始められるようになっています。コマンドの入力には「phpMyAdmin」を使用し、そちらも仮想イメージが入っていれば自動起動するように設定してあります。

　本を読んだだけで覚えるよりも、手を動かして覚える方が忘れづらいものです。学習していると、時に躓くこともあるかもしれませんが、データベースをわかっているということは、強い武器となってあなたを支えてくれることでしょう。めげることなく、データベースの勉強を楽しんでください。

2018年4月　小笠原 種高

付録DVD-ROMの使い方

　本書での学習に使用する仮想マシンイメージファイルとデータベースを初期状態に戻すためのSQLファイルを付録のDVD-ROMに収録しています。DVD-ROMをパソコンに接続したDVDドライブに挿入し、下記の内容が収録されていることを確認してください。各ファイルの使い方は、第2章のP.41、P.52で解説しています。また、本書の環境をはじめて使用する際には、「はじめにお読みください.pdf」の内容を必ず確認してください。

●収録内容

- dataclear.sql
- UbuntuMySQL.ova
- はじめにお読みください.pdf

目 次

はじめに ·· 2

付録DVD-ROMの使い方 ······································· 3

Chapter 1 MySQLとは ····················· 9

1-1　データベースの基礎知識 ···························· 10

1-2　リレーショナルデータベースの基本 ··········· 15

1-3　MySQLの特徴 ·· 19

1-4　MySQLの構成 ·· 22

Chapter 2 学習環境の準備 ············· 27

2-1　学習環境を整える ····································· 28

2-2　VirtualBoxで仮想サーバーを作る ············· 31

2-3　学習環境の起動・終了とphpMyAdminでの操作 ········· 47

Chapter 3 データベース操作の基本 ····· 53

3-1　SQLとは ·· 54

3-2　データの抽出 ··· 61

3-3　データの追加 ··· 71

3-4　データの更新 ··· 76

3-5　データの削除 ··· 81

Chapter 4 データ型 ... 85

- 4-1 データ型とは ... 86
- 4-2 数値型 ... 95
- 4-3 日付と時刻型 ... 99
- 4-4 文字列型 ... 104
- 4-5 NULLという特別な値 ... 109

Chapter 5 演算子 ... 113

- 5-1 演算子とは ... 114
- 5-2 算術演算子 ... 117
- 5-3 比較演算子 ... 120
- 5-4 論理演算子 ... 131

Chapter 6 関数 ... 137

- 6-1 関数とは ... 138
- 6-2 数値関数 ... 141
- 6-3 文字列関数 ... 149
- 6-4 日付および時間関数 ... 158
- 6-5 列の別名 ... 167
- 6-6 その他の主な関数 ... 169
- 6-7 関数を利用したデータの絞り込み ... 171

目 次

Chapter 7 データの絞り込みと並べ替え 173

7-1	重複の除去	174
7-2	データの並べ替え	177
7-3	特定範囲のデータ抽出	181
7-4	データの集約とグループ化	184

Chapter 8 複数テーブルの操作 191

8-1	複数テーブルを結合する	192
8-2	和集合	200
8-3	内部結合	202
8-4	外部結合	206
8-5	サブクエリ	210

Chapter 9 データベースとテーブルの作成 215

9-1	データベースの作り方	216
9-2	ログインとデータベースの作成	221
9-3	単一テーブルの作成	225
9-4	他テーブルと連携する	235

Chapter 10 インデックスとビュー … 243

- 10-1 インデックス … 244
- 10-2 ビュー … 253

Chapter 11 トランザクションとロック … 261

- 11-1 トランザクション … 262
- 11-2 ロック … 268
- 11-3 トランザクション分離 … 275

Chapter 12 ストアドルーチン … 277

- 12-1 ストアドルーチン … 278
- 12-2 トリガー … 294

Chapter 13 データベースの運用と管理 … 299

- 13-1 Linuxの基本 … 300
- 13-2 MySQLの管理 … 322
- 13-3 MySQLの管理ツール … 325
- 13-4 バックアップとリストア … 329
- 13-5 ログ監視 … 336

Chapter 14 プログラムからの接続 ········ 341

14-1 プログラムからMySQLに接続する ·················· 342

14-2 PHPからのデータベース接続 ·················· 348

14-3 Pythonからのデータベース接続 ·················· 351

14-4 Javaからのデータベース接続 ·················· 354

14-5 ExcelやAccessからのデータベース接続 ·················· 359

Chapter 15 Webアプリケーションの作成 ········ 367

15-1 Webアプリとデータベース ·················· 368

15-2 データ一覧を表示する ·················· 377

15-3 データを追加する ·················· 385

索引 ·················· 396

■本書をお読みになる前に

・本書に記載された内容は、情報の提供のみを目的としています。したがって、本書を用いた運用は、必ずお客様自身の責任と判断によって行ってください。ソフトウェアの操作や掲載されているプログラム等の実行結果など、これらの運用の結果について、技術評論社および著者、サービス提供者はいかなる責任も負いません。
・本書記載の情報は、2018年4月現在のものを掲載しています。ご利用時には変更されている場合もあります。ソフトウェア等はバージョンアップされる場合があり、本書での説明とは機能内容や画面図などが異なってしまうこともあり得ます。本書ご購入の前に、必ずバージョン番号をご確認ください。
・本書の内容は、以下の環境で動作を検証しています。

・Windows 10
・macOS 10.13
・VirtualBox 5.2
・MySQL 5.7

以上の注意事項をご承諾いただいた上で、本書をご利用願います。これらの注意事項をお読みいただかずにお問い合わせいただいても、技術評論社および著者、サービス提供者は対処しかねます。あらかじめ、ご承知おきください。

本文中の会社名、製品名は各社の商標、登録商標です。

Chapter 1

MySQLとは

MySQLはデータベースを管理するソフトです。では、データベースとはどのようなものなのでしょうか。実は、意識しないだけでウェブや社内システムなどさまざまな場所で使われています。データベースの基本を学びながら、仕組みや構造について探っていきましょう。

1-1 データベースの基礎知識
Chapter 1　MySQLとは
～データベースとは～

現在使われているシステムの多くは、データの保存先としてデータベースが使われています。会社で顧客管理や売上管理に使われているシステムはもちろん、インターネットの検索サイトやSNSなど、さまざまな仕組みに取り入れられています。

1-1-1 データベースとは

データベースとは、**構造的に整理されているデータの集合体**です。こういってしまうと、なにやら難しいもののようですが、要は検索したり、特定のものだけを取り出したりしやすいように整理されているデータの集まりのことです。データを荷物だとすれば、データベースは倉庫です。取り出したり探したりしやすい、便利な倉庫だと考えるとわかりやすいでしょう。「構造的に」というところがポイントで、ただのデータの集まりでは欲しい情報だけを取り出すことが難しいのですが、構造的に性質や種類が整理されていることによって、検索や計算処理などをプログラムで扱いやすくなっています。

▶図1-1　データベースは「探しやすいように整理されたデータ」の集まり

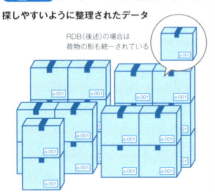
探しやすいように整理されたデータ
RDB（後述）の場合は荷物の形も統一されている

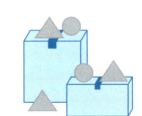
整理されていないデータ

1-1-2 データベースはどのように操作するの?

データベースは、あくまで「データの集合体」であって、それ自体にデータを操作するような機能はありません。データベースをデータの倉庫だとすれば、荷物をしまったり、目的の荷物を探し出したり、荷物を取り出したりするのは、「倉庫管理人」の役割であって、倉庫そのものが行うわけではないのです。

データベースにおいて、「倉庫管理人」にあたるのが、**データベース管理システム (データベースマネジメントシステム = DBMS)** です。「データベース」といった場合、多くの場面では、「データベース」と「DBMS」をセットで意味するため、「データベースは何を使っていますか？」と聞かれたときに「MySQL」や「PostgreSQL」、「Oracle Database」などの名前が挙がりますが、それらは正確には「DBMS」です。DBMSは、データを格納したり、削除したり、検索したりといった、データベースを実際に操作する役割を担います。

▶図1-2 荷物（データ）の管理は倉庫（データベース）ではなく、倉庫管理人（DBMS）が行う

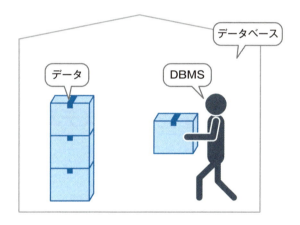

1-1-3 DBMSに誰かが命令しなければならない！

データベースとDBMSの関係について、ぼんやりと見えてきたでしょうか。実は、「データベースを使う」場合、もう1人登場人物がいます。それはPHPやPythonなどで作られた「プログラム」です。

DBMSは、あくまで「実際に動く」ものであり、人間やAIのように独立した意思があるわけではありません。なので、データベースをどうしたいのか命令しないと、何をしてよいかわかりません。常に命令を待ち、指示されたとおりに行動するだけの存

在です。「このデータを書き込んでほしい」「削除してほしい」「探し出してほしい」などの意思は、人間が直接DBMSに命令するか、プログラムで自動化して命令する必要があります。このとき、日本語で「お願いね」「頼むよ！」といったところで、DBMSは理解できません。DBMSが理解できる言語で命令する必要があります。その言語の1つが**SQL**です。後述しますが、SQLは、多少の方言はあれど、大概のDBMSで共通しているので、一度覚えてしまえばその後便利に使うことができます。

▶図1-3　DBMS自体は意志を持たないので、誰かが命令する必要がある

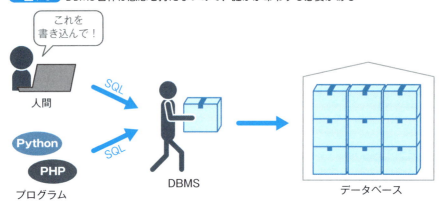

1-1-4　データベースを使ったシステム

　データベースを使ったシステムを作るとき、データを見やすいように表示したり、データを使って請求書やWebページを作ったりしたければ、それぞれ別個のプログラムが必要になります。たいていの場合、表示したり、操作を受け付けたりするプログラムとDBMSに命令するプログラムは同じです。例えばブログシステムの場合、記事やメニューページを見やすく表示するのは別のプログラムの担当ですが、DBMSはこのプログラムの呼び出しに応じてデータベースの形で保存されたデータから該当するものを渡しています。書き込む場合も同様で、ブログのプログラムから渡されたデータをDBMSがデータベースに書き込みます。つまり、「データベースを使うのにプログラムが必要」というよりは、「プログラムで使うデータをデータベースにすると便利」と考えたほうが、わかりやすいかもしれません。

▶**図1-4** プログラムはDBMSにデータの読み込みや書き込みを依頼する

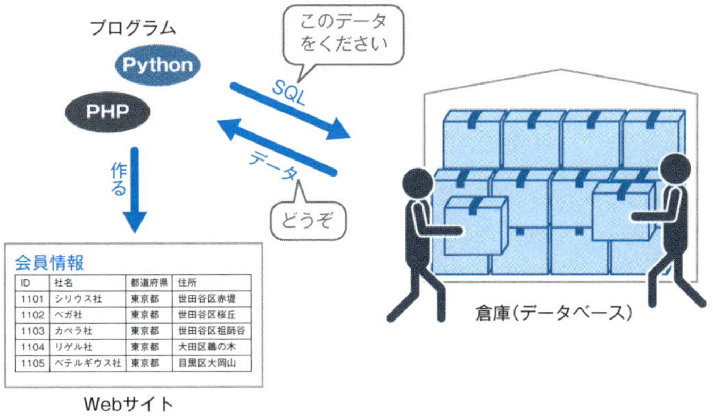

データベースに保存した情報は、条件に合うものだけを取り出したり、並べ替えできたりするので、月ごとの記事一覧の新着表示や、記事検索などができます。

お店に行くとパソコンを操作して在庫を探してくれることがありますが、こうした在庫の管理にデータベースが使われており、商品がいつ、どれだけの個数が入庫され、それが今どこにあるかなどの情報が記録されています。これを商品名や型番などで検索すると、今の在庫がわかるわけです。ほかにも、携帯電話のショップなどでは顧客をデータベースで管理していて、電話番号を入力すると契約しているサービスの種類や課金の情報などがわかります。こうしたデータベースがなければ、問い合わせのたびにとても長い間待たされてしまうでしょう。もちろん、銀行や証券などでもデータベースが欠かせません。私たちの口座情報はデータベースで管理されており、振り込み処理をすれば瞬時にそのデータベースで管理された残高が変わるようになっています。インターネットで振り込みができるサービスは、こうしたデータベースの操作をブラウザからできるようにすることで実現しています。

1-1-5 データベースの種類

データベースの種類には、**リレーショナルデータベース（RDB）** とRDBではない**NoSQL（非RDB）** があります。一般的に「データベース」といえば、リレーショナルデータベースを指します。「MySQL」や「PostgreSQL」「Oracle Database」など、よく耳にするDBMSのほとんどは、RDBを操作する**RDBMS（リレーショナルデータベースマネジメントシステム）** です。リレーショナル型と非リレーショナル型の違いは、データの構造を細かく決めるかどうかです。RDBは、データ構造を厳密に決めるためにいくつかの設定が必要ですが、検索や抽出に強いです。一方のNoSQLは、決めるこ

とが少ない分、スピーディに構築できます。

▶図1-5 データベースの種類

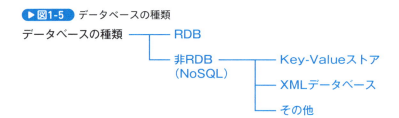

　本書で扱う「MySQL」ももちろんリレーショナル型ですから、この後の説明は、基本的にはリレーショナル型を前提として進めます。リレーショナル型のデータベースは、「データベースの基本の考え方」を学ぶのに最適です。もし、非リレーショナル型にも興味が湧いた際は、そちらを理解するのにも役立つでしょう。

> **Column　NoSQLデータベースが登場した理由**
>
> 　データとは、仕事や人の生活を反映したものです。ただ、世の中にあるすべてのデータがきれいな構造であるとは限りません。ときには構造化が難しいデータもあるでしょう。そうしたデータを保存するために、NoSQLは生まれました。NoSQLデータベースが登場する前は、データを無理やりきれいな形にして、リレーショナルデータベースに格納する方法がとられていましたが、このような処理を毎回行うことは作業者の負担になりやすく、データの要素を正しく扱えるとは限らない、処理速度が低下するなどの問題がありました。NoSQLの登場により、このようなイレギュラーなデータもそのまま扱えるようになったのです。
>
> 　例えば、代表的なNoSQLの1つである「Key-Valueストア」は、データベースの高速化を重視した構成です。キーにたくさんの値を結びつけることでデータを保存します。キーを指定してそれに結びつけられたデータを取得するのは得意ですが、任意の検索は苦手です。また、「XMLデータベース」はドキュメント構造をそのまま保存できるようにしたデータベースで、全文検索などのテキスト処理が得意である特徴があります。
>
> 　ビッグデータを扱いたいなど、データの件数が多い場合には、パフォーマンスの向上のためにそうしたNoSQLデータベース製品を選んだほうがよいこともあります。

- データベースとは、構造的に整理されたデータの集合体のこと
- データベースはDBMSを介して操作する

Chapter 1　MySQLとは

1-2

リレーショナルデータベースの基本〜RDBとは〜

一般的に「データベース」といった場合には、リレーショナルデータベースを指すことがほとんどです。本書で取り扱うMySQLもリレーショナルデータベースの一種です。ここではリレーショナルデータベースの基本について学んでいきましょう。

1-2-1　リレーショナルデータベースとは

　リレーショナルデータベース（RDB）のリレーショナル（relational）とは「関係のある」という意味です。行と列のある表（テーブル）の形式で表され、テーブルとテーブルが結びつけられている（リレーショナル）ことが特徴です。リレーショナルデータベースは、テーブル同士を結びつけるために、「データ構造を決めてデータを取り扱う」という絶対の約束事があります。行と列があるのも、約束事の1つです。

▶ **図1-6**　テーブル同士を関連付けるのがリレーショナルデータベース

テーブルA

ID	氏名	電話番号	メールアドレス
00024	塩谷高定	09012345678	enya@chikyuusha.commm
00056	大星由良助	09012345679	yuranosuke@chikyuusha.commm
00025	千崎弥五郎	09012345680	yagoro@chikyuusha.commm
00026	寺岡平右衛門	09012345681	heiemon@chikyuusha.commm
00027	大鷲文吾	09012345682	bun5@chikyuusha.commm
00028	斧定九郎	09012345683	sada9rou@chikyuusha.commm

表形式である

テーブルB

取引ID	商品コード	数量	取引先
hgf001	p102001	10	00024
hgf002	p102002	20	00056
hgf003	p102003	30	00025
hgf004	m132001	50	00026

テーブルC

商品コード	分類	商品名
p102001	a002	ペンケース赤
p102002	a002	ペンケース青
p102003	a002	ペンケース黄
m132001	b003	万年筆A
m132002	b003	万年筆B
m132003	b003	万年筆C
j221001	c001	ボールペン黒1ダース

1-2-2 カラムとレコード

　RDBでは、列のことをカラム、行のことをレコードと呼びます。例えば住所録を取り扱う場合、「大星由良助さんの電話番号は○○○で、住所は△△△である」といった一人一人の情報が「レコード」です。基本的にレコード単位でデータは管理されます。そして「電話番号」「住所」などの項目名が「カラム」です。1つのレコードは、そのテーブルがどのようなカラムで構成されるのかで、その内容が決まります。空欄を許すケースはあっても、「大星さんの情報は全部入力できるが、加古川さんの情報はメールアドレスしか入力できない」などということはありません。

▶図1-7　1人ずつのデータを行（レコード）、項目を列（カラム）として扱う

項目が「列（カラム）」

ID	氏名	電話番号	メールアドレス
00024	塩谷高定	09012345678	enya@chikyuusha.commm
00056	大星由良助	09012345679	yuranosuke@chikyuusha.commm
00025	千崎弥五郎	09012345680	yagoro@chikyuusha.commm
00026	寺岡平右衛門	09012345681	heiemon@chikyuusha.commm
00027	大鷲文吾	09012345682	bun5@chikyuusha.commm
00028	斧定九郎	09012345683	sada9rou@chikyuusha.commm

氏名
塩谷高定
大星由良助
千崎弥五郎
寺岡平右衛門
大鷲文吾
斧定九郎

1人1人のデータが「行（レコード）」

00056	大星由良助	09012345679	yuranosuke@chikyuusha.commm

　このようなレコードがたくさん集まった1つの表を**テーブル**といいます。1つのデータベースは複数のテーブルで構成されていることが多く、データベースの中に複数のテーブルがあり、テーブルの中にレコードがある、というイメージです。リレーショナルデータベースでは、テーブルごとに「どのようなカラムがあるか」「カラムの内容はどういった種類のデータであるか」を決めるものなので、住所録と商品一覧のような、項目の違う形式のレコードは同じテーブルにすることはありません。

▶図1-8　全く別のデータは同じテーブルにしない

ID	社名	都道府県	住所	郵便番号	電話番号	商品名	金額	分類
1101	シリウス社	東京都	世田谷区赤堤	156-0044	03-1234-5678	-	-	-
1102	ベガ社	東京都	世田谷区桜丘	156-0054	03-1234-5679	-	-	-
1103	カペラ社	東京都	世田谷区祖師谷	157-0072	03-1234-5680	-	-	-
1104	リゲル社	東京都	大田区鵜の木	146-0091	03-1234-5681	-	-	-
1105	ベテルギウス社	東京都	目黒区大岡山	152-0033	03-1234-5682	-	-	-
p102001	-	-	-	-	-	ペンケース赤	2500	ペンケース
p102002	-	-	-	-	-	ペンケース青	2500	ペンケース
p102003	-	-	-	-	-	ペンケース黄	2500	ペンケース
m132001	-	-	-	-	-	万年筆A	3700	万年筆
m132002	-	-	-	-	-	万年筆B	3700	万年筆

住所録と
商品一覧は
一緒にしない

16　Chapter 1　MySQLとは

1-2-3 入力できるデータの種類

データベースに入力するデータは、あらかじめ「どの列にどのようなデータを入れるか」決めておく必要があります。「どのようなデータか」とは、「数字を入れる」「20文字以内の文字を入れる」といったデータの種類（データ型）や、空欄（未入力）を許すかどうかなどのルールを指します。この決めた内容を**スキーマ**といいます。スキーマは、データを入れる前に定義しなければなりません。

▶図1-9　データベースにどんなデータを入れるかはあらかじめ決めておく

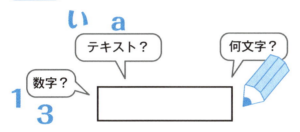

スキーマは、テーブル単位ではなく、1つ1つのカラム（列）について定義します。「住所録だから、電話番号欄は数字だけにしたいな」と思った場合は、名前や住所のところは任意の「文字列」を入れられるようにし、電話番号欄だけ「数字しか許さない」ようにするなど、別々に設定できます。

▶図1-10　スキーマはカラム単位で設定できる

ID	氏名	電話番号	メールアドレス
00024	塩谷高定	09012345678	enya@chikyuusha.commm
00056	大星由良助	09012345679	yuranosuke@chikyuusha.commm
00025	千崎弥五郎	09012345680	yagoro@chikyuusha.commm
00026	寺岡平右衛門	09012345681	heiemon@chikyuusha.commm
00027	大鷲文吾	09012345682	bun5@chikyuusha.commm
00028	斧定九郎	09012345683	sada9rou@chikyuusha.commm

↑このカラムは数字の入力しか許さない

↑このカラムはどんな文字でもよいが、20文字以内とする

1-2-4 RDBMSとは

データベースを操作するDBMSのうち、特にRDBを操作するDBMSを **RDBMS（リレーショナルデータベースマネジメントシステム）** といいます。RDBMSには、商用・非商用含めてさまざまな種類があります。いわゆる「データベース」「データベースソフト」と呼ばれるものは、実際にはRDBMSを指すことが多いです。本書で取り扱うMySQLも、RDBMSの一種です。

▶図1-11　RDBMSの種類

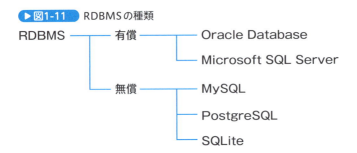

Column　ファイルとして使うデータベースSQLite

「MySQL」や「PostgreSQL」、「Oracle Database」、「Microsoft SQL Server」は、共通する特徴の多いデータベース製品です。基本的には、サーバーにインストールして使います。それに対して、「SQLite」だけは少し異質です。

「SQLite」はファイル単位のデータベースです。1つのデータベースが1つのファイルとして構成されていて、データベースサーバーをインストールすることなく、ライブラリを通じて読み書きするだけでデータベース処理します。そのファイルを単純に別のコンピュータにコピーすると、そのデータをそのまま使えます。このような特徴があるため、「SQLite」は小さなデータで、かつ、複数のユーザーが同時にアクセスしない性質のもの、例えば、個人の環境情報や受信メールの保存などに使われます。

- リレーショナルデータベースとは、テーブル形式で互いのテーブル同士が結びつくモデルのデータベース
- テーブルはカラムとレコードを持ち、カラムにどのような種類のデータが入るか定義されている

1-3 Chapter 1 MySQLとは

MySQLの特徴

～MySQLとは～

MySQLは、オープンソースのデータベース管理システム（RDBMS）です。無償で使える上に普及率が高いため、手軽にチャレンジしやすいRDBMSの1つです。MySQLにはどのような特徴があるのでしょうか。

1-3-1 MySQLとは

MySQLは、オープンソースのリレーショナルデータベース管理システム（RDBMS）です。そのため、商用・非商用に関わらず、「GPL（GNU General Public License）」と呼ばれるソースコードの公開や、改変を許可するライセンスの下で利用する場合は、無償で利用できます。事情によりソースを非公開にしたいときや、改変を許可したくないときなどには、「コマーシャルライセンス（MySQL Standard Edition/MySQL Enterprise Edition/MySQL Cluster Carrier Grade Edition）」というサブスクリプションの有償ライセンスを購入する必要があります。つまり、個人で使用する場合は、「MySQL Community Edition」をGPLライセンスに従って無料で使用し、途中から商業展開してソースを公開したくなくなった場合は、コマーシャルライセンスを買って切り替えることもできるということです。

▶図1-12 MySQLのライセンス

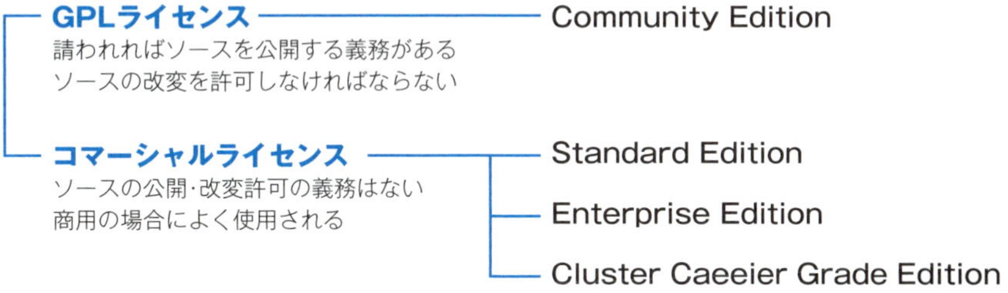

GPLライセンス ──────────── Community Edition
請われればソースを公開する義務がある
ソースの改変を許可しなければならない

コマーシャルライセンス ───────── Standard Edition
ソースの公開・改変許可の義務はない
商用の場合によく使用される ───── Enterprise Edition
                          ───── Cluster Caeeier Grade Edition

MySQLはLinux、Windows、Mac上で動き、FacebookやTwitter、サイボウズをはじめとして、世界中のさまざまな規模のサービスで利用されているため、使用実績が多く、情報を得やすいソフトです。現在は、オラクル社が管理しています。

1-3-2 MySQLの特長

　MySQLは、シンプルな構造であるため、少量データを高速にアクセスしたい場合に向いています。Webシステムで使われることも多く、「LAMP」（Linux、Apache、MySQL、PHPを合わせた造語）などの用語ができるほどです。WordPressやMovable Typeなど有名なブログシステムがMySQLをDBMSとして採用しており、多くのレンタルサーバーがMySQLの実行環境を提供しています。

　また、レンタルサーバーだけでなく、通常のサーバーにインストールする場合にも、MySQLは便利なDBMSといえます。RedHatやCentOSなど、主要なサーバー用OSには最初からMySQLが組み込まれていることが多く、パッケージのCDなどを別途用意せずとも、コマンド操作だけでMySQLのインストールができます。各OSのサポートもあるので、インストールやアップデートで不具合が起こりにくい面もあります。

▶図1-13　MySQLの特長

　また、シェアが大きく、情報が集めやすいこともMySQLの魅力でしょう。ソフトウェアである限りは、不具合や構築がうまく行かないことがつきものです。しかし、そうした場合にも世界中にユーザーがいるため、誰かがすでに解決していたり、情報を公開していたりすることが多く、解決のヒントになります。このほかにも、さまざまな言語に対応していることや、phpMyAdminのような便利なツールがあることも大きな利点です。これらの点から、初心者が最初に使うDBMSとして向いているといえます。

1-3-3 MySQLと他のデータベースソフトとの違い

　MySQLと並ぶ無償のRDBMSといえば、PostgreSQL（ポストグレエスキューエル）が挙げられます。どちらもシェアが大きく、機能にも類似点が多いのですが、MySQL

のほうが処理が速いためスケール化しやすい特長があり、負荷分散（シャーディング）も容易です。また、レンタルサーバーでの採用例が多く、WordPressとMovable Typeのどちらも使用できます。

一方、PostgreSQLは多機能かつ速度よりも安全性を重視した構成であるため、動作速度は若干遅めではありますが、多数のユーザーが大量のデータを保存するのに向いています。関数が作りやすい仕組みであるため、複数のSQLをまとめて実行できる、ストアドプロシージャ機能が充実しているのも魅力でしょう。

どちらも対応する幅が広いRDBMSですが、ざっくりといえば小さく高速なものはMySQL、大がかりなものはPostgreSQLがやや得意と考えるとわかりやすいです。

ただ、データベースを操作する命令文であるSQLは国際規格であるため、ソフトウェアごとの方言はあるものの、1つのRDBMSに精通していれば、ほかのRDBMSもある程度操作できる傾向にあります。どのRDBMSを選ぶのかは、社内の事情であったり、作成者の好みであったりする部分も大きいです。

▶図1-14 PostgreSQLの公式サイト

- MySQLはオープンソースのRDBMS
- オープンソースのRDBMSには、ほかにPostgreSQLなどがある

1-4 MySQLの構成
Chapter 1 MySQLとは
〜MySQLとデータベースの仕組み〜

データベースやMySQLがどのようなものか、ぼんやりと見えてきたでしょうか。複数のソフトが絡むため、一見複雑そうに見えるかもしれませんが、データベース自体は、そんなに大層なものではありません。

1-4-1 MySQLの役割

　最初に説明した通り、データベースはただの「データの集合体」です。これを扱うのが、MySQLのようなデータベース管理システム（DBMS）であり、さらに表示や印刷などは、また別のソフトが担当します。では、具体的にどのような関係か、ブログ作成ソフトを例に考えてみましょう。

　ブログ作成ソフトは、ユーザーからの入力を受け付け、それをデータベースに保存します。このとき、ブログ作成ソフトから直接データベースに書き込むことはできません。まずMySQLに命令をして、それを受けたMySQLがデータベースに入力内容を書き込みます。

　呼び出すときも同じです。ブログの外見やHTMLファイルの生成はブログ作成ソフトが行いますが、その内容については、データベースに格納しているため、MySQLを通じて内容を呼び出します。このとき、MySQLへの命令はSQLで行われます。

▶図1-15　ソフトウェアはSQLでDBMSに命令を出し、データベースの操作はDBMSが担当する

　データベースを作成すると、MySQLがサーバー内の規定の位置にファイルやディレクトリを作り、データを管理します。

1-4-2 データベースを置く場所

「データベース」とMySQLの関係はわかったものの、そもそも、その2つはどこに置くのだろう？ と疑問に思う頃かと思います。データベースを使ったシステムの多くは、サーバーにMySQLをインストールし、MySQLが同じサーバー内にデータを保存していく（これがデータベースとなる）ことが多いです。MySQLに命令をするプログラムも同じサーバーに置くケースがほとんどでしょう。別の場所に置くこともできますが、小さいシステムの場合は、たくさんのサーバーを用意しないため、1つの場所にすべてを入れてしまうことが多いです。

1-4-3 データベースの中身

リレーショナルデータベースの場合、行（レコード）と列（カラム）があると説明しました。レコードの集まりがテーブルであり、1つのデータベースは複数のテーブルで構成される傾向にあります。

例えば、「営業部データベース」というものがあった場合、データベースとして扱ったほうがよい情報はさまざまです。顧客の住所録もあれば、売上データや商品のデータもあるでしょう。こうした、「住所録」「売上」「商品一覧」などの、紙で管理する場合でも別の紙に分かれているような書類は、データベースでも別のテーブルとして扱います。そのため、営業部データベースには、「住所録テーブル」や「売上テーブル」「商品一覧テーブル」などの複数のテーブルが存在することになります。さらに、会社には営業部のほかに総務部や企画部など、ほかの部署が存在します。データベースでも同じように、1つのMySQLが管理するデータベースは複数であることが多いです。

▶図1-16　MySQLが複数のデータベースを管理し、それぞれが複数のテーブルを持っている

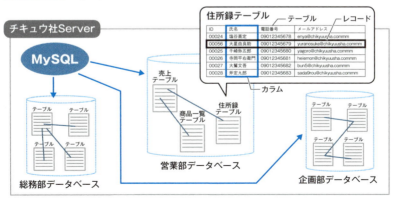

1-4 MySQLの構成　23

1-4-4 命令するソフトやツールもいろいろある

　MySQLに命令するのは、ブログ作成ソフトなどの別のソフトの場合もありますが、MySQLに同梱されているコマンドツールやブラウザで操作できるツールで人間が直接命令することもあります。コマンドツールとは、「黒い画面」とも呼ばれるコマンドを直接打ち込める画面から命令します。コマンドツールを使いたい場合は、MySQLの入っているサーバーに接続して、Linuxのコマンドなども打ち込まなければならないので、初心者にはやや難しいかもしれません。

　そのため本書では、ブラウザからMySQLを操作できる「phpMyAdmin（ピーエイチピーマイアドミン）」を使用して学習を進めていきます。phpMyAdminを使用すれば、いつも使用しているFirefoxやChrome、Operaなどのブラウザから、サーバー内のMySQLに命令できるようになります。黒い画面と違ってコマンド操作ではなく、マウスを使って視覚的に操作するため、MySQLの操作やSQLの習得に集中できます。もちろん、SQL文自体は打ち込む必要がありますが、SQLの実行やデータの確認などがボタン操作で済むので、ストレスが少ないのがありがたいところです。

　これらの命令するソフト・ツールと、MySQL、データベース（ファイル）は、同じサーバー内に置くことが多いですが、別のサーバーに置くこともできます。

▶図1-17　コマンドツールとphpMyAdminのそれぞれの画面

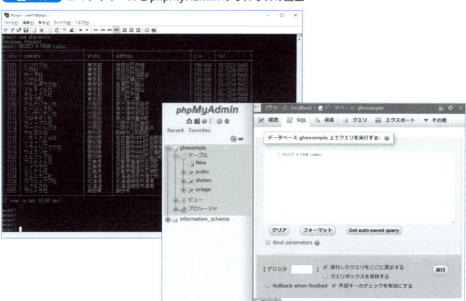

1-4-5 本書での学び方

　データベースは、PHPやPythonなどのプログラミング言語と異なり、それだけで「何かできる」わけではありません。管理するMySQLなどのRDBMSや、命令するプログラムなどが必要となるため、「何ができるのか」わかりづらい面があります。また、データを入力しようにも、データベースやテーブルを作成して構造を決めないことには、何もできません。そのため、データベースの学習は「本題に入る前に、準備ばかりでつまらないなあ」と感じてしまいがちです。これでは、SQLやデータベースの操作に入る前に飽きてしまいかねないため、本書ではまず触ってみるところから始める構成にしました。

▶図1-18　データベースの学習はデータベースの操作の前にやることが多い

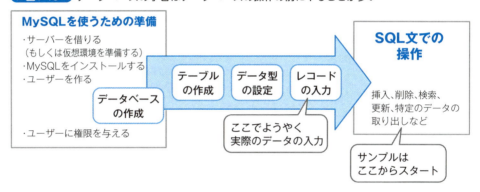

　本書では、あらかじめMySQLの初期設定を済ませ、サンプルのデータが格納された状態の学習環境を提供しています。ここに、何か命令（SQL文）を出せば、データベースに格納されている値を取り出したり、変更したり、削除したり、追加したりできるようにしてあります。最初に仮想環境の準備は必要になりますが、その後は付属のサンプルを読み込むだけでデータベースを操作できる環境が整います。

1-4-6 データベースが操作できるようになるには

　データベース操作の基本となるのは、MySQLに命令するSQL文です。本書ではまず、SQL文を使ったデータベースの操作方法を習得します。SQL文には条件に合致するものだけを取り出したり、集計したりする機能もあります。こうした操作を理解することで、データベースにたまっているさまざまなデータを自分が必要とする形で取得できるようになります。

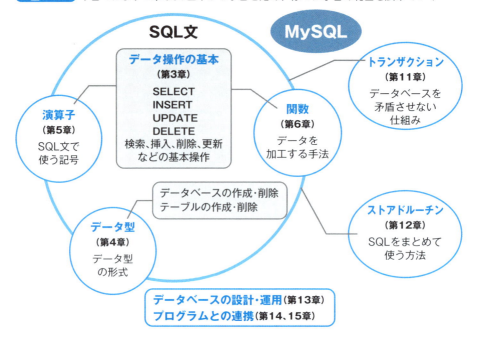

▶図1-19 本書ではまずSQL文の基本から学習を始め、徐々に学習の範囲を広げていく

　SQL文を習得したら、次に、顧客情報や商品情報などデータベースで扱いたいデータをどうやってデータベースに保存できるようにするのかという、データベースの設計の方法を習得します。テーブルの列の書式やサイズを定義する方法や、複数のテーブルに分けたり、連携させたりする方法を学びます。

　ここまでわかれば、ひととおりのデータベース操作ができるようになります。後は、応用です。応用では、トランザクションとロック（第11章）、ストアドプロシージャとトリガー（第12章）などを学びます。

- サーバーにMySQLをインストールし、そこにデータを保存する
- MySQLの操作はコマンドツールや専用のソフトを使用する

Chapter 2

学習環境の準備

何事も実際にやってみるのが一番です。この章では、MySQLを学習する環境を整えます。本物のサーバーを立てるのは大変なので、VirtualBox上に仮想サーバーを立てて操作していきます。本書では簡単にセットアップできるよう、付録のDVD-ROMに環境を用意しています。

2-1

Chapter 2 学習環境の準備

学習環境を整える
～本書で提供する学習環境～

データベースを学習するには、まず環境を準備する必要があります。本書では実際に皆さんが操作できるよう、あらかじめMySQLをセットアップし、すぐに試せる学習環境を提供しています。

2-1-1 VirtualBoxを使った学習環境

　　MySQLを習得するには、触ってみるのが一番です。しかし、MySQLはLinuxなどのサーバーOSで動かすソフトウェアであるため、Linuxのインストールや設定など、多くの準備が必要です。そこで本書では、付録のDVD-ROMにあらかじめMySQLをセットアップしたLinuxサーバーを仮想マシンのイメージファイルとして収録しました。オラクル社が無償配布している「VirtualBox」という仮想化ソフトウェアを自分のパソコンにインストールし、付録のDVD-ROMのイメージを読み込み、仮想マシンを起動するだけですぐにMySQLを使うことができます。MySQLを使うのに、新しいサーバーなどの環境は必要ありません。不要になったら、VirtualBoxや仮想マシンをアンインストールするだけで消去できます。

2-1-2 ブラウザから簡単に操作できるphpMyAdmin

　　次章から具体的に説明していきますが、MySQLには、**SQL**と呼ばれるさまざまなコマンドを入力することで操作します。コマンドを入力するには、サーバーOSにログインしてから操作する必要があり、意外と複雑です。そこで本書の学習環境では、こうしたコマンド入力をせずともSQLを実行できるようにするため、Webブラウザから操作できる**phpMyAdmin**という管理ソフトをあらかじめ設定してあります。phpMyAdminを使うことで、普段使っているブラウザからアクセスするだけで、MySQLの操作ができ、複雑なコマンドを入力する必要がありません。

▶図2-1 コマンドを使う場合

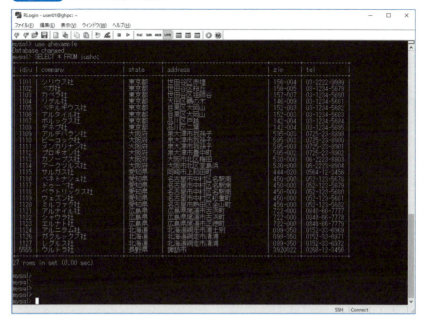

▶図2-2 phpMyAdminを使う場合

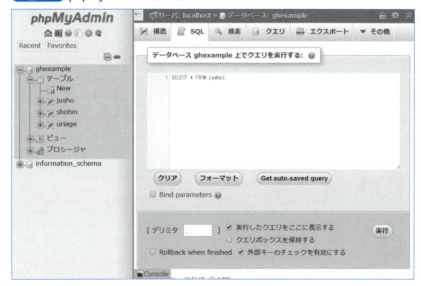

2-1 学習環境を整える 29

2-1-3 DVD-ROMの学習環境を使うために必要な作業

付録のDVD-ROMに収録されている学習環境を使うには、次の手順が必要です。

❶ VirtualBoxをダウンロードする

オラクル社のサイトからVirtualBoxをダウンロードしてインストールします。

❷ 仮想マシンイメージの設定

　VirtualBoxを起動し、添付DVD-ROMの仮想マシンイメージをインポートして、実行できるように構成します。なお、phpMyAdminはすでに仮想マシンイメージに含まれており、自動起動するように設定されています。

　次節では、これらの方法を説明していきます。

- 本書ではVirtualBoxという仮想サーバーソフトを使用する
- データベースの操作はphpMyAdminという管理ソフトを使用する

2-2 | Chapter 2 学習環境の準備

VirtualBoxで仮想サーバーを作る～仮想サーバーの構築～

VirtualBoxをインストールして、仮想サーバーを構成して使えるようにしていきましょう。本書ではWindows 10環境とmacOSでの手順を紹介します。インストール後の操作についてはどちらもほぼ同じです。

2-2-1 VirtualBoxのインストール（Windows 10）

まずは、Windows 10でVirtualBoxをインストールする手順を説明します。VirtualBoxのバージョンは時期によって異なる場合もありますが、気にせずに進めてください。

❶VirtualBoxをダウンロードしてインストールする

Webブラウザで、VirtualBoxのダウンロードページ（https://www.virtualbox.org/wiki/Downloads）にアクセスし、＜VirtualBox binaries＞の＜Windows hosts＞をクリックします。するとブラウザの下部に「VirtualBox-5.2.10-122406-Win.exe(108MB)について行う操作を選んでください。」と表示されるので（以下、数字部分は異なる場合があります）、＜実行＞をクリックします。

▶図2-3　VirtualBoxをダウンロードページからダウンロードする

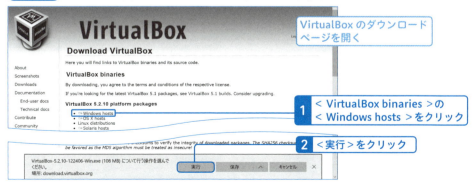

❷ウィザードを進める

セットアップウィザード画面が表示されます。＜Next＞をクリックします。

▶図2-4 VirtualBoxをインストールするためのセットアップウィザードが表示される

1 ＜Next＞をクリック

❸インストールする機能の選択

インストールする機能を選択します。デフォルトのままでよいので、そのまま＜Next＞をクリックします。

▶図2-5 インストールする機能の選択画面が表示される

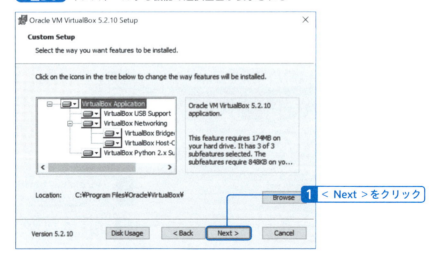

1 ＜Next＞をクリック

❹インストールオプションの選択

　オプションの選択画面が表示されます。デフォルトでは、すべての項目にチェックが付いています。そのまま＜Next＞をクリックします。

▶図2-6　オプションの選択画面が表示される

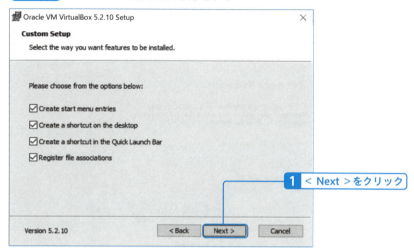

1　＜Next＞をクリック

Column　オプションの意味

　オプションの意味は、次のとおりです。

Create start menu entries
　スタートメニューにVirutalBoxへのショートカットを作成する。

Create a shortcut on the desktop
　デスクトップにVirutalBoxへのショートカットを作成する。

Create a shortcut in the Quick Launch Bar
　「クイックラウンチバー」のメニューバーにショートカットを作成する。

Register file associations
　ファイルの関連付けを登録する。VirtualBoxの拡張子として使われている.vboxや.vdiを持つファイルに対応するプログラムとしてVirtualBox Managerが関連付けられ、ファイルを開くだけで起動するようになる。

❺ネットワークの一時切断の警告

インストール中にネットワークが一時的に切断されるという警告が表示されます。例えば、ファイルをダウンロードしているときなどは中断する恐れがあります。切断しても問題がなければ、＜Yes＞をクリックして、次の画面に進んでください。

▶図2-7　ネットワークが一時切断される旨の警告メッセージが表示される

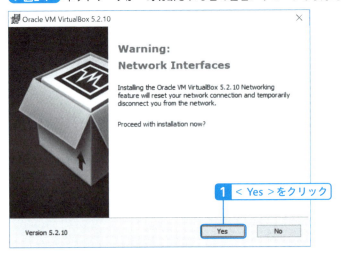

❻インストールの開始

＜Install＞をクリックして、インストールを開始します。

▶図2-8　インストールを開始する

❼ユーザーアカウント制御

ユーザーアカウント制御のダイアログが表示されます。＜はい＞をクリックします。

▶図2-9　ユーザーアカウント制御のダイアログが表示される

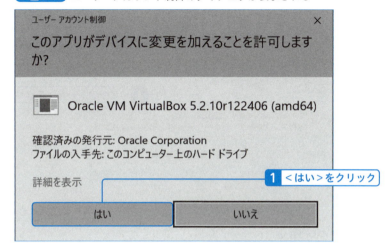

❽インストールが始まる

インストールが開始され、プログレスバーが表示されます。

▶図2-10　インストールが開始される

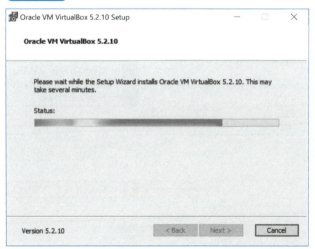

❾デバイスドライバのインストール

途中、デバイスドライバのインストールが始まり、Windows セキュリティダイアログが表示されます。表示されたら＜インストール＞をクリックしてください。

▶図2-11　デバイスドライバをインストールする

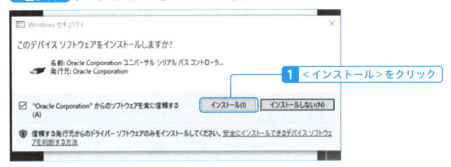

❿インストールの完了

しばらくすると、インストールが完了した画面が表示されます。＜Finish＞をクリックすると、インストールが完了します。このとき＜Start Oracle VM VirtualBox 5.2.10 after installation＞にチェックを付けておくと、すぐにVirtualBoxが起動します。

▶図2-12　VirtualBoxのインストールが完了した

2-2-2　VirtualBoxのインストール（macOS）

macOSでのVirtualBoxのインストール方法を説明します。macOSの場合もWindowsと同様の操作でインストールできます。

❶VirtualBoxをダウンロードしてインストールする

Webブラウザで、VirtualBoxのダウンロードページ（https://www.virtualbox.org/wiki/Downloads）にアクセスし、＜VirtualBox binaries＞の＜OS X hosts＞をクリックします。

▶図2-13　VirtualBoxをダウンロードページからダウンロードする

❷インストールの開始

ダウンロードした「VirtualBox-5.2.10-122088-OSX.dmg」（以下、数字部分は異なる場合があります）をダブルクリックし、インストールを開始します。＜Double click on this icon＞のアイコンをダブルクリックします。

▶図2-14　アイコンをダブルクリックしてインストールを開始する

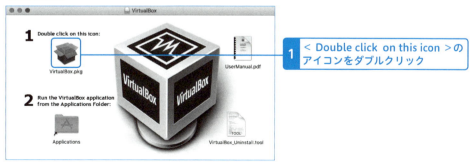

❸インストールを続ける

インストールウィザードが開き、ソフトウェアをインストールするかどうかの確認メッセージが表示されます。＜続ける＞をクリックしてインストールを続けます。

▶図2-15　インストールを実行する確認メッセージが表示される

❹ウィザードを進める

インストールウィザードが操作可能になるので、＜続ける＞をクリックします。

▶図2-16　インストールウィザードが操作可能になる

❺インストールの実行

＜インストール＞をクリックしてインストールを開始します。

▶図2-17　インストールを実行する

1　＜インストール＞をクリック

Column　インストール先の選択

図2-17で＜インストール先を変更＞をクリックすると、インストール先を選択できます。インストール方法をクリックして選択し、＜続ける＞をクリックします。

▶図2-18　インストール先を選択する

1　インストール方法（ここでは「このコンピュータのすべてのユーザ用にインストール」）をクリック

2　＜続ける＞をクリック

❻インストールの許可

ユーザー名とパスワードの入力を求められます。macのユーザー名とパスワードを入力し、＜ソフトウェアのインストール＞をクリックします。

▶図2-19　ユーザー名とパスワードを入力する

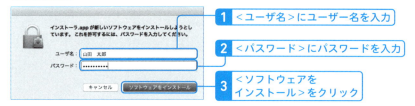

❼インストールの完了

インストールが開始されます。しばらくするとインストールが完了します。

▶図2-20　インストールが完了した

2-2-3 学習環境のイメージをセットアップする

　ここからはVirtualBoxを操作して、付録のDVD-ROMに収録されている学習環境のイメージをセットアップしていきます。インストール後自動でVirtualBoxが起動しない場合は、スタートメニューから＜Oracle VM VirtualBox＞→＜Oracle VM VirtualBox＞をクリックして、VirtualBoxを起動してください。

❶仮想アプライアンスのインポート

　VirtualBoxの＜ファイル＞メニューから＜仮想アプライアンスのインポート＞をクリックします。

▶図2-21　VirtualBoxを起動し、仮想アプライアンスをインポートする

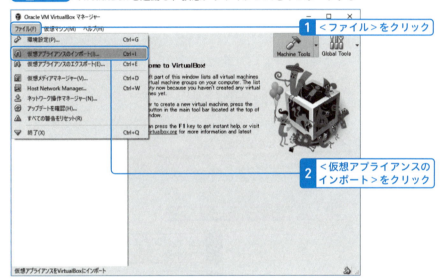

❷学習環境イメージのインポート

　仮想アプライアンスのインポートダイアログが表示されます。＜インポートする仮想アプライアンスを選択＞をクリックし、付録のDVD-ROMに収録されている学習環境のイメージファイルを選択してください。

▶図2-22　DVD-ROMに収録されているイメージファイルをインポートする

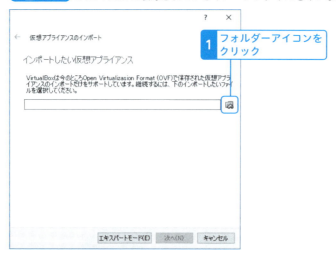

▶図2-23　イメージファイルを選択する

❸USBコントローラーとネットワークアダプター以外のインポート

仮想アプライアンスの設定ダイアログに、仮想マシン構成の項目が表示されます。下にスクロールして、USBコントローラーと2カ所のネットワークアダプターのチェックを外してから、＜インポート＞をクリックします。

▶図2-24　仮想アプライアンスの設定をしてインポートする

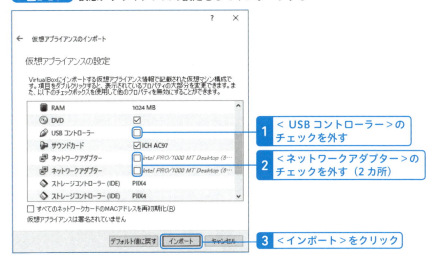

❹インポートの開始

学習環境の仮想マシンができるインポートが開始され、進捗を示すプログレスバーが表示されます。完了すると、「UbuntuMySQL」という仮想マシンが作成されます。

▶図2-25　インポートが開始される

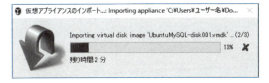

▶図2-26　インポートが完了し、仮想マシンが作成された

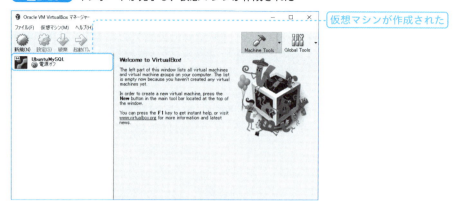

仮想マシンが作成された

❺仮想マシンの設定画面を表示

仮想マシンが作成されたら、次はネットワークアダプターを構成します。作成した「UbuntuMySQL」をクリックして選択し、＜設定＞をクリックします。

▶図2-27　作成した仮想マシンの設定を開始する

1 「UbuntuMySQL」をクリック　　2 ＜設定＞をクリック

Column　previewマシン

VirtualBoxの起動時、「preview」という仮想マシンがあらかじめ作成されていることがあります。本書では利用しないので、必ず「UbuntuMySQL」を利用するか、「preview」を削除する（P.52参照）ようにしてください。

❻アダプター1の設定

設定ダイアログが表示されます。左の＜ネットワーク＞をクリックして、＜アダプター1＞タブの＜ネットワークアダプターを有効化＞をクリックしてチェックを入れ、＜割り当て＞が「NAT」であることを確認します。

▶図2-28　ネットワークアダプター1を設定する

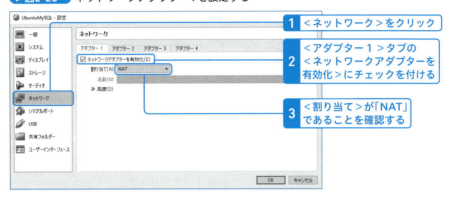

❼アダプター2の設定

＜アダプター2＞タブをクリックして、アダプター2の設定を開きます（macOSではホストネットワークを追加する必要があるので、P.46の下のコラムを参照して追加してから進めてください）。＜ネットワークアダプターを有効化＞をクリックしてチェックを入れ、「ホストオンリーアダプター」を選択します。＜名前＞には「VirtualBox Host-Only Ethenet Adapter」（Macでは「vboxnet0」）を選択します。

以上で設定は完了です。＜OK＞をクリックして設定を保存して閉じてください。

▶図2-29　ネットワークアダプター2を設定する

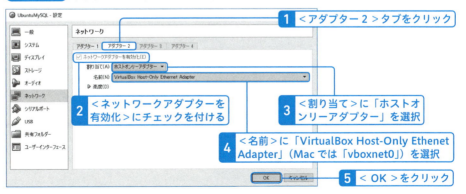

Column 本書の対象環境

　本書では、ホストオンリーアダプターの「VirtualBox Host-Only Ethernet Addapter」が、デフォルトの「192.168.56.0/255.255.255.0」のネットワークの設定であることを前提としています。もしデフォルトの設定ではない環境に変更している場合は、「192.168.56.0/255.255.255.0」のネットワークを設定した、新しいホストオンリーアダプターを作成して、そのインターフェースを選ぶ必要があります。この操作はネットワークに関する高度な知識が必要であるため、デフォルト以外の構成のVirtualBoxで動作する場合については、動作保証の対象外とします。

Column ホストネットワークの追加

　macOSを使用している場合、P.45のホストオンリーアダプターにデフォルトの設定がないので、自分で作成する必要があります。
　VirtualBoxのメニューから＜ファイル＞をクリックし、＜ホストネットワークマネージャー＞をクリックすると、下の画面が表示されます。この画面で＜作成＞をクリックすると、「vboxnet0」というホストネットワークが追加されます。この「vboxnet0」をP.45の❼でネットワークアダプターとして選択しましょう。

▶図2-30　ホストネットワークを追加する

● VirtualBoxでイメージを読み込み接続設定をすると、サーバーとして利用できる

2-3 学習環境の起動・終了とphpMyAdminでの操作

Chapter 2　学習環境の準備

VirtualBox環境の構築は完了です。次はVirtualBoxでサーバーを起動して、MySQLを実際に操作してみましょう。ここでは学習環境の起動・終了の方法やphpMyAdminのログイン方法を学びます。

2-3-1 学習環境の起動

学習環境を起動するには、「UbuntuMySQL」を選択して＜起動＞ボタンをクリックします。

▶図2-31　学習環境を起動する

VirtualBoxの画面が開き、学習環境が起動します。起動中は、いくつかのメッセージが表示されます。最後に「login:」と表示されたら起動完了です。

▶図2-32　仮想マシンが起動した

メッセージの最後に「login:」と表示されたら起動成功

2-3-2　phpMyAdminにログインする

　本書では、ほとんどのMySQLの操作でブラウザを使用します。そのために設定されているのがphpMyAdminというソフトです。学習環境が起動している状態でGoogle Chromeなどのブラウザを起動し、URL欄に「http://192.168.56.11/phpmyadmin/」と入力してください。phpMyAdminのメイン画面が表示されるので、ユーザー名に「dbuser」、パスワードに「dbpass」と入力すると、ログインできます。

▶図2-33　phpMyAdminにログインする

1 <ユーザ名>に「dbuser」と入力
2 <パスワード>に「dbpass」と入力
3 <実行>をクリック

▶図2-34　phpMyAdminにログインできた

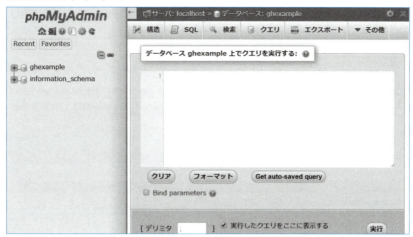

2-3-3 サンプルデータベースの内容を確認する

　本書では、サンプルデータベースとして、「ghexample」というデータベースを扱います。phpMyAdminの左側のツリーには、データベース一覧があります。その中に「ghexample」というデータベースがあるので、クリックして開いてください。

▶図2-35　サンプルデータベースを開く

1 左側のツリーから「ghexample」をクリック

　すると、このghexampleデータベースを操作できる画面になります。具体的な操作方法は次章以降で説明しますが、仮に、このデータベースの中の「jusho」（住所）という項目に含まれているデータの一覧を見てみましょう。「jusho」と書かれている部分の＜表示＞をクリックすると、画面が切り替わり、データの一覧が表示されます。

2-3 学習環境の起動・終了とphpMyAdminでの操作　49

▶図2-36 「jusho」をクリックするとデータの一覧が表示される

2-3-4 学習環境を終了する

●phpMyAdminの終了

　phpMyAdminにはログアウトのボタンがあり、ログアウトボタンをクリックするとログイン画面に戻ります。ただしログアウトしなくても、使い終わったときはブラウザの＜×＞ボタンをクリックして閉じても構いません。

●VirtualBoxの終了

　VirtualBoxを終了させたいときは、「UbuntuMySQL」を右クリックして＜閉じる＞→＜ACPIシャットダウン＞をクリックします。しばらくすると、この学習環境が終了します。もう一度起動したいときは、P.47と同じ手順で起動し直してください。

▶図2-37　VirtualBoxの＜ACPIシャットダウン＞をクリックすると学習環境が終了する

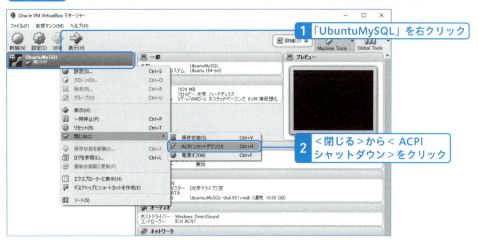

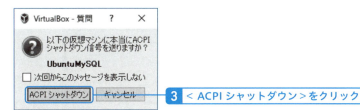

Column　一時停止と保存状態

　＜ACPIシャットダウン＞や＜電源オフ＞を選択したときは、学習環境を構成する仮想マシンの電源が完全に切れます。それに対して、＜一時停止＞をクリックしたときは一時停止するだけで、その状態から再開できます。また＜保存状態＞をクリックして停止したときは、完全に電源を切りますが、そのときの状態が残されておいており、次回起動したときにはその状態から再開できます。

- phpMyAdminからサンプルデータベースの内容が確認できる
- 学習環境を終了するには、VirtualBoxからACPIシャットダウンを実行する

2-3　学習環境の起動・終了とphpMyAdminでの操作　　51

Column　データベースの内容を初期化したいときは

　本書では、学習しながらデータベースを操作していくので、レコードを追加するなどの操作をすれば、それに応じてデータが変わります。もし、最初の状態に戻したいときは、次のいずれかの方法をとってください。①のほうが簡単ですが、データベースしか戻りません。すべてを戻したいときは、②の方法をとって、作り直してください。

①データだけを初期化する
　本書付録のDVD-ROMには、データを初期化するための設定ファイルが入っており、phpMyAdminから読み込ませることが初期化できます。ghexampleデータベースを開いて＜インポート＞タブを開き、＜ファイルを選択＞をクリックして、DVD-ROMに収録されている「dataclear.sql」というファイルを選択して実行します。すると、ghexampleデータベースだけが初期化されます。

▶図2-38　dataclear.sqlを実行する

②完全に削除して仮想マシンを作り直す
　「UbuntuMySQL」を右クリックして＜除去＞を選択します。本当に除去してよいか尋ねられるので、＜はい＞をクリックし、この環境を削除します。削除後あらためて、最初から学習環境を作り直しましょう。

▶図2-39　右クリックメニューから＜除去＞をクリックすると環境が削除される

Chapter 3

データベース操作の基本

準備はうまく整ったでしょうか。この章からいよいよSQL文について学んでいきます。SQL文はMySQLに命令する言語です。命令の種類はさほど多くなく、短い命令を組み合わせていくものなので、基本をしっかりと覚えてしまいましょう。

Chapter 3 データベース操作の基本

3-1 SQLとは
～SQL文の書き方と命令～

環境の準備が整ったところで、実際にSQLを書いていきましょう。SQLの特徴は、シンプルに命令して、シンプルに実行するということです。命令の種類も少なく、文法もシンプルで覚えやすい構造になっています。

3-1-1 SQLとは

　SQLとは、データベースに命令する言語です。命令はデータベース管理システム（RDBMS）を通じて行われます。この命令を「SQL文」といいます。SQLは標準化されているため、RDBMSごとの方言はあるものの、どのソフトでもおおむね同じ書き方をします。つまり、MySQLでの書き方を習得すれば、Oracle DatabaseやPostgreSQLでもおおよそのところがわかるということです。

▶図3-1　SQLはRDBMSに対して命令をする言語

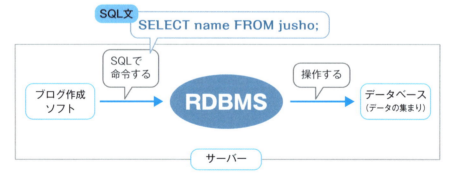

3-1-2 SQL文の書き方

　SQL文の書き方には、いくつかのルールがあります。SQL文のうち、「SELECT」を例にとって説明していきましょう。

▶リスト3-1　SELECT文の基本構造

```
SELECT name FROM jusho ;
```

●命令は1行で1つ、行の終わりには「;」を付ける

　SQL文の命令は、1行で1つです。上記の「SELECT name FROM jusho;」も短いように見えますが、立派な1つの命令です。そして、「行の終わり」を表すには「；（セミコロン）」を使います。つまり、いくら改行しても、「；（セミコロン）」がなければ、1行が終わったとは見なされません。そのため、何行にも改行して、SQL文を見やすく書くこともできます。

▶図3-2　行の終わりにはセミコロンを付ける

SELECT
name ┐
FROM ├ このように改行していても、セミコロンがあるところまでで1行
jusho; ┘

●必ず命令する言葉から始まる

　SQLでは、命令するときの構文が決まっています。最初に「SELECT」のような命令語で始まり、その後に、識別子（テーブル名やカラム名など）、リテラル値（ID番号や氏名など固有の値）、キーワード（FROMやINTOなど）などと続きます。それぞれの単語は、空白（半角スペース）で区切りを入れます。命令語や、キーワードで区切られた一塊を「句」といいます。

▶図3-3 命令語から始まり、1つ1つの区切りを「句」と呼ぶ

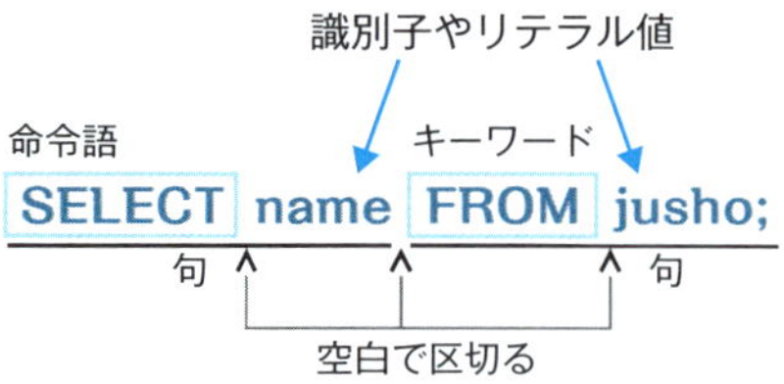

▶図3-4 識別子はテーブル名やカラム名、リテラル値は個別のデータのこと

命令語の次には、識別子やリテラル値が続くことが多いのですが、必ずこの並び方になるわけではありません。命令語によって、並び方や使うキーワードは異なるので、構文として丸ごと覚えるほうが効率的です。よく使う構文はそれほど多くないので、暗記してしまいましょう。

●予約語は識別子として使えない

　SQLでは、大文字と小文字を区別しません。ここまでは命令語、キーワードは大文字、識別子は小文字で説明しましたが、実際は大文字と小文字はどちらで書かれていても結果は変わりません。では、どのように命令語か識別子、リテラル値であるかを区別しているかというと、命令語やキーワードは、「予約語」として識別子として使えないようになっています。例えば、「SELECT」という名前のテーブル名にすると、命令なのか、テーブル名なのか、紛らわしくなってしまいます。そのようなこと防止するために、テーブル名やカラム名に予約語は使えないようになっているのです。

　なお、本書では、わかりやすく表記するため、命令語・キーワードは大文字、識別子は小文字で表しています。

▶**リスト3-2** 本書で使用している予約語の一部

```
DEFAULT  DELETE  DESC   DISTINCT  DROP    FALSE   FROM    GROUP   HAVING
IN       INSERT  INTO   IS        JOIN    LEFT    LIMIT   NOT     ORDER
OUTER    SELECT  TABLE  UNION     UNIQUE  UPDATE  VALUES  WHERE
```

●テーブル名やカラム名に予約語を使いたいとき

　予約語はテーブル名やカラム名には使えませんが、別のデータベースシステムから移行する場合など、どうしても予約語をそのまま使いたいこともあります。そのようなときは、全体を「｀(バッククォート)」で囲むと、使えるようになります。例えば、「change」は予約語なので使えませんが、「｀change｀」と書けば、テーブル名やカラム名として使えます。しかし、これはあくまで特例であり、余計なトラブルのもとになるため、できれば避けるようにしましょう。

●文字列を使う場合は '(シングルクォート) で囲う

　SQL文の中に文字列を使いたい場合は、'(シングルクォート) で囲います。日本語か英語かにかかわらず、文字が入っていたら囲います。一方、数字の場合は囲いません。「shouhin_table」の例でいえば、「p102001」のようにアルファベットを含むものや、「ペンケース赤」のように日本語で書かれたものは、文字列として扱います。金額の「2500」は数字なので、そのまま記述します。このように、値(リテラル値)の書き方はデータの種類によって変わります。また、データベースではデータの種類のことをデータ型と呼びます。データ型については、第4章で詳しく解説します。

▶**図3-5** id、商品名のカラムのデータは文字列、金額は数字

shouhin_table

ID	商品名	金額
p102001	ペンケース赤	2500
p102002	ペンケース青	2500
p102003	ペンケース黄	2500
m132001	万年筆A	3700
m132002	万年筆B	3700

3-1 SQLとは　57

▶図3-6　id、商品名のカラムのデータは文字列なので「'」で囲む

文字列を使う場合は、「'(シングルクォート)」で囲う

SELECT ID, 商品名, 金額 FROM shouhin_table WHERE id='p102001';

SELECT ID, 商品名, 金額 FROM shouhin_table WHERE 商品名='ペンケース赤';

数字の場合は、囲わなくてよい

SELECT ID, 商品名, 金額 FROM shouhin_table WHERE 金額=2500;

3-1-3 命令語の種類

　命令語は、操作の種類ごとに**データ操作言語（DML）**、**データ定義言語（DDL）**、**データ制御言語（DCL）**の3つに分けられます。そのうち特に使用頻度が高いのは、データ操作言語です。まずはこのデータ操作言語から覚えていきましょう。

▶図3-7　命令語は3種類に分類される

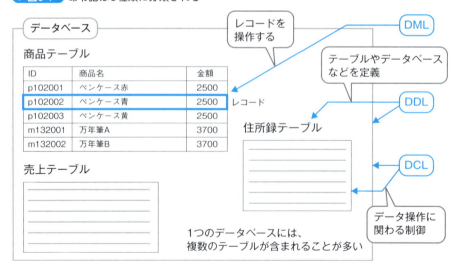

◉データ操作言語（DML）

　データ操作言語はレコードを操作する言語で、実際のデータを出し入れするための命令です。追加したり、削除したりする対象はレコードであるため、データベースやテーブルの構造を変えたり、削除することはできません。

▶表3-1　データ操作言語の種類

命令	意味
SELECT	レコードを取得したり検索したりする命令
INSERT	レコードを追加する命令
DELETE	レコードを削除する命令
UPDATE	レコードを更新する命令

◉データ定義言語（DDL）

　データ定義言語はデータベースやテーブルなどの定義に関わる言語です。どのような形式のデータを入れることができるのかなど、格納できるデータの書式などを定義します。

▶表3-2　データ定義言語の種類

命令	意味
CREATE	データベースやテーブルなどを作成する命令
DROP	データベースやテーブルなどを削除する命令
ALTER	データベースやテーブルの定義を変更する命令

◉データ制御言語（DCL）

　データ制御言語はデータ操作に関する制御を取り扱う言語です。データベースやテーブル、データ全体に対する権限をユーザーに与えたり、データ操作の単位（トランザクション）で処理を確定させたり、処理した後で元に戻したりする処理を行います。

▶表3-3 データ制御言語の種類

命令	意味
GRANT	データベースやテーブルなどに対する権限をユーザーに与える命令
REVOKE	GRANTで設定した権限を取り除く命令
COMMIT	トランザクションを確定する命令
ROLLBACK	トランザクションを取り消す命令

> **Column** データ定義言語を手入力する機会は少ない
>
> 　データベースやテーブルを作成したり変更したりする操作は、データベース管理ツールの機能として提供されていることがほとんどです。本書で使っている「phpMyAdmin」でも、こうした機能が提供されているため、CREATE、DROP、ALTERの各構文を手入力して操作しなければならない場面は、あまりありません。

- SQLとはRDBMSに対して命令をする言語のこと
- SQLにはデータ操作言語、データ定義言語、データ制御言語の3種類がある

Chapter 3 | データベース操作の基本

3-2

データの抽出
～SELECT文でデータの抽出～

まずは「SELECT文」について学んでいきましょう。「SELECT」という名称から、何かを選択するようなイメージを持つかもしれませんが、SQLにおいては、何かを選択して結果を返す命令なので、「取り出す」イメージのほうが近いです。

3-2-1 SELECT文の基本の形

いよいよ、それぞれの命令文について学んでいきます。最初は、これまでも文だけが出てきている **SELECT文**です。これからこの章で`SELECT`、`INSERT INTO`、`UPDATE`、`DELETE`の4つを学習しますが、これらは、**データ操作言語（DML）** と呼ばれるレコードを操作する言語なので、データベースやテーブルの構造を変えたり、削除したりはできません。あくまで、「テーブル上のレコード」に対する操作命令です。

SELECT文は、レコードを参照する命令です。もっとも基本的な構文は、取り出したい「列名」と、取り出し元の「テーブル名」を指定する `SELECT 列名 FROM テーブル名 ;` の形です。

▶ **リスト3-3** SELECT文の基本形

```
SELECT 列名 FROM テーブル名 ;
```

例えば、顧客の住所録を扱う jusho というテーブルがあるとします。その中から、顧客名である company という列を取り出したいのであれば、以下のように書きます。

▶ **図3-8** SELECTに列名、FROMにテーブル名を指定する

SELECT company FROM jusho ;
　　　　　 列名　　　　　　 テーブル名

単語と単語の間は、スペースで区切ります。また、文の最後には `;`（セミコロン）を付けます。これは、SELECT文の基本形ですが、ほかの命令語の場合は形が変わりま

3-2 データの抽出 　61

す。何かを取り出すときには、**SELECT 列名 FROM テーブル名;** だと丸暗記してしまいましょう。

3-2-2 SELECT文でデータの中身すべてを見る

本書では、サンプルとして jusho という名前の住所録テーブルを学習環境に用意しています。実際に phpMyAdmin を操作して、データの中身を見てみましょう。

▶表3-4 jusho テーブル

idju	company	state	address	zip	tel
1101	シリウス社	東京都	世田谷区赤堤	156-0044	03-1234-5678
1102	ベガ社	東京都	世田谷区桜丘	156-0054	03-1234-5679
1103	カペラ社	東京都	世田谷区祖師谷	157-0072	03-1234-5680
1104	リゲル社	東京都	大田区鵜の木	146-0091	03-1234-5681
1105	ベテルギウス社	東京都	目黒区大岡山	152-0033	03-1234-5682
1106	アルタイル社	東京都	目黒区大岡山	152-0033	03-1234-5683
1107	ボルックス社	東京都	品川区戸越	142-0041	03-1234-5684
1108	デネブ社	東京都	品川区二葉	142-0043	03-1234-5685
1109	アルデバラン社	大阪府	泉大津市我孫子	595-0031	0725-23-8899
1110	ピーコック社	大阪府	泉大津市我孫子	595-0031	0725-23-8900

jusho テーブルには、**idju**、**company**、**state**、**address**、**zip**、**tel** の6つの列（フィールド）があります。まずは、これらをすべて表示させてみます。先ほど、**company** という列を取り出すときには、**SELECT company FROM jusho;** と記述しました。すべての列を取り出すときは、存在するすべての列を表す ＊(アスタリスク) を使います。

▶図3-9 ＊ を指定するとすべての列を表示する

「＊(アスタリスク)」

SELECT ＊ FROM jusho ;
　　　 列名　　テーブル名

62 Chapter 3 データベース操作の基本

3-2-3 住所録テーブルの全レコードを確認しよう①

　ここからは、VirtualBoxを起動して実際に操作してみましょう。VirtualBoxの操作方法を忘れてしまった場合は、第2章をもう一度確認してみてください。

❶phpMyAdminを開く

　VirtualBox上のサーバーに、ブラウザからアクセスします。まずは、VirtualBoxでデータベースサーバーを起動した状態にしておいてください。そこにアクセスするので、ブラウザのURL欄にデータベースサーバーのIPアドレスを打ち込みます。データベースサーバーのIPアドレスは、「192.168.56.11」です。「http://192.168.56.11/phpmyadmin/」とURLを入力し、アクセスしてください。

❷SQLタブを開く

　phpMyAdminを開くと、左側のカラムにデータベースの一覧が表示されます。その中から、サンプルのデータベースである「ghexample」をクリックして選択してください。また、SQLを入力する画面にするため、右側のエリア上部にある＜SQL＞タブをクリックして開きます。

▶図3-10　SQLタブを開くとSQLの入力ができる

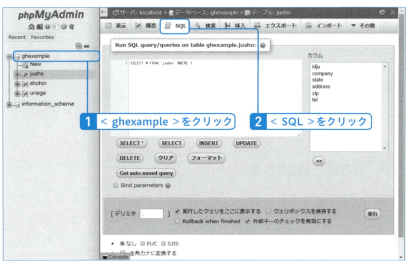

❸SELECT文を実行する

　実際にSELECT文を入力してみます。右側の空白エリアに、先ほど紹介した以下のSQL（jushoテーブルからすべての列を取り出すSELECT文）を入力してください。

▶リスト3-4　jushoテーブルからすべての列を取り出すSELECT文

```
SELECT * FROM jusho;
```

　入力したら、右下にある＜実行＞ボタンをクリックします。

▶図3-11　＜実行＞ボタンをクリックするとSQLが実行される

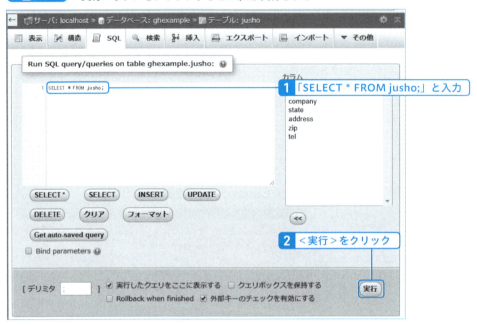

❹実行結果を確認する

　実行をクリックすると、現在、そのテーブルに登録されているすべてのデータ（レコード）が、一覧で表示されます。なお、データベース上には、「順番に格納する」という概念はありません。SELECT文でレコードを取り出す場合、順不同に表示されるため、ここで示した例とは異なる順序の場合もあるので注意してください。明示的に順序を指定したいときは、ORDER BYという指定を加えます（P.177参照）。

▶図3-12 SELECT文の結果が表示された

		idju	company	state	address	zip	tel
☐ 🖉編集 💠コピー ⊖削除		1101	シリウス社	東京都	世田谷区赤堤	156-0044	03-1234-5678
☐ 🖉編集 💠コピー ⊖削除		1102	ベガ社	東京都	世田谷区桜丘	156-0054	03-1234-5679
☐ 🖉編集 💠コピー ⊖削除		1103	カペラ社	東京都	世田谷区祖師谷	157-0072	03-1234-5680
☐ 🖉編集 💠コピー ⊖削除		1104	リゲル社	東京都	大田区鵜の木	146-0091	03-1234-5681
☐ 🖉編集 💠コピー ⊖削除		1105	ベテルギウス社	東京都	目黒区大岡山	152-0033	03-1234-5682
☐ 🖉編集 💠コピー ⊖削除		1106	アルタイル社	東京都	目黒区大岡山	152-0033	03-1234-5683
☐ 🖉編集 💠コピー ⊖削除		1107	ポルックス社	東京都	品川区戸越	142-0041	03-1234-5684
☐ 🖉編集 💠コピー ⊖削除		1108	デネブ社	東京都	品川区二葉	142-0043	03-1234-5685
☐ 🖉編集 💠コピー ⊖削除		1109	アルデバラン社	大阪府	泉大津市我孫子	595-0031	0725-23-8899
☐ 🖉編集 💠コピー ⊖削除		1110	ピーコック社	大阪府	泉大津市我孫子	595-0031	0725-23-8900
☐ 🖉編集 💠コピー ⊖削除		1111	メンカリナン社	大阪府	泉大津市我孫子	595-0031	0725-23-8901

ここをクリックするとページ移動できる

Column 一番使われる構文、SELECTをマスターしよう

　データベースの操作において、利用率が圧倒的に高いのがSELECT文です。SELECT文はデータベースに蓄えたデータをさまざまな方法で取り出すもので、計算したり、テーブル同士を組み合わせたり、条件に応じて抽出したりといった、多岐にわたる機能を備えています。データベースを自由に操りたいと思ったら、SELECTが自在に使えるようになることを意識して習得していくとよいでしょう。

3-2-4 複数の列名を指定する

　SELECT文ですべての列を表示してみましたが、場合によっては、名前だけ、IDだけなど、一部を表示したいこともあるでしょう。その場合には、下のように, (カンマ) 区切りで列挙します。単語と単語の間はスペースで区切りますが、カンマがある場合は、スペースはあってもなくても構いません。

3-2 データの抽出　65

▶図3-13 複数の列名を指定したい場合はカンマでつなぐ

SELECT company, idju FROM jusho;

列名　　　　　　テーブル名

列挙する場合は、空白はあってもなくてもよいが、
カンマの後ろにスペースを入れると見やすい

先ほどは * で省略しましたが、今度は列挙する方法ですべての列を表示させてみましょう。idju、company、state、address、zip、tel の6つの列（フィールド）があるので、これらをすべて記述していきます。

▶図3-14 * を使わずにすべての列を表示する

SELECT company, idju, state, address, zip, tel FROM jusho;

列名　　　　　　　　　　　　　　　　テーブル名

SQL文が随分長くなってきました。まだ6つですが、これが10を超えたら大変な長さになりそうです。こうした場合は、改行を入れて見やすくします。改行は、空白として扱われるので、この場合はスペースを入れなくてもよいです。

▶図3-15 FROMの前で改行する

SELECT company, idju, state, address, zip, tel ↵
FROM jusho;

改行は空白として扱われるので、
スペースをわざわざ入れなくてもよい

3-2-5 住所録テーブルの全レコードを確認しよう②

　* を使わずに書いたSQL文をphpMyAdminに入力して実行してみましょう。先ほどと同様に結果を取得できます。

❶SELECT文を実行する

次のSQLを入力し実行します。<SQL>タブをクリックすると、新しいSQLが入力できます。

66　Chapter 3 データベース操作の基本

▶リスト3-5　住所録の全レコードを表示するSELECT文

```
SELECT company, idju, state, address, zip, tel FROM jusho;
```

▶図3-16　SQL文を入力して実行する

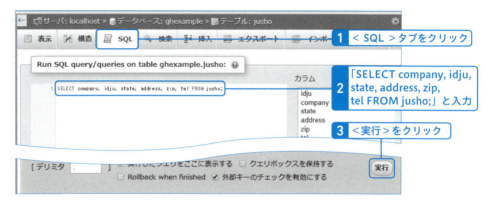

❷実行結果を確認する

実行結果を確認します。取り出される列順が指定した順序となることがわかります。

▶図3-17　実行結果

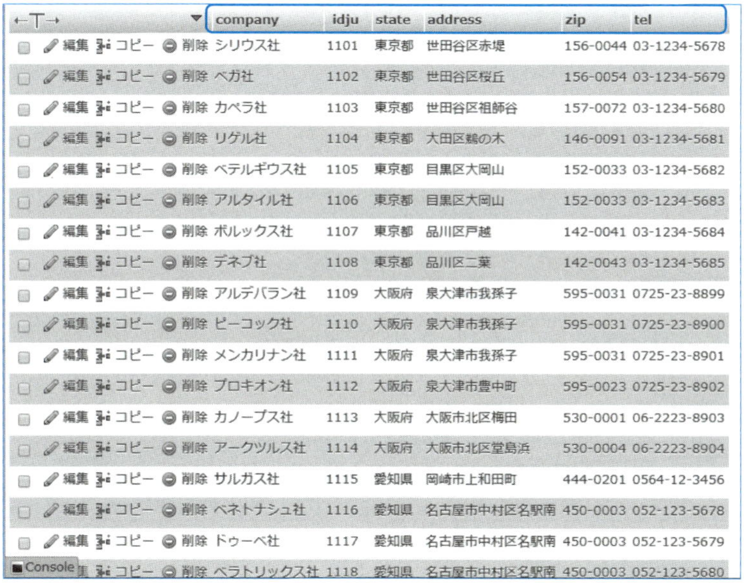

3-2-6 データの絞り込み（WHERE句）

SELECT文にも慣れてきたでしょうか。3-2-4や、3-2-5の方法で指定できるのは、データのうちcompany、addressなどの列名です。つまり、すべてのレコードから特定の列だけを指定しています。

▶図3-18 SELECT句では列を指定している

company	idju	state	address	zip	tel
シリウス社	1101	東京都	世田谷区赤堤	156-0044	03-1234-5678
ベガ社	1102	東京都	世田谷区桜丘	156-0054	03-1234-5679
カペラ社	1103	東京都	世田谷区祖師谷	157-0072	03-1234-5680
リゲル社	1104	東京都	大田区鵜の木	146-0091	03-1234-5681
ベテルギウス社	1105	東京都	目黒区大岡山	152-0033	03-1234-5682
アルタイル社	1106	東京都	目黒区大岡山	152-0033	03-1234-5683
ポルックス社	1107	東京都	品川区戸越	142-0041	03-1234-5684
デネブ社	1108	東京都	品川区二葉	142-0043	03-1234-5685
アルデバラン社	1109	大阪府	泉大津市我孫子	595-0031	0725-23-8899
ピーコック社	1110	大阪府	泉大津市我孫子	595-0031	0725-23-8900

SELECT句では列を指定する

次は条件式を指定して、特定の条件に合致するレコードだけを取得してみましょう。条件に合致するレコードだけを取り出すには、**WHERE句**を使います。

▶図3-19 条件を指定してレコードを指定する

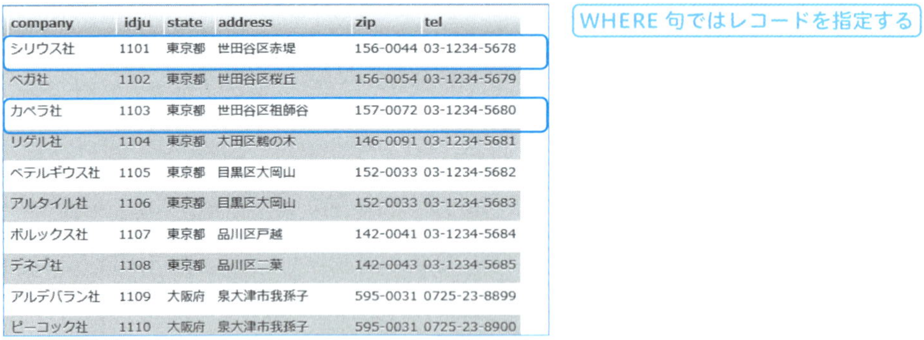

company	idju	state	address	zip	tel
シリウス社	1101	東京都	世田谷区赤堤	156-0044	03-1234-5678
ベガ社	1102	東京都	世田谷区桜丘	156-0054	03-1234-5679
カペラ社	1103	東京都	世田谷区祖師谷	157-0072	03-1234-5680
リゲル社	1104	東京都	大田区鵜の木	146-0091	03-1234-5681
ベテルギウス社	1105	東京都	目黒区大岡山	152-0033	03-1234-5682
アルタイル社	1106	東京都	目黒区大岡山	152-0033	03-1234-5683
ポルックス社	1107	東京都	品川区戸越	142-0041	03-1234-5684
デネブ社	1108	東京都	品川区二葉	142-0043	03-1234-5685
アルデバラン社	1109	大阪府	泉大津市我孫子	595-0031	0725-23-8899
ピーコック社	1110	大阪府	泉大津市我孫子	595-0031	0725-23-8900

WHERE句ではレコードを指定する

WHERE句はSELECT句に続けて次のように記述します。

▶リスト3-6 SELECT句＋WHERE句の基本形

```
SELECT 列名 FROM テーブル名 WHERE 条件式 ;
```

WHERE句には、条件式が含まれます。条件式について詳しいことは第5章で解説

しますが、ここでは「条件が成り立つかどうかを調べる特別な文法」であり、SELECT文の場合、SELECT句の後に続けてWHERE句を書くということだけ覚えておいてください。

それでは、「state（都道府県）」が「東京都」であるという条件式を設定して、東京都の会社だけを抜き出してみましょう。今回は、＝（イコール）という条件式を使います。これは、「等しい」という意味の条件です。条件式の部分に、**state = '東京都'**と書きます。「stateが、'東京都'という文字列と同じ文字列の場合に」という条件です。また、「東京都」は文字列なので、**'**でくくります。すべての列を出したいので、列名は **＊** にします。

▶**図3-20** jushoテーブルからstateが「東京都」のレコードだけを抜き出すSQL

stateの項目が'東京都'と同じである

```
SELECT ＊ FROM jusho WHERE state='東京都';
```
　　列名　　　　　テーブル名　　　　　　　条件式

Column 　**対象を絞り込むためのWHERE句**

WHERE句は、ここで紹介しているデータを取り出すためのSELECT文のほか、次節以降で説明していく、データを更新するUPDATE文や削除するDELETE文でも使われます。SELECT文で使うときは、取り出すものを「絞り込む」という意味ですが、更新や削除のときも同様に、対象を「絞り込む」という意味で使われます。

3-2-7 住所録テーブルのレコードを絞り込む

それではWHERE句を使ったSELECT文を実行してみましょう。

❶SELECT文を実行する

次のSQLを入力して実行します。

▶**リスト3-7** WHERE句を使ったSELECT文

```
SELECT ＊ FROM jusho WHERE state='東京都';
```

3-2 データの抽出 　69

▶図3-21 SELECT文を入力して実行

❷実行結果を確認する

stateの値が東京都のものだけが表示されることがわかります。

▶図3-22 stateが東京都のレコードだけが表示される

- SELECT文でデータを抽出する
- *を使用して、テーブルのすべての列を抽出する
- WHERE句に条件を記述して、データを絞り込む

Chapter 3 | データベース操作の基本

3-3 データの追加
～INSERT INTO文でデータの追加～

SELECTでできることは、データを抽出することだけです。データを追加したり、削除したり、更新したりといった操作は、別の命令語を使います。ここではINSERT INTOを使ったデータの追加方法を解説します。

3-3-1 INSERT INTOでデータを追加する

テーブルのレコードを変更する操作には、「追加」「変更」「削除」の3種類があります。ここではまず、データの追加方法から説明します。

データを追加する命令は、**INSERT INTO文**です。次のように記述します。

▶ リスト3-8　INSERT INTO文の基本形

```
INSERT INTO テーブル名（列名）VALUES（列名に設定したい値）;
```

INSERT INTO文では「どのテーブルの、どの列に、どのような値を設定したレコードを追加するのか」を指定します。列と値の対応は、()（小カッコ）でくくることで指定します。基本形は、下記のように、**INSERT INTO 対象テーブル（列名）VALUES（値）**です。**VALUES**は、値の一覧を指定するためのもので、VALUES句と呼ばれます。INSERT INTO文では、最初のカッコの中に列名を記述し、次のVALUES句のカッコで、それに対応する値を指定します。下記の例では、company列に「チキュウ社」という値を設定した新しいレコードをjushoテーブルに追加するという意味になります。

▶ 図3-23　列名と入れたい値は小カッコでくくる

小カッコでくくる ────→　　　　　　　←──── 小カッコでくくる

INSERT INTO jusho **(**company**) VALUES (**チキュウ社**)**

INSERT句　　　　　　　　　　　VALUES句

また、列が複数ある場合は、列や値をそれぞれ列挙して記述します。

3-3 データの追加　71

▶ **リスト3-9** 列が複数ある場合のINSERT INTO文の基本形

```
INSERT INTO テーブル名（列名1，列名2，… ）
VALUES （列名1に設定したい値，列名2に設定したい値，…);
```

このルールを念頭において、SELECT文で使ったjushoテーブルに、レコードを追加してみましょう。追加するレコードは、「チキュウ社」の情報です。

▶ **表3-5** チキュウ社の情報

idju	company	state	address	zip	tel
1234	チキュウ社	東京都	世田谷区桜丘	156-0054	03-2234-5567

INSERT INTOの句に項目名（idju、companyなど）をすべて記述し、VALUESに、それに対応する値（「1234」、「チキュウ社」など）を入れます。

▶ **リスト3-10** チキュウ社の情報のレコードを追加するINSERT INTO文

```
INSERT INTO jusho (idju, company, state, address, zip, tel)
VALUES (1234, 'チキュウ社', '東京都', '世田谷区桜丘', '156-0054','03-2234-5567');
```

INSERT INTO文を書く際に、idju，company，state，……などの列の順番は、順番通りでなくとも構いません。ですが、INSERT INTOの列の順番とVALUESの値の順番は対応している（順番通りである）必要があります。INSERT INTO句の順番がidju，companyと指定してあれば、VALUES句は1234，チキュウ社と対応する順番で値を指定する必要があり、**チキュウ社**，1234にしてはいけないということです。

もし順番を間違えてしまうと、idju列に「チキュウ社」が、company列に「1234」が格納されたレコードが追加されてしまうなど、データの中身がメチャクチャになってしまいます。また、数値しか入力できない列に文字列を追記した場合、この操作はエラーとなります。

▶ **図3-24** INSERT句の列の順番とVALUES句の値の順番は対応させる

INSERT INTO jusho (idju, company, state, address, zip, tel)

VALUES (1234, 'チキュウ社', '東京都', '世田谷区桜丘', '156-0054', '03-2234-5567');

INSERT INTOと、VALUESの値は対応する必要がある

3-3-2 住所録テーブルにレコードを追加する

それではINSERT INTO文を入力して、実行してみましょう。

❶INSERT INTO文を実行する

下記のINSERT INTO文を入力して実行します。途中で改行しても構いません。

▶リスト3-11　チキュウ社の情報のレコードを追加するINSERT INTO文

```
INSERT INTO jusho (idju, company, state, address, zip, tel)
VALUES (1234, 'チキュウ社', '東京都', '世田谷区桜丘', '156-0054','03-2234-5567');
```

▶図3-25　INSERT INTO文を入力し実行する

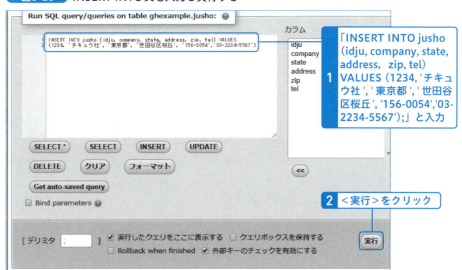

❷実行結果を確認する

実行結果は、何件更新（追加）したか、そのレコード数が表示されます。

▶図3-26　INSERT INTO文が実行されると、追加した件数が表示される

❸SELECT文で確認する

本当に追加されたか確認してみましょう。下記のSELECT文を入力して実行します。

▶リスト3-12　jushoテーブルにレコードが追加されたか確認する

```
SELECT * FROM jusho;
```

▶図3-27　SELECT文を入力して実行する

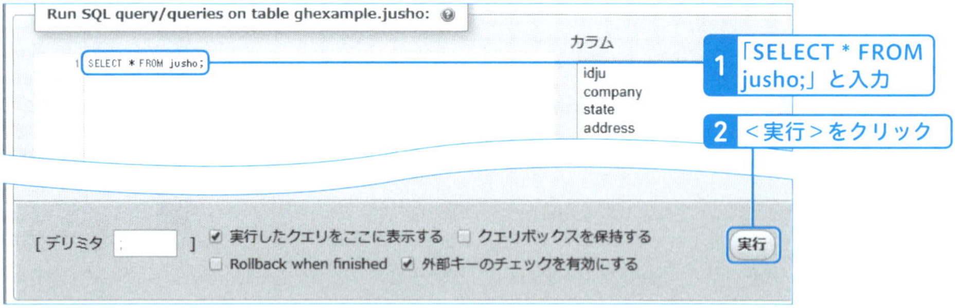

❹追加されたことを確認する

2ページ目に移動すると、レコードが追加されたことがわかります。

▶図3-28　レコードが追加されていることを確認する

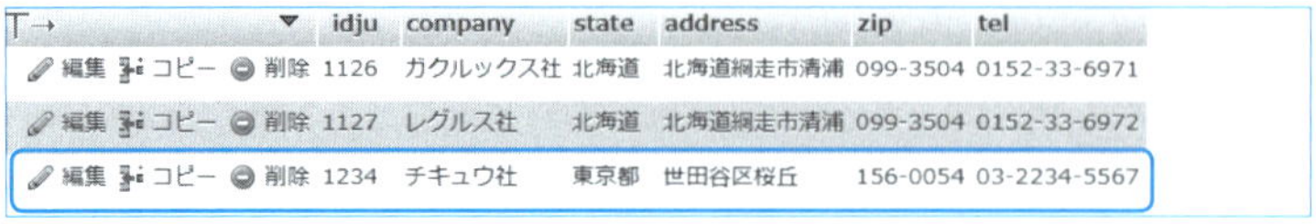

●テーブルにデータを追加するにはINSERT INTO文を使用する

Column 複数のレコードを追加するには

レコードを追加するとき、1つのレコードだけでなく、複数のレコードを追加したいこともあるでしょう。複数のレコードを追加したい場合、下記のようにレコード数だけINSERT INTO文を書くことになります。

▶ **リスト3-13** 複数のINSERT INTO文

```
INSERT INTO jusho (idju, company, state, address, zip, tel)
VALUES (1234, 'チキュウ社', '東京都', '世田谷区桜丘', '156-0054','03-2234-
5567');
INSERT INTO jusho (idju, company, state, address, zip, tel)
VALUES (1235, 'キンセイ社', '東京都', '大田区鵜の木', '146-0091','03-2234-
6678');
INSERT INTO jusho (idju, company, state, address, zip, tel)
VALUES (1236, 'カセイ社', '大阪府', '大阪市北区梅田', '530-0004','06-2233-
7789');
```

列の多いレコードを追加するのは大変な作業ですが、SQLの機能としてレコードの追加はこの方法しかありません。RDBMSによっては、CSVでインポートする方法もありますが、すべてのRDBMSにその機能があるというわけではありません。基本的には、ポチポチと地道に入力したり、Excelなどの表計算ソフトをうまく利用したりしてSQL文を書きます。

Excelを使った大量投入の例を1つ挙げてみます。例えば、A2列にidjuの値「1234」、B2列にcompany（社名）の値「チキュウ社」が格納されている場合、C2列に「="INSERT INTO jusho (idju, company) VALUES (" & A2 & ",'" & B2 & "');"」という式を書くと、INSERT INTO jusho (idju, company) VALUES (1234, 'チキュウ社');というSQLで文を作れます。

これは計算式として作成しているので、A2セルやB2セルの値を変えれば、それに伴い、C2列のSQL文も変わります。これをセルコピーで複数行分作成し、それぞれの値を変更すれば、複数のINSERT INTO文が簡単に作成できます。最終的にそれらをすべて選択してコピーし、phpMyAdminのSQL画面に貼り付けて実行すれば、手で1つずつ作成するよりも少ない手間で、複数のINSERT INTO文を実行できます。

▶ **図3-29** Excelでの複数のINSERT INTO文作成

Chapter 3 | データベース操作の基本

3-4

データの更新
～UPDATE文でデータの更新～

データを更新するには、UPDATE文を使います。UPDATE文はINSERT INTO文と異なり、複数のレコードをまとめて更新できます。また、計算式を使って更新することもできます。

3-4-1 UPDATE文でデータを更新する

データを更新するには、UPDATE文を使います。INSERT INTO文でもできそうな気がするかもしれませんが、INSERT INTOで同じデータを登録すると、上書きされずにエラーが出たり、二重に登録されていたりします。そのため、内容を変更して上書きしたい場合は、必ずUPDATE文を使います。基本書式は、次のように書きます。

▶リスト3-14 UPDATE文の基本形

```
UPDATE テーブル名 SET 列名 = 値 ;
```

UPDATE文でもINSERT INTO文と同じく、更新したい列名を列挙します。UPDATE文は「SQLで記述された内容を上書きする」命令です。指示されていないところは変更しません。つまり、変更が必要な列だけ記載すればよいのです。例えば住所だけ変更したい場合は、会社名や電話番号は指定せず、住所だけを指定します。今回は「チキュウ社」の住所と郵便番号を変更しましょう。

▶表3-6 更新前のチキュウ社の情報

idju	company	state	address	zip	tel
1234	チキュウ社	東京都	世田谷区桜丘	156-0054	03-2234-5567

76 **Chapter 3** データベース操作の基本

▶表3-7 更新後のチキュウ社の情報

idju	company	state	address	zip	tel
1234	チキュウ社	東京都	世田谷区太子堂	156-0044	03-2234-5567

変更する場所はaddress（住所）とzip（郵便番号）の2カ所です。jushoテーブル（住所録テーブル）の情報を更新するので、以下のように記述します。

▶図3-30 jushoテーブルのすべてのレコードの住所と郵便番号を更新するUPDATE文

UPDATE jusho
　　　テーブル名

SET address='世田谷区太子堂', zip='156-0044' ;
　　列名　　更新したい値　　列名　　更新したい値

一見これで問題なさそうですが、この書き方では「どの値を更新」という指定がありません。このまま実行すると、すべてのレコードが更新されてしまいます。つまり、すべてのレコードのaddressが「世田谷区太子堂」になり、zipが「156-0044」になってしまうのです。これでは住所録がメチャクチャです。

UPDATE文でもSELECT文と同様に、**WEHRE句**を使って更新するレコードを絞り込む必要があります。チキュウ社のidjuは「1234」となっており、これで指定すれば、確実にチキュウ社だけを指すことができます。idjuが「1234」であることを条件とするWHERE idju = 1234をSET句の後ろに追記してみましょう。

▶図3-31 UPDATE文に条件を指定する

UPDATE jusho
　　　テーブル名

SET address='世田谷区太子堂', zip='156-0044'
　　列名　　　　　　　　　　　列名

WHERE idju=1234;
　　　idjuが1234のレコードを指定する

3-4 データの更新　77

3-4-2 住所録テーブルのレコードを更新する

先ほどのUPDATE文を実行して、実際にjushoテーブルを更新してみましょう。

❶UPDATE文を実行する

下記のUPDATE文を入力します。

▶リスト3-15　idjuが1234のaddress列とzip列を更新するSQL

```
UPDATE jusho
SET address = '世田谷区太子堂', zip = '156-0044'
WHERE idju = 1234;
```

▶図3-32　UPDATE文を入力し実行する

❷実行結果を確認する

実行結果は、INSERT INTOと同様に、「何件更新したか」という表示になります。

▶図3-33　UPDATE文が実行されると、更新した件数が表示される

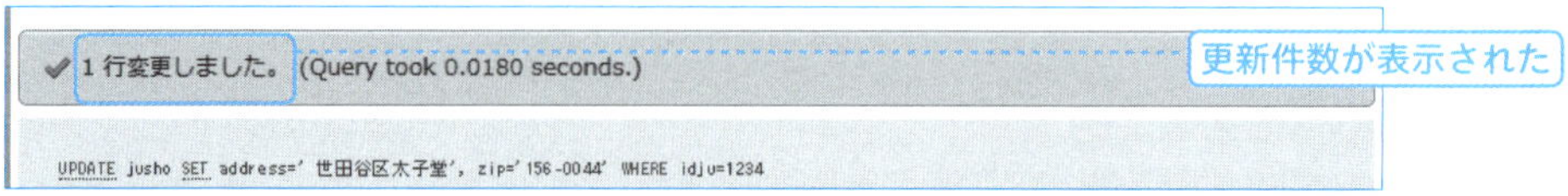

Chapter 3　データベース操作の基本

❸SELECT文で確認する

本当に更新されたか確認してみましょう。下記のSELECT文を入力して実行します。

▶**リスト3-16** レコードが更新されたかを確認するSQL

```
SELECT * FROM jusho;
```

▶**図3-34** SELECT文を入力して実行する

❹更新されたことを確認する

2ページ目に移動すると、レコードが更新されたことがわかります。

▶**図3-35** レコードが更新されていることを確認する

● テーブルのデータを更新するには、UPDATE文を使用する

3-4 データの更新   79

Column 計算式で更新する

UPDATE文では、計算式で更新することもできます。例えば、商品の価格を示すshohinテーブルがあるとします。

▶**表3-8** 変更前のshohinテーブル

idsh	shohinname	price	category
p102001	ペンケース赤	2500	ペンケース
p102002	ペンケース青	2500	ペンケース
m132001	万年筆A	3700	万年筆
m132002	万年筆B	3700	万年筆
j221001	ボールペン黒1ダース	1440	事務用品
j221002	ボールペン赤1ダース	1440	事務用品
j224001	消しゴム1ダース	1200	事務用品

このとき、次のようなUPDATE文を実行すると、すべてのpriceが2倍になります。

▶**リスト3-17** すべてのpriceが2倍になるUPDATE文

```
UPDATE shohin SET price = price * 2;
```

▶**表3-9** 変更後のshohinテーブル

idsh	shohinname	price	category
p102001	ペンケース赤	5000	ペンケース
p102002	ペンケース青	5000	ペンケース
m132001	万年筆A	7400	万年筆
m132002	万年筆B	7400	万年筆
j221001	ボールペン黒1ダース	2880	事務用品
j221002	ボールペン赤1ダース	2880	事務用品
j224001	消しゴム1ダース	2400	事務用品

	Chapter 3	データベース操作の基本

3-5

データの削除
～DELETE文でデータの削除～

INSERTで追加したレコードを削除してみましょう。レコードの削除には、DELETE文を使います。条件を何も指定せずにDELETE文を使うと、すべてのレコードが削除されてしまうので、操作には十分注意してください。

3-5-1 DELETE文でデータを削除する

SQL文にも慣れてきたでしょうか。最後に解説するデータ操作言語の命令語は**DELETE**です。DELETE文は、レコードを削除するのに使います。以下のような形で命令を書きます。

▶**リスト3-18** DELETE文の基本形

```
DELETE FROM テーブル名 ;
```

SELECT文と似ているように見えますが、SELECT文は**SELECT 項目名 FROM テーブル名**の形で、「どの項目を抽出するか」を毎回指定します。DELETE文にはそれがありません。ただし、基本形はこの形ですが、この書き方では「テーブルのどこのレコードを削除するのか」を指定していないため、テーブル内のすべてのレコードが削除されてしまいます。そのため、UPDATE文と同じく、**使用するときはWHERE句が必須**だと覚えておいてください。

▶**リスト3-19** WHERE句で条件を指定したDELETE文の基本形

```
DELETE FROM テーブル名 WHERE 条件式 ;
```

それでは、先ほどINSERT文で追加したレコードを削除してみましょう。条件式には、「チキュウ社」のレコードと合致するように書けばよいのですから、今回は会社名で指定します。**WHERE company = 'チキュウ社'**とします。チキュウ社は文字列なので、

3-5 データの削除　81

シングルクォートを忘れないでください。もし、UPDATE文のときと同じように`idju`で指定したい場合は`WHERE idju = 1234`、東京都の会社をすべて削除したい場合は`WHERE state = '東京都'`とします。

▶表3-10 削除するチキュウ社の情報

idju	company	state	address	zip	tel
1234	チキュウ社	東京都	世田谷区太子堂	156-0044	03-2234-5567

▶図3-36 DELETE文に条件を指定する

DELETE FROM jusho
　　　　　　テーブル名

WHERE company='チキュウ社';
　　　　列名　　削除したいレコードの値

Column 転ばぬ先のバックアップ

　DELETEの実行は慎重に行ってください。例えば、WHERE句を指定し忘れるなどして全レコードを削除したとしても、それを復旧することはできません。データベースには、ファイルシステムの「ごみ箱」のような機能はなく、即座に削除されてしまいます。そうしたことにならないよう、DELETE文を実行する前に同じ条件のSELECT文を実行して、対象のレコードを確認するとよいでしょう。また、大きな変更作業を伴うSQLを実行する前には、データベースのバックアップをとっておくことをおすすめします（第13章参照）。そうすれば、間違えたときに、そのバックアップから元に戻せます。

3-5-2 住所録テーブルのレコードを削除する

条件を指定して、セクション3-3で追加した「チキュウ社」のレコードを削除してみましょう。

❶DELETE文を実行する

下記のDELETE文を入力して実行します。

▶リスト3-20　company列が「チキュウ社」のレコードを削除するSQL

```
DELETE FROM jusho WHERE company = 'チキュウ社';
```

▶図3-37　DELETE文を入力し実行する

❷実行結果を確認する

実行結果は、INSERT INTO文やUPDATE文と同様に、「何件削除したか」という表示になります。

▶図3-38　DELETE文が実行されると、更新した件数が表示される

❸SELECT文で確認する

本当に削除されたか確認してみましょう。下記のSELECT文を入力して実行します。

▶リスト3-21　レコードが削除されたことを確認するSQL

```
SELECT * FROM jusho;
```

▶図3-39　SELECT文を入力して実行する

❹削除されたことを確認する

チキュウ社のレコードは、もうなくなっていることがわかります。

● テーブルのデータを削除するには、DELETE文を使用する

Chapter 4

データ型

データの構造が決まっているというのが、リレーショナルデータベースの特徴の1つです。この章では、どのようなデータを入れるのか設定するデータ型について学びます。最初はどれを選ぶべきか混乱するかもしれませんが、特徴について知るうちに区別できるようになります。

4-1 データ型とは
〜列に入るデータの種類〜

Chapter 4 | データ型

データ型とは、列に入れるデータの種類のことです。テーブルにデータが入る前に、どのようなデータが入る列なのかをあらかじめ定義しておきます。まずは本節でデータ型そのものについて学んでいきましょう。

4-1-1 データ型

リレーショナルデータベースでは、その列にどのようなデータが入るのか、あらかじめ決めておく必要があります。列に入れるデータの種類のことを**データ型**と呼びます。「チキュウ社」「東京都」などの文字列が入れられるものや、「123」「2233」などの数字を入れると操作しやすいものなど、さまざまなデータ型が用意されています。

テーブルを作成するときに、各列のデータ型と、入れるデータの長さを設定します。一定の条件を満たせば後から変更できることもありますが、一度決めたら、変更するのは基本的に難しいものだと考えてください。また、1つの列には1つのデータ型しか設定できません。「住所の列には、文字列型と数値型の両方を設定しよう」などということはできないのです。そのため、どんなテーブルにするか定義するときに「この列は、どのように扱う予定があるのか」をよく検討しておく必要があります。

▶図4-1 どんなデータが入るのかを考えてデータ型を決める

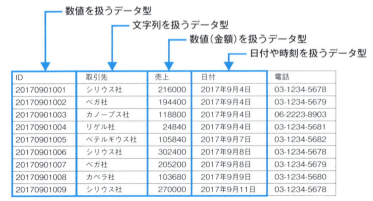

4-1-2 データ型の種類

データ型には、整数を扱う **INT** や、文字列を扱う **VARCHAR**、日付と時刻を扱う **DATETIME** など、さまざまなものがありますが、大まかに、「数値」、「日付と時刻」、「文字列」、「その他」の4つに分けることができます。また、MySQLで使用できる型について分類ごとに一覧にまとめました。詳しい内容は後のページで説明しますが、おおよそこのような型があるということを覚えておいてください。なお、ここで紹介しているのはMySQLで使用できるデータ型であり、ほかのRDBMSでは異なる場合があります。

◉数値を扱うデータ型

数値を扱うデータ型です。代表的なのは **INT** や **DOUBLE** です。このデータ型で扱えるのは数字のみで、文字列を入れることはできません。四則演算できることが大きな特徴です。整数、小数、浮動小数点数、倍精度浮動小数点、高精度浮動小数点数など、示せる値の範囲や、小数点以下の数値も扱うかどうかなどによって、いくつかの種類があります。例えば、整数を扱う INT 型には小数点以下の数値を入れることはできません。また、後述する「値だけを保存する」性質があるため、「00123」などの「0」から始まる数字は注意が必要です。

▶ **表4-1** 数値を扱う主なデータ型

扱う対象	型の種類	特徴
整数	TINYINT, SMALLINT, MEDIUMINT, INT, BIGINTなど	整数を扱う型。小数点以下の数字は入力できない。正の数のみ扱うか、正負両方を扱うかは、設定で決める。扱える数字の範囲は決められている
浮動小数	FLOAT, DOUBLE	小数まで扱う型。入力した数字の桁数によって、自動的に小数点以下の数字を何桁まで扱うか決まる
固定小数	DECIMALまたはNUMERIC	小数まで扱う型。設定時に、小数点以下の数字を何桁まで扱うか決める
ビット値	BIT	指定されたビット数を格納する

4-1 データ型とは　87

▶図4-2　数値を取り扱うデータ型の特徴

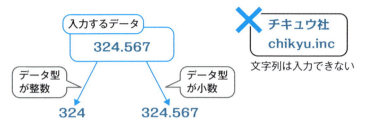

●日付と時刻を扱うデータ型

　日付や時刻を扱うデータ型です。代表的なのは **DATETIME** や **TIMESTAMP** です。このタイプで扱えるのは日付や時刻のみで、文字列や型に合わない数字（2017-13-32といった値）は入りません。日付だけを示すか、時刻も含むかなどによって、いくつかの型があります。日付と時刻型は、関数（第5章参照）を使って、年、月、日、時、分、秒、をそれぞれ取り出したり、起点からどれだけの時間がたったのかを計算したりすることもできます。日付や時刻は全体をシングルクォート（'）で囲みます。

▶表4-2　日付と時刻を扱う主なデータ型

扱う対象	型の種類	特徴
日付	DATE	日付を格納する型
時刻	TIME	時刻を格納する型
日付と時刻	DATETIME,TIMESTAMP	日付と時刻の両方を格納する型
年	YEAR	年だけを格納する型

▶図4-3　日付と時刻のデータ型の書き方

●文字列を扱うデータ型

　文字列を扱うデータ型です。代表的なのは **VARCHAR** や **TEXT** です。このタイプは、文字列も数字も扱うことができますが、この場合、数字は「文字列」として扱われま

す。文字列型は長さを指定するかどうか、文字数が指定の長さより短いときに後ろを空白で埋めるか（詳細はP.104で解説）などによっていくつかの種類があり、文字の連結や文字数のカウント、前後の空白を取り除く、指定の文字列に部分的に合致するかどうかを調べるといった操作ができます。

文字列型のデータは全体を '（シングルクォート）で囲みます。また、文字列型はすべてを文字として見るため、四則演算などの計算ができません。計算したいときは、数値型や日付と時刻型を使いましょう。

▶表4-3 文字列を扱う主なデータ型

扱う対象	型の種類	特徴
固定長の文字列	CHAR	指定した長さの文字列を格納する型
可変長の文字列	VARCHAR,TEXT	指定した長さ以下の可変長の文字列を格納する型
固定長のバイナリデータ	BINARY	指定した長さのバイナリデータを格納する型
可変長のバイナリデータ	VARBINARY,BLOB	指定した長さ以下のバイナリデータを格納する型
列挙	ENUM	あらかじめ用意した選択肢のなかから1つ選ぶ型
セット	SET	あらかじめ用意した選択肢の複数の組み合わせを選ぶ型

▶図4-4 文字列を扱うデータ型の書き方

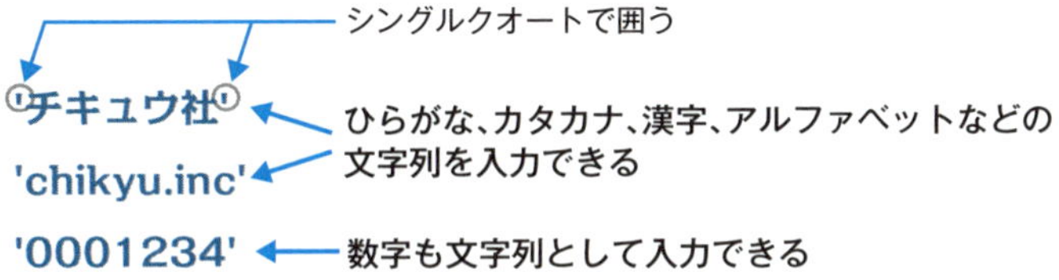

シングルクオートで囲う

'チキュウ社' ← ひらがな、カタカナ、漢字、アルファベットなどの文字列を入力できる

'chikyu.inc'

'0001234' ← 数字も文字列として入力できる

4-1 データ型とは　89

◉その他のデータ型

その他のデータ型として、**GEOMETRY**などの「空間データ型」があります。これらは、GISと呼ばれる「地図情報」を表現するのに使われる特殊なものです。本書では扱いません。

▶**表4-4** その他のデータ型

扱う対象	型の種類	特徴
空間データ	GEOMETRY	位置や座標、形状を格納する型
	POINT	座標を格納する型
	LINESTRING	線分を格納する型
	POLYGON	多角形を格納する型

Column 標準的なデータ型とMySQL固有のデータ型

データ型には、どのようなリレーショナルデータベースでも一般的に利用できる標準的なデータ型と、MySQL固有のデータ型があります。例えば、ENUMやSET、そして、表4-4に示したその他のデータ型は、ほかのリレーショナルデータベースでは利用できないことが多いデータ型です。

カラムのデータ型を決めるときは、将来的に別のリレーショナルデータベースに変更することも考え、できるだけ標準的なデータ型を使うようにしましょう。ちなみに、標準的ではないデータ型は、各種プログラムから操作するとき（第14章で説明）に、操作に制限があることもあります。

4-1-3 計算するかどうかを見極めて型を決める

テーブルを定義するときは、これらの性質を踏まえた上で、適切なデータ型を使います。とはいっても、種類が多すぎてどれを使えばよいかわからないかもしれません。選び方としては、文字列であれば「文字列型」から選び、日付は「日付型」から選ぶのが基本ですが、難しいのは、「数値型」です。

数値型の最大の特徴は、「計算ができること」「値だけが保存されること」です。「値だけが保存されること」とは、例えば、「00001」「0001」「1」の3つの表記は、どれも同じ「1」という値として保存されることを意味します。つまり、東京の電話番号「0312345678」や、北海道の郵便番号の「0640941」は数値型にすると、読み込み直すときに先頭の0が消えて「312345678」や「640941」となってしまいます。

そのため、数字であっても郵便番号や電話番号のような「計算をする必要がなく、

そのまま取り出したい」ものは文字列型にし、計算をしたいような数値の場合は数値型にします。この判断基準を覚えておきましょう。

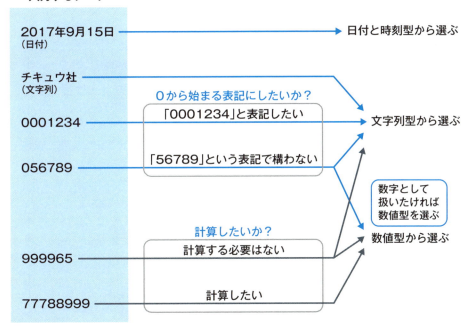

▶図4-5　表記の都合や計算の有無で型を決める

4-1-4　大小比較の有無で型を決める

　もう1つ、型を選ぶのに重要なポイントがあります。それは「大小比較」です。数値型では数値の大小で決めますし、日付型は日付（時刻）が未来であれば大きく、過去であれば小さいというふうに決めます。これが文字列型の場合は、先頭の文字を1つずつ比較するという方法で比較します。このとき、文字の大小は「文字コード」と呼ばれる、文字それぞれに割り当てられた値によって決められます。「ひらがな」の文字コードは「あいうえお順」に大小設定されるので、ひらがなは並べ替えると「あいうえお順」になります。漢字の場合は、その漢字ごとに割り当てられた文字コードの順番になります。

　特に問題ないじゃないか、と思うかもしれません。確かに扱う文字がひらがなや漢字の場合は問題ありませんが、取り扱う文字が数字の場合、さらにその数字の桁数が違う場合に影響が出てきます。例えば「100」と「90」を比較した場合、数値型の場

合、100のほうが大きいのが明らかですが、文字列型として比較すると90のほうが大きいと判断されてしまいます。これは先頭から順に文字を比較するという都合上、最初の「1」と「9」を比較して「9」のほうが大きいと判断されるからです。このような危険性があるため、大小の比較が絡む数字データを扱う場合には、数値型を選んだほうがよいでしょう。

▶図4-6 大小比較の例

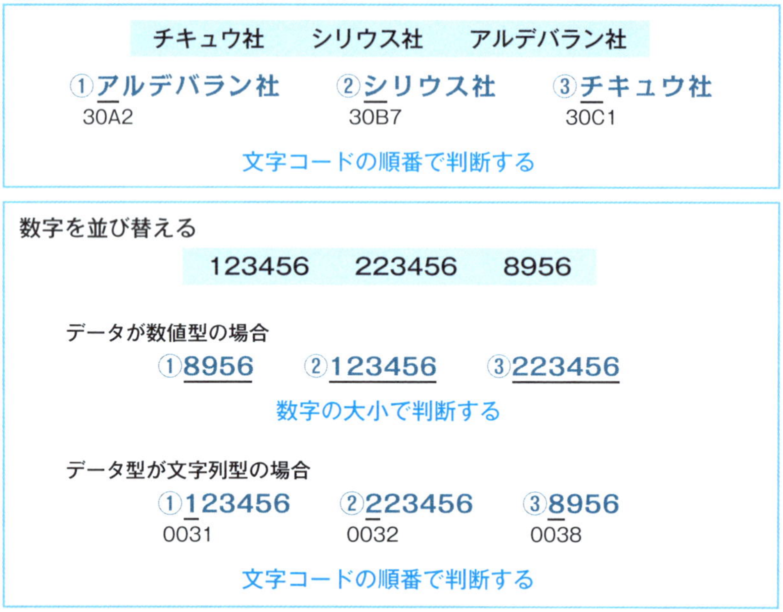

チキュウ社　　シリウス社　　アルデバラン社

①アルデバラン社　　②シリウス社　　③チキュウ社
30A2　　　　　　　　30B7　　　　　　　　30C1

文字コードの順番で判断する

数字を並び替える
123456　　223456　　8956

データが数値型の場合
①8956　　②123456　　③223456

数字の大小で判断する

データ型が文字列型の場合
①123456　　②223456　　③8956
0031　　　　　　0032　　　　　　0038

文字コードの順番で判断する

4-1-5 売上テーブルのデータ型を確認する

phpMyAdminを操作して、サンプルとして提供しているテーブルのデータ型がどのように定義されているのかを確認してみましょう。

❶uriageテーブルを開く

左側のカラム一覧から、サンプルのデータベースである＜ghexample＞をクリックして展開し、uriageテーブルをクリックして選択してください。

92　Chapter 4　データ型

❷構造を確認する

▶図4-7 売上テーブルを開く

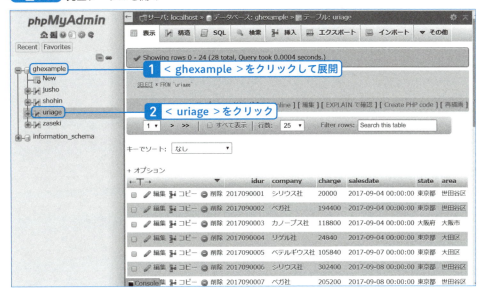

<構造>タブをクリックして開きます。すると、テーブルの列の定義が表示されます。ここでデータ型を確認できます。このテーブルでは、「int」「varchar」「decimal」「datetime」の4つのデータ型が使われていることがわかります。これらの型は、簡単にいうとそれぞれ次の意味です。

▶表4-5 売上テーブル内の列に使われているデータ型

型	意味
int型、decimal型	数値型です。カッコの中の数字は表現できる数値の範囲または精度を示します
datetime型	日付型です。数値の指定はありません
varchar型	文字列型です。カッコの中に指定されているのは、格納できる最大の文字数です

例えば、idur列はintという数値型なので、ここに文字列を入れることはできません。また、salesdate列はdatetimeという日付と時刻型なので、日付や時刻以外の値を入れることはできません。

▶図4-8 テーブルの構造画面でデータ型が確認できる

- データ型とは、列に入れるデータの種類のこと
- データ型は、大きく分けて数値型、日付時刻型、文字型、その他の4種類
- データ型を決める際は、計算の有無や大小比較のしやすさなどを考慮する

Chapter 4 | データ型

4-2

数値型
～四則演算のできるデータ型～

数値型は、数値を表現するためのデータ型です。四則演算ができるのが特徴です。ひとくちに「数値型」といってもさまざまな種類があり、格納できる数値の範囲が決まっています。

4-2-1 数値型の種類

数値を扱うデータ型は、**整数型**、**固定小数型**、**浮動小数型**、**ビット型**に分けることができます。

●整数型

整数型は**TINYINT**、**SMALLINT**、**MEDIUMINT**、**INT**、**BIGINT**の5種類です。これらの違いは、「どの範囲を扱うか」です。どのデータ型も、「0～正の数のみ」と、「負の数～正の数」を選択できますが、その範囲を微調整することはできません。TINYINTであれば、「0～255」か「-128～127」のどちらかの選択になります。ほかの整数型も同じです。また、「整数型」なので、小数は扱えません。入力したとしても、小数点以下は整数に丸められて格納されます。そのため、小数を扱いたい場合は、小数型を使用しましょう。

次の表にあるように、整数だけでもさまざまなデータ型がありますが、たいていの場合はINTを選ぶことが多いです。ただ、例えば0から20までといった小さな範囲しか明らかに使用しない場合はTINYINTやSMALLINTを使ったり、43億以上の数字を扱う場合はBIGINTを使ったりするなど、扱うデータによって使い分けることができます。とはいえ、初心者のうちは判断が付きづらいので、INTを選んでおけばよいのではないかと思います。

4-2 数値型 95

▶**表4-6** 整数型のデータ型と扱うことが可能な数値の範囲

型の名称	0〜正の数のみ	負の数〜正の数
TINYINT（タイニーイント）	0〜255	−128〜127
SMALLINT（スモールイント）	0〜65535	−32768〜32767
MEDIUMINT（ミディアムイント）	0〜16777215	−8388608〜8388607
INT（イント）	0〜4294967295	−2147483648〜2147483647
BIGINT（ビッグイント）	0〜18446744073709551615	−9223372036854775808〜9223372036854775807

●固定小数型／浮動小数型

　小数を格納したい場合は、固定小数型もしくは浮動小数型を使います。

　固定小数型は、設定の段階で小数点以下何桁まで扱うのかを決めるデータ型です。設定した桁数を超えると、それ以下の数字は丸められます。**DECIMAL** と **NUMERIC** という2つの型がありますが、歴史的な理由で2つの名前があるだけなので、どちらで指定しても構いません。MySQLではDECIMALという表記がよく使われます。

　浮動小数型は、入力した数値の桁数によって、自動的に小数点以下の数字を何桁まで扱うか決まる型です。桁数の異なるデータ同士を扱う場合に便利です。ただし、入力したデータの桁数が、極端に大きく変動すると、勝手に数字が丸められてしまうデメリットがあります。精度が求められるデータの場合は注意が必要です。

　小数のデータ型を決める場合、浮動小数型の**DOUBLE**を使うことが多いです。**FLOAT**でもよいですが、精度の高いDOUBLEのほうが好まれる傾向にあります。

▶**表4-7** 浮動小数型、固定小数型のデータ型と特徴

分類	型の名称	特徴
浮動小数型	FLOAT（フロート）	単精度浮動小数型。精度が低い
	DOUBLE（ダブル）	倍精度浮動小数型。FLOATの倍の精度がある
固定小数型	DECIMAL（デシマル）NUMERIC（ニューメリック）	指定した桁数の精度が保障される型

●ビット値型

　「ビット」形式でデータを格納するデータ型で、**BIT** という型が使われます。ビットとは、「0」か「1」でデータを表すコンピュータにおける最小単位です。この型では、「b'0101'」のように、「b'」と「'」で囲んで示します。特殊な用途に使われるものであり、あまり使われません。

4-2-2 数値型の選び方

　数値型にはたくさんの種類がありますが、どれを使うかについては、次の指針で選ぶのが一般的です。慣れてきたら、ほかのデータ型も使ってみましょう。

●整数を保存したいとき（小数は使わない場合）

　約-21億〜21億の範囲の値を表現できるINT型を使います。通常の利用であれば、この範囲内の数値を表現できれば十分であるからです。また、INT型はパソコンが効率よく処理できるように工夫されている特長があります。

●小数値を保存したいとき

　小数を使うときは、浮動小数型を使うのが一般的です。FLOAT型とDOUBLE型の2種類がありますが、計算精度が高いDOUBLE型がよく使われます。

●金額を扱いたいとき

　消費税や金利がなければ整数値でよいのですが、これらの値は小数点以下の数字を含みます。そのため、小数点以下を扱える小数型を使うのが無難です。ただ、浮動小数型であるDOUBLE型では、**打ち切り誤差**という誤差が発生することがあります。金銭を扱う場合など、小数以下の計算誤差が許されない場合は、固定小数型がよく使われます。MySQLにおいては、固定小数型は、DECIMAL型とNUMERIC型のどちらも同じ意味です。一般には「DECIMAL型」と記述することがほとんどです。

▶**図4-9**　それぞれの用途に合わせて数値型の種類を選ぶ

整数しか使わない ─────────→ **INT**
（約-21億〜-21億の整数）

小数点以下の数字も扱いたい ─────→ **DOUBLE**
（桁数によって小数点の位置が決まる）

金額を扱う ──────────────→ **DECIMAL**
（小数点の位置は選定時に決める）

4-2 数値型　　97

4-2-3 数値の書き方

文字列型のデータ型の場合は文字も数字も'(シングルクォート)でくくりますが、数値型に格納する場合は、そのまま書きます。また、小数の場合もそのまま書きますが、「0.00000567」のように0が多い場合には、下の図のように指数を使って表す方法も便利です。

▶図4-10 数値型の値の基本的な書き方と指数を使った書き方

文字列型の書き方

「'(シングルクォート)」でくくる
数字であっても、文字列型に格納する場合はくくる

数値型の書き方

「'(シングルクォート)」でくくらず、そのまま書く

```
少数のEを使った表記
  0.00000567
        │  5.67×10^-6(5.67×0.1^6)
        ▼
  5.67E-6    0.00000567は、5.67の10の-6乗なので、
             5.67E-6と表記する

       (例:0.1→1.0E-1  0.00123→1.23E-3)
```

- 数値型には整数型、固定小数／浮動少数型、ビット値型がある
- どの数値型を使用するかは、そのデータが整数だけなのか、小数になる可能性はあるのか、といったことを考慮して決める

Chapter 4 ｜ データ型

4-3

日付と時刻型

～日付や時刻を扱うデータ型～

日付と時刻型は、日付や時刻を格納するデータ型です。日付のみ、時刻のみを扱うものもあれば、両方を扱うものもあります。データ型によって、保存できる期間が違うので、適したデータ型を選択できるようにしっかり学びましょう。

4-3-1 日付と時刻型の種類

　日付と時刻型は、「日付」「時刻」「日付と時刻」「年」の4種類があります。数値型と違って、種類は多くありません。「日付と時刻」のみ、2種類のデータ型があります。日付や時刻を扱うデータ型なので、存在しない時間は入力できません。例えば、「13月」や「35日」は入力しても、「00」として認識されます。また、値は '（シングルクォート）で囲って表記します。

▶表4-8 日付と時刻を表す型

扱う範囲	型の名称	特徴
日付	DATE（デート）	日付を格納する型
時刻	TIME（タイム）	時刻を格納する型
日付と時刻	DATETIME（デートタイム）	日付と時刻の両方を格納する型。1000年～9999年まで格納できる
	TIMESTAMP（タイムスタンプ）	日付と時刻の両方を、1970年を起点とした値で格納する型。1970年～2038年まで格納できる
年	YEAR（イヤー）	年だけを格納する型

●日付型

　時刻を含まず、日付だけを保存したいときは、**DATE**を使います。表記は、「'YYYY-MM-DD'」でも、「'YY-MM-DD'」でも同じように認識されます。区切り文字としては、-（ハイフン）のほか、/（スラッシュ）や ^（アクサンシルコンフレックス）、@（アットマーク）なども使用できるので、'YYYY^MM^DD'や'YYYY/MM/DD'、'YYYY@MM@DD'といった書き方もできます。区切り文字が必須かというと、そうでもありません。「YYYYMMDD」や「YYMMDD」の形式に合致していれば、日付と認識されます。あいまいな表記かと思うかもしれませんが、これは、MM（月）が01から12までしか存在せず、DD（日）が1から31（場合によっては28）までしか組み合わせられないことからできることです。区切り文字がある場合は、月や日の頭の0を省略し'2017/9/1'などと書くこともできます。

　なお、西暦を「YYYY」ではなく、「YY」のような下二桁の形で表記する場合は、「70～99」のときは20世紀、「00～69」のときは21世紀の年だと認識されます。これは、MySQLが内部的には年を4桁として認識するからです。「1969年」以前や、「2070年」以降を入力したい場合は、必ず4桁で指定します。

▶図4-11　DATE型で2017年9月15日を表記する

区切り文字色々

　ハイフン、スラッシュ、アクサンシルコンフレックス（ハット）、アットマークが区切り文字として利用できる。区切り文字は無くてもよい。

ハイフン「-」	'2017-09-15'
スラッシュ「/」	'2017/09/15'
アクサンシルコンフレックス「^」	'2017^09^15'
アットマーク「@」	'2017@09@15'
なし	'20170915'

●時刻型

　時間や時刻だけを示したいときは**TIME**を使います。表記は「'D HH:MM:SS'」（日時:分:秒）「'HH:MM:SS'」（時:分:秒）「'HH:MM'」（時:分）「'D HH:MM'」（日 時:分）「'D HH'」（日 時）「'SS'」（秒）などの書き方があります。日付と同じように、:（コロン）や +（プラス）、*（アスタリスク）、^（アクサンシルコンフレックス）などの別の区切り文字を使用したり、区切り文字を省略したりすることができます。また、秒未満を示すこともでき、そのときには後ろに「.」でつなげて、「HH:MM:SS.xxxxxx」と書きます。指定できる精度は最大6桁（マイクロ秒。100万分の1秒）で、例えば「27:32:07.00000」のように書きます。

▶図4-12　TIME型で27時32分07秒を表記する

区切り文字色々

コロンやプラス、アスタリスク、アクサンシルコンフレックス（ハット）が区切り文字として利用できる。区切り文字は無くてもよい。

コロン「:」	'27:32:07'
プラス「+」	'27+32+07'
アスタリスク「*」	'27*32*07'
アクサンシルコンフレックス「^」	'27^32^07'
なし	'273207'

Column　「TIME」の「D」って、なぜあるの？

　「時刻だけを示したいときは、TIME型を使います」と説明しながら、「'D HH:MM:SS'」（日 時:分:秒）という表記に疑問を持った人もいるでしょう。この時刻のときの「D」は、「9月15日の13時」のように、特定の日付を表すものではありません。「27時間32分」を「1日と3時間32分」といい換えるときの「日」を表しています。つまり、時間の単位としての「日」ということです。TIME型で、日の表記が使えるかどうかは、RDBMSによります。MySQLでは対応しているので、使用できるのです。

●日付時刻型

　日付と時刻の両方を扱いたいときは、**DATETIME**と**TIMESTAMP**のどちらかの型を使います。DATETIME型は1000年～9999年まで、TIMESTAMP型は1970年～2038年までを保存できます。どちらを使うか迷ったとき、ほとんどの場合はDATETIME型を使えばよいはずです。

　ただしTIMESTAMP型は、時刻をグリニッジ標準時に変換して保存します。そのため、世界に展開するアプリケーションで地域ごとの時間差を考慮したい場合などには、TIMESTAMP型が使われることがあります。また、TIMESTAMP型は「UNIXタイムスタンプ」や「エポック秒」と呼ばれる値で、多くのシステムで使われている時刻計算値であるため、これらと互換性をとりたいときにも使われます。

　表記は、DATEとTIMEを合わせたような表記をします。つまり、「'YYYY-MM-DD HH:MM:SS'」や「'YY-MM-DD HH:MM:SS'」のような形です。日付と時刻の間は、半角スペースや、「T」で区切ります。基本的にはDATE + TIMEの形なので、使用できる区切り記号などのルールもDATEやTIMEと同じです。

▶図4-13　DATETIME型、TIMESTAMP型で2017年9月15日12時32分07秒を表記

※基本的なルールは、DATEやTIMEと同じ

```
DATETIMEが保存できる範囲
1000年～9999年
TIMESTAMPが保存できる範囲
1970年～2038年
```

● 年型

年を表現するにはYEARを使います。表記の仕方は「'YYYY'」です。「'YY'」とも表記できます。

▶図4-14　YEAR型で2017年を表記

2017と表記しても、17と表記してもよい。
ただし、2桁で表記できるのは1970年〜2069年まで

4-3-2　日付や時刻の書き方

日付や時刻は、'（シングルクォート）で記述します。また、基本的には区切り文字で区切りますが、使用できる文字は複数あります。区切らなくても問題はありません。月日や時刻の頭の「0」は省略することもできます。

▶図4-15　日付と時刻型の表記まとめ

区切り文字がある場合
　'2017-09-15 12:32:07'

区切り文字がない場合
　'20170915123207'

① 「'（シングルクォート）」で括る
② 区切り文字は複数ある
③ 区切り文字を使用しなくてもよい
④ 年は2桁で表記することもできる
⑤ 日付と時刻の両方を表記する場合は、スペースや「T」を使用
⑥ 区切り文字がある場合のみ頭の0を省略できる

- ●日付型にはDATE型、時刻型にはTIME型がある
- ●日付と時刻両方を扱う日付時刻型はDATETIME型とTIMESTAMP型がある

Chapter 4 | **データ型**

4-4 文字列型

～文字列を格納するデータ型～

文字列型は、文字列やバイナリデータなどを表現する型です。場合によっては、数字もこのデータ型で扱うこともあります。文字列型のデータは計算することができませんが、文字列の分割や結合などさまざまな操作が可能です。

4-4-1 文字列型の種類

　文字列型は、文字列を扱うものと、バイナリデータを扱うもの、その他の3つに大きく分類できます。リテラルで文字列型を表記する場合は、'（シングルクォート）でくくります。文字列型は、どんな値でも文字列として認識されるので、数値型のような計算はできない一方、入力したデータがそのまま格納されるメリットがあります。

●固定長と可変長

　文字列型には、扱う文字が文字列かバイナリデータかに関わらず、固定長と可変長の2種類があります。固定長は、毎回格納するデータのサイズが決まっているため、設定した長さに満たない場合は空白や0で埋められます。帳票印刷で幅を定めたい場合などに便利です。

　一方可変長は、文字通り格納するデータのサイズが変わります。長いデータであっても短いデータでであっても、その長さ分だけしか格納されません。末尾に余計な文字が付かないので、多くの場合こちらが使われます。

▶図4-16 固定長と可変長の違い

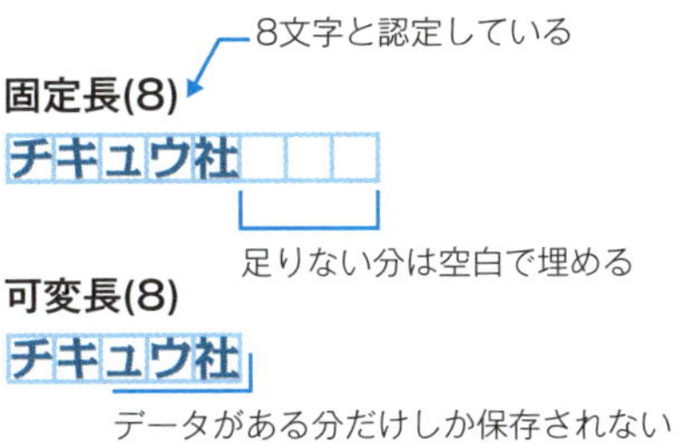

8文字と認定している

固定長(8)

チキュウ社　　　

足りない分は空白で埋める

可変長(8)

チキュウ社

データがある分だけしか保存されない

　このような特徴と、使用できる文字数から、可変長であるVARCHAR型や、VARBINARY型が使われることがほとんどです。より大きなサイズのデータを格納したいときのみ、データサイズの上限を指定しないTEXT型やBLOB型を使用します。

▶表4-9 文字列を扱うデータ型

型の名称	長さ	特徴
CHAR（チャー）	固定長	指定した長さ（固定長）の文字列を扱う型。最大255文字。長さに満たない末尾は空白で埋められる
VARCHAR（バーチャー）	可変長	指定した長さ以下の可変長の文字列を扱う型。最大65535文字
TEXT（テキスト）	可変長	データサイズを設定しない型。65535文字以上も可能

▶表4-10 バイナリデータを扱うデータ型

型の名称	長さ	特徴
BINARY（バイナリー）	固定長	指定した長さのバイナリデータを扱う型。最大255バイト。長さに満たない末尾は0で埋められる
VARBINARY（バーバイナリー）	可変長	指定した長さ以下のバイナリデータを扱う型。最大65535バイト
BLOB（ビローブ、ブロブ）	可変長	データサイズを設定しない型。65535バイト以上も可能

▶表4-11 その他のデータ型

扱う範囲	型の名称	特徴
列挙型	ENUM	あらかじめ用意した選択肢のなかから1つを選ぶ型
セット型	SET	あらかじめ用意した選択肢の複数の組み合わせを選ぶ型

4-4 文字列型

●文字列型

文字列型にはCHAR、VARCHAR、TEXTの3種類があります。どれを使うのかは、「固定長（長さがいつも同じ）」か「可変長（長さが変わる）」か、そして、格納する最大文字サイズによって決めます。

CHAR型は固定長の文字列で、最大255文字まで格納できます。指定の文字数以下の文字を格納したときは、「あいう□□□□」（□は半角スペース）のように末尾に空白が挿入されます。

VARCHAR型は可変長の文字列です。最大65535文字まで格納できます。列を定義するときに、格納する最大文字数を定義しますが、それ以下の文字数を格納しても、末尾に空白が付けられることはありません。データベースに格納するデータは、ほとんどの場合65535文字以内で済むため、一般に文字列型といえばこのVARCHAR型が使われます。

TEXT型は、格納する文字数制限がないデータ型です。VARCHAR型よりも大きなデータを扱いたいときに使います。

●バイナリ型

バイナリ型にはBINARY、VARBINARY、BLOBの3種類があり、画像などのバイナリデータを扱うときに使います。

BINARY型は固定長のデータ型で、最大255バイトまで格納できます。列を定義するときに格納するバイト数を定義し、それ以下の場合は末尾が「0」で埋められます。

VARBINARY型は可変長のデータ型で、最大65535バイトまで格納できます。列を定義するときに格納する最大バイト数を定義しますが、それ以下であっても、末尾に「0」が付けられることはありません。

BLOB型は、格納するバイト数制限がないデータ型です。VARBINARY型よりも大きなデータを扱いたいときに使います。

●その他

その他のデータ型として、ENUM、SETを紹介します。ENUM型は、いくつかの選択肢の中から1つを選ぶ型です。SET型は、いくつかの選択肢の中から複数を選ぶ型です。どちらも、ほとんど使われません。

4-4-2 文字列型の書き方

文字列型は'（シングルクォート）でくくります。実は、"（ダブルクォート）でくくることもできるのですが、ほかのRDBMS製品との互換性がないので避けたほうがよいでしょう。ここまではシンプルな話ですが、'でくくるにあたり、文字列型のみに存在する大きな問題があります。それは、格納するデータとしてとして'そのものを使いたい場合です。このような場合は、'を重ねることで対応します。つまり、'が2つ続いたら、1つは、データの中身であると認識されるのです。このとき途中にある'はただの文字列として処理されます。

▶図4-17　文字列はシングルクォートでくくる

また、文字列型では、「何文字の長さまで格納するのか」をカッコで指定します。例えば、「10文字まで格納できる」としたい場合は、VARCHAR(10)と表記します。CHARであれば最大255文字、VARCHARでは最大65535文字まで指定できます。

4-4-3 特殊な文字を表現したいとき

文字列に「改行」などの特殊な記号を入力したいときは、特別な書き方があります。その表記を「エスケープシーケンス」といいます。エスケープシーケンスは半角の「¥」マーク（円マーク。ただし、MacやLinuxなどでは半角の「\」（バックスラッシュ）で表記されることもある）と英数字の組み合わせで示します。

▶表4-12　エスケープシーケンス

エスケープシーケンス	意味
¥0	アスキーコードの「0x00」の文字。C言語などで末端を示すときに使われる
¥'	シングルクォート文字
¥"	ダブルクォート文字
¥b	バックスペース文字
¥n	改行文字
¥r	復帰改行文字
¥t	タブ文字
¥z	Ctrlキーを押しながらZを入力したときに入力される記号
¥¥	「¥」文字自体
¥%	「%」文字
¥_	「_」文字

　例えば、改行を入れたいときは、上の表にあるように「¥n」と記述します。
　半角の「¥」は特殊な文字なので、「¥記号」自体を表現したいときは、「¥¥」と重ねて表現しなければならないことに注意してください。例えば「¥10,000」という文字列を示すときは、「¥¥10,000」と表現する必要があります。ただしこれは半角の「¥」を使う場合の話で、全角の「￥」を使う場合はこの限りではありません。

- 文字列型には文字型とバイナリ型があり、それぞれに固定長のデータ型と可変長のデータ型が用意されている
- 文字列型の値はシングルクォートでくくる必要がある

Chapter 4 | データ型

4-5

NULLという特別な値
～何も設定していないという値～

データベースには、「値を何も設定していない」という特別な値があります。それが「NULL」です。「NULL」とゼロ、空白はどのような違いがあるのでしょうか。NULLの検索方法やNULLを設定する方法も含めて見ていきましょう。

4-5-1 未設定や未確定のときにNULLを使う

　NULLは、どの型のフィールドにも設定できる特別な値で、「何も値が設定されていない」ことを示します。「まだ値が設定されていない場合」や「今後値を設定しようとしている場合」などを表現するときに使われます。例えば売上テーブルにおいて、売上の日付が確定していないけれど、金額だけを入力したいことがあります。そのようなときは、日付を空欄にしたいところですね。文字列なら「''」（シングルクォートを連続で入力）で空欄を表せますが、日付や時刻では「''」は正しい日付書式ではないので入力できません。そうしたときに「NULL」と書きます。NULLは「NULL」とだけ書き、前後にシングルクォートではくくりません。例えば、次のようにします。

▶ リスト4-1　NULLを含む行を追加する

```
INSERT INTO uriage(idur, company, charge, salesdate, state, area)
VALUES (1, 'シリウス社', 10000, NULL, '東京都', '世田谷区');
```

　ここでは日付のsalesdateに「NULL」という値を入力しました。SELECTを実行してuriageテーブルを確認してみましょう。

▶ リスト4-2　追加した行を確認する

```
SELECT * FROM uriage;
```

　すると、次のように「NULL」という値が設定されていることがわかります。

4-5 NULLという特別な値　109

▶図4-18 salesdateの列に「NULL」が入った

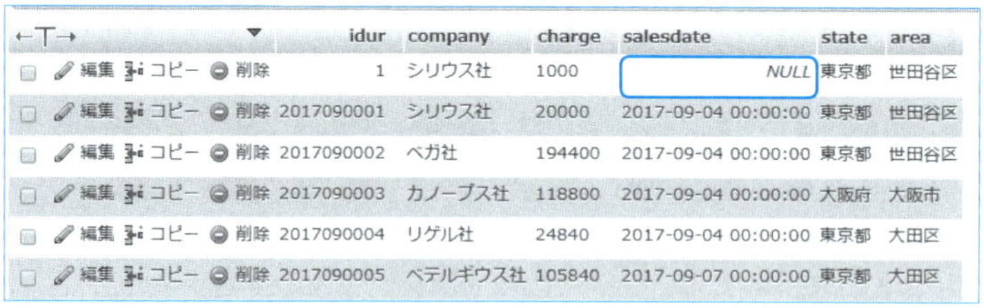

4-5-2 NULLを検索する

では、このNULLが設定されたレコードを探すには、どうすればよいでしょうか？
思いつくのは、WHERE句を使った、次の構文です。

▶リスト4-3 イコール演算子でNULLを検索してみる

```
SELECT * FROM uriage WHERE salesdate = NULL
```

実行してみるとわかりますが、このSQLは文法エラーにはなりませんが、レコードが1つも出てきません。

▶図4-19 エラーなく実行されたが、結果は0件

実はNULLは特殊な値であり、NULLと比較するときは、「IS NULL」と記述しなければならない決まりがあります。「IS」と「NULL」の間は半角スペースを1つ入れ、次のように記述します。

▶リスト4-4 IS NULLでNULLを検索する

```
SELECT * FROM uriage WHERE salesdate IS NULL
```

実行すると、先ほど追加したレコードが1件見つかります。このようにNULLと比較するときは、「=」ではなく「IS NULL」と記述ということを覚えておいてください。

▶**図4-20**　「IS NULL」で比較すると、レコードを1件取得できた

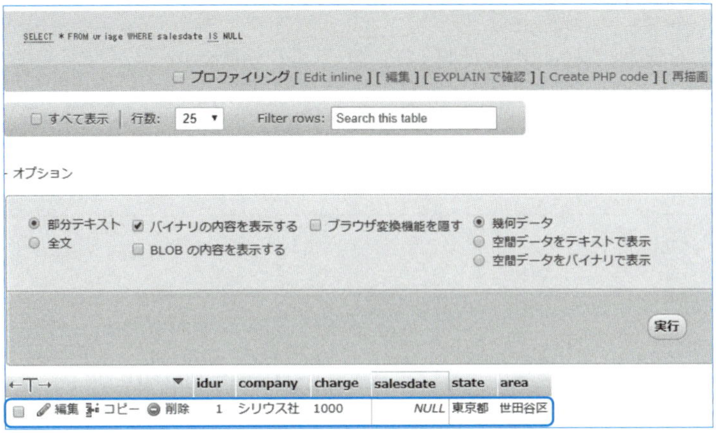

4-5-3　データをNULLに更新する

　すでにあるデータをNULLに指定することもできます。NULLという値は、「何も設定していない（データがない）」という意味なので、例えば、「売上日を設定しているけれども、それを未設定（データなし）に変えたい」とか「すでに電話番号を設定しているけれども、その電話番号を未設定（データなし）に変えたい」というように、すでに設定されたデータを未設定（データなし）にしたい目的で使います。

　既存のデータをNULLに設定するには、UPDATE文において、「列名 = NULL」のように指定します。

　実際に確認してみましょう。まずはデータをNULLに更新するレコードを追加します。次のSQLを入力し、実行してください。

▶**リスト4-5**　NULLに更新するデータを追加する

```
INSERT INTO uriage(idur, company, charge, salesdate, state, area)
VALUES (2, 'シリウス社', 10000, '2017-09-09', '東京都', '世田谷区');
```

　上記のレコードのsalesdate列をNULLに設定します。次のようにUPDATE文を書きます。

4-5 NULLという特別な値　　111

▶リスト4-6　salesdate列をNULLに更新するUPDATE文

```
UPDATE uriage SET salesdate = NULL WHERE idur=2;
```

このSQLを実行するとidur列が2のレコードのsalesdate列がNULLに更新されます。更新したレコードを確認してみましょう。次のSELECT文を実行してください。

▶リスト4-7　uriageテーブルの内容を確認するSQL

```
SELECT * FROM uriage;
```

▶図4-21　UPDATE文を実行し、結果を確認するとsalesdate列がNULLに更新されている

ここでは日付のところにNULLを設定しましたが、金額が未確定のときにはNULLを入れるといった使い方もできます。なお、テーブルの定義によってはNULLを設定できないこともあります。つまりテーブルを作成するときにNULLを許容しないように設定ができるということです。その詳細は第9章で説明します。

- NULLは値が設定されていない場合や確定されていない場合に使う
- NULLを検索するには「IS」を使用する
- 特定のデータをNULLに更新することもできる

Chapter 5

演算子

SQL文はデータを取り出したり格納するだけでなく、簡単な演算をしてその結果を使用することもできます。この演算のときに使うのが演算子です。算数や数学でも使うような記号もありますが、違うものも含まれるので注意してください。

Chapter 5 演算子

5-1 演算子とは
~SQL文の中でデータ処理をする~

演算子とは、SQL文の中でデータの処理ができるものです。これまでの章でも比較を表す演算子を使っていますが、ほかにも計算をするものや、複数の条件をつなげるものなどがあります。

5-1-1 演算子

ここまで、SELECT文やUPDATE文を書く際に「WHERE句」を使ってきました。そのときに、操作するレコードを特定するため、WHERE idju = 1234 や WHERE company = 'チキュウ社' のような形で記述したはずです。この「idju=1234」「company='チキュウ社'」の「=」を**演算子**といいます。また、「idju」や「1234」、「'チキュウ社'」など、演算子の対象となる値を**オペランド**といいます。

▶図5-1 演算子とオペランド

演算子は、データ処理するときの記号です。大きく3種類に分けられます。

▶表5-1 主な演算子

演算子の種類	演算子	特徴
算術演算子	+, -, *, /, %, DIV, MOD	計算ができる演算子
比較演算子	=, <, >, =<, >=, <>	比較ができる演算子
論理演算子	AND, OR, NOTなど	条件を決められる演算子

●計算する算術演算子

「+」「-」などの四則演算の記号が、算術演算子です。これらは、計算記号に過ぎません。例えば、idjuに3を足したものが10と等しいかどうかは、次のように指定できます。これはもちろん、WHERE idju = 7としても同じ結果が得られます。

▶リスト5-1 算術演算子を使ったSELECT文

```
SELECT * FROM jusho WHERE idju + 3 = 10;
```

算術演算子は、SELECT句に使用することもできます。そうした場合は計算結果を表示できます。例えば、次のようにすると、idju列に3を加えた値が表示されます。

▶リスト5-2 SELECT句に算術演算子を使ったSELECT文

```
SELECT idju + 3 FROM jusho;
```

●大小比較する比較演算子

大きさを比較するときに使うのが、比較演算子です。等しいかどうかを調べるときに使った「=」は、比較演算子の1つです。ほかにも大小比較の演算子があり、例えば、「<」を使うと小さいかどうか、「>」を使うと大きいかどうかを調べられます。次のSQL文は、idjuが10より大きいものを検索する例です。

▶リスト5-3 比較演算子を使ったSELECT文

```
SELECT * FROM jusho WHERE idju > 10;
```

5-1 演算子とは　　115

●条件を組み合わせる論理演算子

複数の条件を組み合わせるときに使うのが、**論理演算子**です。例えばANDを使うと、両方の条件が成り立つことを指定できます。次のSQLは、idjuが10より大きく、20より小さいものを検索する例です。

▶リスト5-4　論理演算子を使ったSELECT文

```
SELECT * FROM jusho WHERE idju > 10 AND idju < 20;
```

- ●「+」「-」「=」といった記号のことを演算子と呼ぶ
- ●演算子には、算術演算子、比較演算子、論理演算子の3種類がある

Chapter 5 演算子

5-2 算術演算子
~四則演算、余りの計算~

算術演算子は、計算するために使う記号です。足し算、引き算、かけ算、割り算といった四則演算をするときに使います。また、余りの計算で使用する演算子も算術演算子に含まれます。

5-2-1 算術演算子とは

列の値を計算したいときに使うのが、算術演算子です。基本的な算術演算子は、四則演算に対応する +、-、*(かけ算の意味)、/(割り算の意味) の4種類です。

また % は、いわゆる割合ではなく、割り算で割った余りを求めるものです(MOD も同じです)。DIV は、商(割り算の答え)を求めます。これらも算術演算子に含まれます。

▶図5-2 主な算術演算子

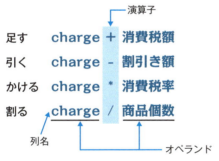
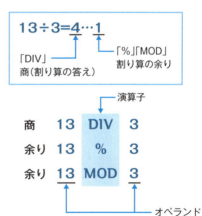

5-2 算術演算子 117

5-2-2 計算した結果を表示してみよう

計算した結果を表示してみましょう。「uriage(売上)」テーブルの「charge(請求金額)」には、税別の金額が格納されているとします。このとき、消費税8%を付けた金額を列の右に付けて表示してみましょう。表示するには「SELECT文」を使います。

❶SELECT文を実行する

uriage(売上)テーブルを開き、＜SQL＞タブを開きます。次のSELECT文を入力してください。

▶リスト5-5　価格に消費税8パーセントを付けた金額を表示するSELECT文

```
SELECT *, charge * 1.08 FROM uriage;
```

▶図5-3　SQL画面にSELECT文を入力し、実行する

❷実行結果を確認する

列の右に「charge * 1.08」という列ができて、charge列の値を1.08倍した値が表示されます。

▶図5-4 計算結果の列が一番右に表示された

	idur	company	charge	salesdate	state	area	charge * 1.08
編集 コピー 削除	1	シリウス社	10000	NULL	東京都	世田谷区	10800.00
編集 コピー 削除	2	シリウス社	10000	NULL	東京都	世田谷区	10800.00
編集 コピー 削除	2017090001	シリウス社	20000	2017-09-04 00:00:00	東京都	世田谷区	21600.00
編集 コピー 削除	2017090002	ベガ社	194400	2017-09-04 00:00:00	東京都	世田谷区	209952.00
編集 コピー 削除	2017090003	カノープス社	118800	2017-09-04 00:00:00	大阪府	大阪市	128304.00
編集 コピー 削除	2017090004	リゲル社	24840	2017-09-04 00:00:00	東京都	大田区	26827.20
編集 コピー 削除	2017090005	ベテルギウス社	105840	2017-09-07 00:00:00	東京都	大田区	114307.20
編集 コピー 削除	2017090006	シリウス社	302400	2017-09-08 00:00:00	東京都	世田谷区	326592.00
編集 コピー 削除	2017090007	ベガ社	205200	2017-09-08 00:00:00	東京都	世田谷区	221616.00
編集 コピー 削除	2017090008	カペラ社	103680	2017-09-09 00:00:00	東京都	世田谷区	111974.40
編集 コピー 削除	2017090009	シリウス社	270000	2017-09-11 00:00:00	東京都	世田谷区	291600.00
編集 コピー 削除	2017090010	ベガ社	162000	2017-09-11 00:00:00	東京都	世田谷区	174960.00
編集 コピー 削除	2017090011	カノープス社	162000	2017-09-11 00:00:00	大阪府	大阪市	174960.00
編集 コピー 削除	2017090012	シリウス社	248400	2017-09-13 00:00:00	東京都	世田谷区	268272.00
編集 コピー 削除	2017090013	ベガ社	129600	2017-09-14 00:00:00	東京都	世田谷区	139968.00
編集 コピー 削除	2017090014	カペラ社	88560	2017-09-15 00:00:00	東京都	世田谷区	95644.80

Column　SELECTで取り出す列を追加する

　上記で実行している `SELECT *, charge * 1.08 FROM uriage;` の `*, charge * 1.08` は、「*」と「charge * 1.08」を順に表示するという意味です。SELECTの基本構文は、`SELECT カラム名, カラム名, … FROM テーブル名;` です。「*」と「charge * 1.08」は、このカラム名にあたります。「*」は、「すべてのカラム」を表すので、「すべてのカラム」に続き「charge * 1.08」が表示されるのです。画面に表示されているのはこの結果であり、uriageテーブルに新しく列が追加されたわけではありません。

- 四則演算には「+」「-」「*」「/」の演算子を使用する
- 余りを求めるには「%」演算子を使用する

5-3 比較演算子
〜値の比較〜

Chapter 5　演算子

比較演算子は、値が等しいかどうかや、大きい、小さいかを比較するときに使うもので、WHERE句などで主に使用します。また、LIKE演算子を使ったあいまい検索や、BETWEEN演算子やIN演算子の使い方についても説明します。

5-3-1 比較演算子とは

これまでの章で登場した「=」のほか、「<」（小さい）や「>」（大きい）など、比較するときに使うのが、比較演算子です。

▶図5-5　比較演算子を使って2つの値を比較する

MySQLでは、「<>」は「!=」とも表記できます。また、比較演算子は、ほかに次のようなものがあります。特に、文字列の検索に使う「LIKE」はよく使用するので覚えておきましょう。

▶表5-2 主な比較演算子

演算子の種類	演算子の意味
BETWEEN X AND Y	X以上、Y以下の範囲に入っている
NOT BETWEEN X AND Y	X以上、Y以下の範囲に入っていない
IN	列挙した値のいずれかである
NOT IN	列挙したどの値でもない
LIKE	文字列がパターンに合致する
NOT LIKE	文字列がパターンに合致しない
<=>	NULLとNULLとを比較したときは等しいように比較する（「=」で比較するとき、NULLとNULLとを比較した結果はNULLとなる）
IS NULL	NULLである
IS NOT NULL	NULLではない

5-3-2 指定された値以上のレコードを検索しよう

　ある値が指定された値以上であるレコードを検索してみましょう。ここでは、uriage（売上）テーブルのcharge（請求金額）列が200000以上のものを検索してみます。レコードの検索なので「SELECT文」を使います。なお、以上や以下を示す「<=」や「>=」は、間に空白を入れず、かつ、この順序で記述する必要があります。例えば、「>　=」のように空白を入れたり、「=>」のように順序を変えたりするとエラーになるので注意してください。

❶SELECT文を実行する

　uriage（売上）テーブルを開き、＜SQL＞タブを開きます。次のSELECT文を入力してください。

▶リスト5-6 charge列が200,000以上の行を抽出するSELECT文

```
SELECT * FROM uriage WHERE charge >= 200000;
```

5-3 比較演算子　121

▶図5-6 SQL画面にSELECT文を入力し、実行する

❷結果を確認する

charge（請求金額）列が200,000以上のレコードだけが表示されます。

▶図5-7 請求金額が200,000以上のレコードのみ表示された

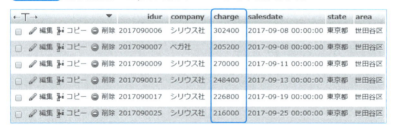

5-3-3 LIKE演算子

比較対象が文字列の場合、完全に等しい「=」以外に、その文字が含まれるかどうかを調べる **LIKE演算子** が利用できます。基本的な書式は次のとおりです。

▶リスト5-7　LIKE演算子の基本形

```
対象 LIKE 'パターン'
```

パターンの部分は、等しいかどうかを調べる「=」と同様に、等しいかを調べたい文字を設定します。例えばstateフィールドが「東京都」と等しいかどうかを調べたいのであれば、次のようにします。

▶図5-8　LIKE演算子の使い方

このように指定した場合、state='東京都' のように、「=」で比較した場合と結果は全く同じです。「=」と違うのは、LIKE演算子では「%」と「_」の2つの記号を使って **あいまい検索** ができるという点です。「%」や「_」は、半角文字で記述します。

▶表5-3　LIKE演算子で使用する記号

使用する記号	意味
%	0文字以上の任意の文字
_	任意の1文字

「%」と「_」はどちらも「どんな文字が入ってもよい」（%の場合は入らなくてもよい）という意味です。例えば、「%区」とした場合は、「板橋区」「世田谷区」「港区」など、「○○区」となっている文字列を表します。「%」や「_」は、文字列の中のどこに入れても構いません。

▶図5-9 「%」「_」の使い方

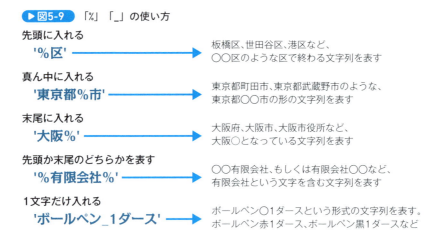

Column　LIKEを使った検索例

　LIKEを使った検索のうち、もっともよく使うのは、「%○○%」です。この指定では、○○という語句を含む全文検索が実現できます。また、読み仮名を格納したカラムに対しては、「あ%」「い%」……などを指定すると、それぞれ「あから始まるもの」「いから始まるもの」……を取り出せるので、50音インデックスを作れます。同様に「A%」「B%」のようにすれば、アルファベットインデックスも作れます。

5-3-4　あいまい検索を使ってみよう

　文字列のあいまい検索をやってみましょう。ここでは、uriage（売上）テーブルのarea（市区町村）が「○○区」になっている行の一覧を表示させます。

❶SELECT文を実行する

　uriage（売上）テーブルを開き、＜SQL＞タブを開きます。次のSELECT文を入力してください。

▶リスト5-8　area列が「○○区」となっている行を取得するSELECT文

```
SELECT * FROM uriage WHERE area LIKE '%区';
```

▶図5-10 SQL画面にLIKE演算子を使ったSELECT文を入力

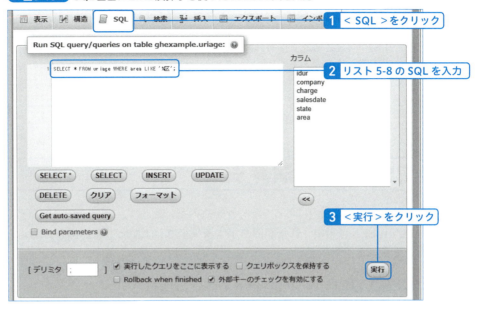

❷実行結果を確認する

「area(市区町村)」が「○○区」のレコードだけが表示されます。

▶図5-11 市町村が「○○区」のレコードのみ表示された

←T→	idur	company	charge	salesdate	state	area
編集 コピー 削除	1	シリウス社	10000	NULL	東京都	世田谷区
編集 コピー 削除	2	シリウス社	10000	NULL	東京都	世田谷区
編集 コピー 削除	2017090001	シリウス社	20000	2017-09-04 00:00:00	東京都	世田谷区
編集 コピー 削除	2017090002	ベガ社	194400	2017-09-04 00:00:00	東京都	世田谷区
編集 コピー 削除	2017090004	リゲル社	24840	2017-09-04 00:00:00	東京都	大田区
編集 コピー 削除	2017090005	ベテルギウス社	105840	2017-09-07 00:00:00	東京都	大田区
編集 コピー 削除	2017090006	シリウス社	302400	2017-09-08 00:00:00	東京都	世田谷区
編集 コピー 削除	2017090007	ベガ社	205200	2017-09-08 00:00:00	東京都	世田谷区
編集 コピー 削除	2017090008	カペラ社	103680	2017-09-09 00:00:00	東京都	世田谷区
編集 コピー 削除	2017090009	シリウス社	270000	2017-09-11 00:00:00	東京都	世田谷区
編集 コピー 削除	2017090010	ベガ社	162000	2017-09-11 00:00:00	東京都	世田谷区
編集 コピー 削除	2017090012	シリウス社	248400	2017-09-13 00:00:00	東京都	世田谷区
編集 コピー 削除	2017090013	ベガ社	129600	2017-09-14 00:00:00	東京都	世田谷区
編集 コピー 削除	2017090014	カペラ社	88560	2017-09-15 00:00:00	東京都	世田谷区
編集 コピー 削除	2017090015	リゲル社	49680	2017-09-15 00:00:00	東京都	大田区

> ## Column 「%」や「_」の文字自体を探すには

「%」や「_」の文字は特殊文字です。もし%文字自体を検索したいとき、例えば、「100%」という文字列を検索したいときは、「100¥%」のように、頭に「¥」を付けてエスケープシーケンスで表記しましょう（P.107参照）。

5-3-5 BETWEEN演算子

値が特定の範囲内にあるかどうかを調べたいときは、**BETWEEN演算子**を使います。BETWEENは指定された範囲を示す演算子で、上限と下限の値をANDでつないで書きます。上限下限ともに、その値を含みます。つまり、以上／以下ということです。

▶リスト5-9 BETWEEN演算子を使った条件式の基本形

```
BETWEEN 値 AND 値
```

「20〜25」の値を指定したいのであれば`BETWEEN 20 AND 25`、「150〜190」であれば`BETWEEN 150 AND 190`と表記します。数値の並びが逆になるとうまく指定できないので注意してください。BETWEENの特徴は、文字列や日付も検索できるということです。`BETWEEN 'a' AND 'c'`とすれば、文字コードの順番で「aとcの間の文字」を検索します。`BETWEEN 'aaa' AND 'ccc'`のように複数の文字を指定することもできますが、大小関係がわかりにくいので、使わないほうがよいでしょう。

▶図5-12 BETWEEN演算子の使い方

BETWEEN '20' AND '25' ⟶ 20〜25に含まれる数字を表す
小数も含まれる

BETWEEN 'a' AND 'c' ⟶ アルファベットのa〜cに含まれる文字を表す

BETWEEN 'あ' AND 'お' ⟶ ひらがなのあ〜おに含まれる文字を表す

BETWEEN '案' AND '位' ⟶ 文字コードの案から位に含まれる文字を表す

BETWEEN '2017/01/01' AND '2017/09/30' ⟶ 2017年1月1日〜2017年9月30日に含まれる日付を表す

5-3-6 範囲内のレコードを検索してみよう

BETWEEN演算子を使って、値が指定された範囲内であるかどうかを調べてみましょう。ここではuriage（売上）テーブルのcharge（請求金額）列の値が、200,000以上、300,000以下である行を検索します。

❶SELECT文を実行する

uriage（売上）テーブルを開き、＜SQL＞タブを開きます。次のSELECT文を入力してください。

▶リスト5-10　charge列が200,000以上、300,000以下である行を抽出するSELECT文

```
SELECT * FROM uriage WHERE charge BETWEEN 200000 AND 300000;
```

▶図5-13　SQL画面にBETWEEN演算子を使ったSELECT文を入力

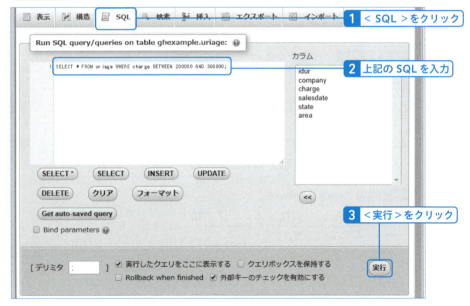

5-3 比較演算子　127

❷実行結果を確認する

charge（請求金額）が200,000以上、300,000以下のレコードだけが表示されます。

▶図5-14 請求金額がBETWEENの範囲内のレコードのみ表示された

	idur	company	charge	salesdate	state	area
☐ 🖊編集 ᴴᵢコピー ⊖削除	2017090007	ベガ社	205200	2017-09-08 00:00:00	東京都	世田谷区
☐ 🖊編集 ᴴᵢコピー ⊖削除	2017090009	シリウス社	270000	2017-09-11 00:00:00	東京都	世田谷区
☐ 🖊編集 ᴴᵢコピー ⊖削除	2017090012	シリウス社	248400	2017-09-13 00:00:00	東京都	世田谷区
☐ 🖊編集 ᴴᵢコピー ⊖削除	2017090017	シリウス社	226800	2017-09-19 00:00:00	東京都	世田谷区
☐ 🖊編集 ᴴᵢコピー ⊖削除	2017090025	シリウス社	216000	2017-09-25 00:00:00	東京都	世田谷区

5-3-7 IN演算子

　値が指定されたもののうちのどれかであるかを調べたい場合は **IN演算子** を使います。値をカッコの中に列挙して、それらのうちのいずれかであるかどうかを判断します。含ませたい値が複数ある場合は **,**（カンマ）区切りで列挙します。このとき、数はいくつでも構いません。

▶リスト5-11 IN演算子を使った条件式の基本形

```
IN（値，値，値）
```

　例えば、「シリウス社」「ベガ社」「カノープス社」の3つを含ませたい場合は、**IN（'シリウス社'，'ベガ社'，'カノープス社'）** と表記します。

▶図5-15 IN演算子の使い方

IN ('シリウス社', 'ベガ社', 'カノープス社')
　　　　　値　　　　　値　　　　　値

　IN演算子は数字にも有効です。**IN（222,555,777）** とすれば、この3つのいずれかに該当するレコードが取得されます。

128　**Chapter 5** 演算子

5-3-8 指定のいずれかの値のレコードを検索しよう

IN演算子を使って、ある列が指定したいずれかの値であるものを検索してみましょう。ここでは、uriage（売上）テーブルから、company（会社名）列が「シリウス社」「ベガ社」「カノープス社」のいずれかである行の売上を表示してみましょう。

❶SELECT文を実行する

uriage（売上）テーブルを開き、＜SQL＞タブを開きます。次のSELECT文を入力してください。

▶リスト5-12　company列が指定の会社名のいずれかである行を抽出するSELECT文

```
SELECT * FROM uriage WHERE company IN ('シリウス社', 'ベガ社', 'カノープス社');
```

▶図5-16　SQL画面にIN演算子を使ったSELECT文を入力

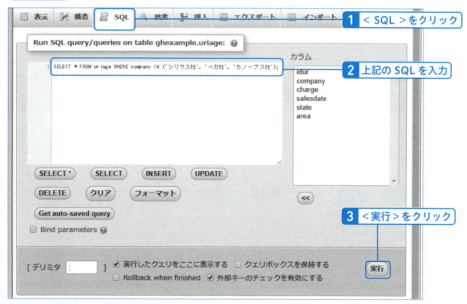

❷結果を確認する

company（会社名）列が、「シリウス社」「ベガ社」「カノープス社」のいずれかのレコードだけが表示されます。

▶図5-17　会社名がINで指定した値のレコードのみ表示された

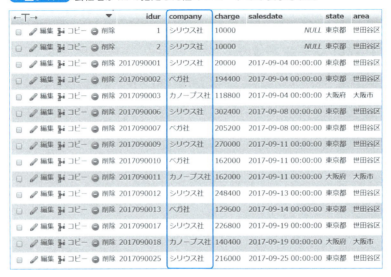

Column　INではあいまい検索はできない

INのカッコの中に指定する合致条件に、「%」や「_」の記号を使ってあいまい検索することはできません。もし記述しても、「%」や「_」の文字自身を示すだけです。IN演算子では、完全に合致するものだけが対象となります。

- 「=」や「<」などの演算子のことを比較演算子という
- LIKE演算子を使用すると、あいまい検索ができる
- BETWEEN演算子を使用すると、範囲検索ができる

5-4 Chapter 5 ｜ 演算子

論理演算子
～論理積、論理和、否定～

論理演算子は、比較演算子の結果を組み合わせたり、条件を反対の意味にしたりするときに使う演算子です。これらを使うと、条件を組み合わせて、より細かい条件を指定できるようになります。

5-4-1 論理演算子とは

　SELECT文やUPDATE文を書いていると、比較演算子の結果を組み合わせて使いたいことがあります。例えば、「請求金額が200,000以上」かつ「会社名がシリウス社」、「請求金額が100,000未満」または「会社名がベガ社」のような条件の組み合わせです。また、「それ以外」という条件で検索したいこともあります。例えば、「シリウス社以外」という条件を指定したいときなどです。こうした条件の組み合わせに使うのが、論理演算子です。論理演算子は**AND**、**OR**、**NOT**の3種類が基本です。それぞれ「かつ」「または」「ではない」を意味します。

Column 「&&」「||」「!」とも書ける

　MySQLではAND、OR、NOTを、それぞれ「&&」「||」「!」とも記述できます。しかしこれはSQLの標準的な記法ではなく、ほかのRDBMSとの互換性もなくなります。この表記はあまり使わないほうがいいでしょう。MySQLには、これ以外に「XOR」という演算子がありますが、ほかのRDBMSにはなく、ほとんど使われることがないので本書での説明は割愛します。

5-4 論理演算子　131

5-4-2 論理演算子の例

実際に、AND、OR、NOTの、それぞれの使い方を見ていきましょう。

●AND演算子

ANDは、「かつ」を意味します。2つの条件をANDでつなげると、「両方とも条件を満たすレコード」という意味になります。次の例は、「charge（請求金額）が200000以上」と「companyが'シリウス社'である」という条件の両方を満たすレコードという意味になります。ANDは、さらに複数つなげることもできます。例えば、`charge >= 200000 AND charge <= 300000 AND company='シリウス社'`などです。

▶図5-18　AND演算子の使い方

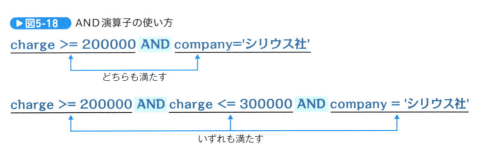

●OR演算子

ORは、「または」を意味します。2つの条件をORでつなげると、「どちらかの条件を満たす」という意味になります。次の例は、「charge（請求金額）が200000以上」または「state（都道府県）が東京都」のいずれかの条件を満たすものという意味になります。また、ORもANDと同様に、さらに複数つなげることもできます。例えば、`charge>=200000 OR state='東京都' OR state='大阪府'`などです。

▶図5-19　OR演算子の使い方

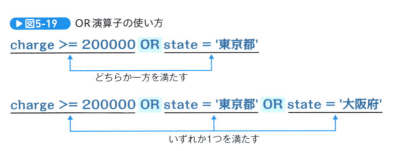

◉NOT演算子

　NOT演算子は、「否定」を示します。わかりやすくいうと「○○ではない」という意味です。例えば、次のようにすると、「company（会社名）がシリウス社ではない」という意味になります。

▶**図5-20**　NOT演算子の使い方

NOT company = 'シリウス社'

この条件「ではない」

5-4-3 複数の論理演算子を同時に使う

　論理演算子は、複数組み合わせて使うこともできます。次の例は、company（会社名）が「シリウス社」「ベガ社」か「カペラ社」のいずれかという条件を示します。

▶**リスト5-13**　companyが「シリウス社」「ベガ社」「カペラ社」のいずれかという条件

```
company = 'シリウス社' OR company = 'ベガ社' OR company = 'カペラ社'
```

　異なる種類の論理演算子を組み合わせることもできますが、優先順位があるため注意が必要です。優先順位は、NOT、AND、ORの順です。例えば、companyが「シリウス社」でも「ベガ社」でもないものを指定する場合、下記のリスト5-14のように書くのは間違いです。このように書くと、ORよりもNOTのほうが優先順位が高いため、**NOT company='シリウス社'**（シリウス社ではない）と company='**ベガ社**'（ベガ社である）をORで連結する、つまり、「シリウス社ではない」または「ベガ社である」という意味になってしまいます。

▶**リスト5-14**　「シリウス社」ではない、または「ベガ社」であるものを指定する条件

```
NOT company = 'シリウス社' OR company = 'ベガ社'
```

　もし、「シリウス社でもベガ社でもないもの」を選びたいのなら、カッコを使って次のように記述します。このとき、カッコは半角文字で入力してください。数学と同じように、カッコでくくると、その部分の優先順位が高くなります。

5-4 論理演算子　　133

▶リスト5-15 companyが「シリウス社」でも「ベガ社」でもないものを指定する条件

```
NOT (company = 'シリウス社' OR company = 'ベガ社')
```

また、ORよりもANDのほうが優先順位が高いので、次のようにORとANDを組み合わせた場合はANDが先に判定されます。次のような記述は「会社名がシリウス社、またはベガ社」かつ「都道府県が東京都」という意味ではなく、「会社名がシリウス社」または「会社名がベガ社、かつ都道府県が東京都」という意味になります。

▶リスト5-16 companyが「シリウス社」、またはcompanyが「ベガ社」で都道府県が「東京都」のものを指定する条件

```
company = 'シリウス社' OR company = 'ベガ社' AND state = '東京都'
```

もし「会社名がシリウス社、またはベガ社」かつ「都道府県が東京都」という条件を指定したい場合は、NOTのときと同様に、先に判定させたい部分にカッコを使用します。

▶リスト5-17 companyが「シリウス社」または「ベガ社」、かつ都道府県が「東京都」のものを指定する条件

```
(company = 'シリウス社' OR company = 'ベガ社') AND state = '東京都'
```

5-4-4 複数の条件を組み合わせて検索してみよう

AND演算子を使って、複数の条件を組み合わせてみましょう。ここではuriage（売上）テーブルのcharge（請求金額）列の値が200,000以上で、state（都道府県）列が「東京都」であるレコードを検索します。

❶SELECT文を実行する

uriage（売上）テーブルを開き、＜SQL＞タブを開きます。次のSELECT文を入力してください。

▶リスト5-18 charge列が200,000以上、かつstate列が「東京都」の行を抽出するSELECT文

```
SELECT * FROM uriage WHERE charge >= 200000 AND state='東京都';
```

▶図5-21 SQL画面に論理演算子を使ったSELECT文を入力

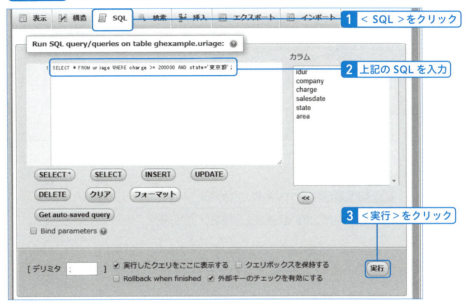

❷結果を確認する

charge(請求金額) 列の値が200000以上で、state(都道府県) 列が「東京都」であるレコードだけが表示されます。

▶図5-22 複数の条件に合致するレコードのみが表示された

←T→				idur	company	charge	salesdate	state	area
☐	編集	コピー	削除	2017090006	シリウス社	302400	2017-09-08 00:00:00	東京都	世田谷区
☐	編集	コピー	削除	2017090007	ベガ社	205200	2017-09-08 00:00:00	東京都	世田谷区
☐	編集	コピー	削除	2017090009	シリウス社	270000	2017-09-11 00:00:00	東京都	世田谷区
☐	編集	コピー	削除	2017090012	シリウス社	248400	2017-09-13 00:00:00	東京都	世田谷区
☐	編集	コピー	削除	2017090017	シリウス社	226800	2017-09-19 00:00:00	東京都	世田谷区
☐	編集	コピー	削除	2017090025	シリウス社	216000	2017-09-25 00:00:00	東京都	世田谷区

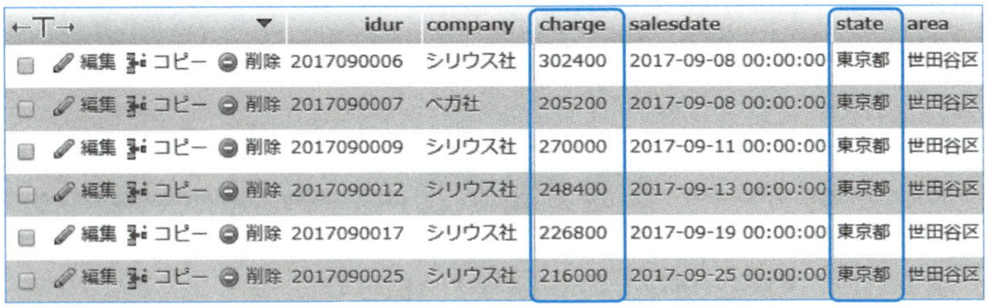

Column　NOTの位置に注意

NOT演算子はBETWEENやINにも用いることができます。次の例は、「シリウス社」「ベガ社」「カノープス社」以外を示すものです。

▶リスト5-19　NOT INを使用したSELECT文
```
SELECT * FROM uriage
WHERE company NOT IN ('シリウス社', 'ベガ社', 'カノープス社');
```

このときNOTの場所によって、意味が違うことがあるので注意してください。

▶リスト5-20　NOTの位置のパターン①
```
WHERE company IN NOT ('シリウス社', 'ベガ社', 'カノープス社')
```

上記のように書くと文法エラーとなり、SQLが実行できません。

▶リスト5-21　NOTの位置のパターン②
```
WHERE NOT company IN ('シリウス社', 'ベガ社', 'カノープス社')
```

上記のように書くと、「シリウス社、ベガ社、カノープス社のどれでもない」という意味になります。これはリスト5-19と同じ意味になりました。

▶リスト5-22　NOTの位置のパターン③
```
WHERE company IN (NOT 'シリウス社', 'ベガ社', 'カノープス社')
```

上記のように書くと、「シリウス社ではない、またはベガ社である、またはカノープス社である」という意味になります。

- 論理演算子はAND、OR、NOTの3種類が使用できる
- 優先順位はNOT、AND、ORの順に高く、判定順序を明示的に変更する場合はカッコを使用する

Chapter 6

関数

演算よりもさらに複雑なことを可能にするのが関数です。数字を計算したり、文字列を操作したりといったことから、日付や曜日などを使用したい場合にも関数を使います。関数はすべて覚えてるというよりは、自分が使いそうなものから覚えていき、徐々に使える数を増やしていくとよいでしょう。

6-1 関数とは
Chapter 6 関数
～データを処理して返す～

データベースを扱っていると、計算やデータ処理が必要になることがよくあります。そのようなときに使うのが関数です。数学の計算、文字列の結合や置換、時刻の計算などができます。

6-1-1 関数とは

関数とは、何か値を指定すると、その値に対して計算などの処理をして、その結果を返すもののことをいいます。具体的には、姓と名前がバラバラの列に登録されているものを連結させて表示したり、数字を四捨五入したり、曜日や時間差を出したり、文字列の置換や部分取り出しをしたりと、「便利な処理」の多くは関数を使用します。もし、関数を使用しないのであれば、姓と名前の項目のほかに姓名が連結した列を別途作るなどし、作った列ごとに個別にデータを入力しなければなりません。関数を使用することで、扱うデータ自体も少なくて済むメリットがあります。

▶図6-1　関数は特定の処理を行い、結果を返す

6-1-2 引数と戻り値

　関数は、SQL文の中でリテラル値を入れる場所で使います。つまり、`SELECT 列名` や `UPDATE テーブル名 SET 列名='値'` のように列名やリテラル値を指定するのではなく、`SELECT 関数` や、`UPDATE テーブル名 SET 列名=関数` などの形で関数の結果を指定することができます。

▶図6-2　関数は列やリテラル値を指定する箇所で使える

　関数に渡す値のことを**引数（ひきすう）**、関数の結果の値のこと**戻り値（もどりち）**といいます。また関数が結果の値を設定することを「値を返す」と表現します。関数に渡す引数は1つとは限らず、関数によっては複数の場合もあります。その場合は、複数の引数を , (カンマ) で区切ります。また逆に、関数によっては引数を1つも渡さないこともあります。後のページで説明しますが、「現在の時刻を取得する関数」は引数を1つも渡しません。「現在の時刻」は、関数を実行した瞬間に決まるので、何か値を渡す必要がないからです。

▶図6-3　関数に引数を渡して、戻り値が返る

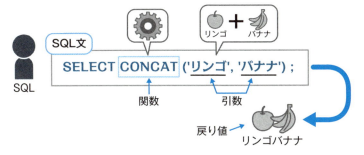

6-1 関数とは　139

6-1-3 関数の種類

関数は、大きく**数値関数**、**文字列関数**、**日付および時間関数**、**その他の関数**の4つに分類できます。何かを処理（操作・計算）したり、何かを得る働きをしたりすることが多いです。

▶表6-1 関数の種類

関数の種類	関数の例	特徴
数値関数	FLOOR関数、CEILING関数、ROUND関数	数値の計算をするための関数。値の丸めや累乗、正負の変換など
文字列関数	CONCAT関数、REPLACE関数、CHAR_LENGTH関数	文字列の操作をする関数。大文字／小文字の変換や部分的な文字列の取り出し、置換、結合など
日付および時間関数	CURDATE関数、CURTIME関数、NOW関数	日付や時間を検索、計算する関数。現在の日時の取得、曜日の計算、日時の差の算出などができる
その他の関数	CONVERT関数、CAST関数	データ型の変換、XML操作や暗号化、ビット演算など

● 関数とは、値を指定するとその値に対して処理を行い結果を返すもののこと
● 関数に与える値を引数、関数内の処理の結果のことを戻り値と呼ぶ
● 関数は大きく分けて、数値関数、文字列関数、日付及び時間関数、その他の関数の4種類がある

Chapter 6 関数

6-2

数値関数
～数値計算を行う関数～

さまざまな数値計算に使うのが数値関数です。数値の切り上げや切り捨てといった丸めやランダムの数値の取得などができます。MySQLでは「数値関数」と呼びますが、ほかのRDBMSでは「算術関数」と呼ぶ場合もあります。

6-2-1 数値関数とは

　数値関数は数値全般の計算をする関数です。剰余や平方根を求めるといった計算をしたり、特定の桁で値を丸めたり、ランダムな値を生成したりできます。売上や人数を万単位で求めたいときや、小数点以下を四捨五入したいときに使うため、このようなデータを扱うデータベースを設計する場合に、数値関数は必須といえます。また、ランダムな値を生成する関数は「ユーザーがアクセスするたびに違う広告を表示する」といった、単純にランダムなデータを取り出すときに便利です。

◉数字を操作する関数

　数字を操作する系統の関数として、切り上げ切り捨てをするものや四捨五入をするものがあります。これらの関数は、金額を円単位で四捨五入するときや、税金の計算で1000円以下を切り捨てたりするときなどによく使います。

▶表6-2　数字を操作する主な関数

名前	説明
FLOOR()	引数以下で最大の整数値を返す
CEILING()，CEIL()	引数以上で最小の整数値を返す
ROUND()	引数を四捨五入する
TRUNCATE()	指定された小数点以下の桁数に切り捨て

6-2 数値関数　141

▶図6-4 CEILING、CEILは正の方向に切り上げ、FLOORは負の方向に切り捨てる

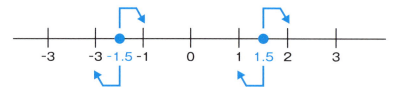

●指数対数の計算をする関数（累乗・平方根・指数対数）

指数対数の計算をする関数もいくつかあります。どれもあまり使いませんが、比較的使うのは、累乗や平方根の計算です。例えば、偏差値の計算をしたいときには平方根の計算が必要になります。自然対数を返すものなどは、ほとんど使用する機会がないかもしれません。

▶表6-3 指数対数の計算をする主な関数

名前	説明
EXP()	引数を累乗する
SQRT()	引数の平方根を返す
POW(),POWER()	引数を指定した指数で累乗する
LN(),LOG()	引数の自然対数を返す
LOG10(),LOG2()	それぞれ引数の底10の対数、底2の対数を返す

●三角関数を計算する関数

サイン、コサイン、タンジェントなどの三角関数や角度の計算をする関数です。これを使用する機会は、ほとんどありません。

▶表6-4 三角関数を計算する主な関数

名前	説明
SIN(),COS(),TAN(),COT()	それぞれサイン、コサイン、タンジェント、コタンジェントを返す
ASIN(),ACOS(),ATAN()	それぞれアークサイン、アークコサイン、アークタンジェントを返す
ATAN2(), ATAN()	2つの引数のアークタンジェントを返す
PI()	πの値を返す
DEGREES()	ラジアンを角度に変換する
RADIANS()	ラジアンに変換された引数を返す

●その他の数値関数

その他、ランダムな数字を返すなどの関数もあります。RAND()と、ABS()以外はあまり使わないかもしれません。

▶表6-5 その他の主な数値関数

名前	説明
RAND()	ランダムな浮動小数点値を返す
ABS()	引数の絶対値を返す
SIGN()	引数の符号を返す
CRC32()	巡回冗長検査値を計算する
CONV()	10進数から2進数に変えるなど、基数を変えた数値に変換する

6-2-2 数値の切り上げ、切り捨て関数の使い方

この章では、いろいろな関数を試していきます。関数は、リテラル値を書くところにはどこでも書けるので、まずは「SELECT」と組み合わせて使ってみましょう。なお、ここまでSELECT文では `SELECT * FROM jusho;` のようにFROM句を指定してきましたが、計算するだけであればFROM句を省略できます。本章では、省略して進めていきます。

●切り上げ、切り捨てをする

よく使うのが正の方向への切り上げ（CEILINGまたはCEIL）、負の方向への切り捨て（FLOOR）、四捨五入（ROUND）の3種類です。切り上げは、CEILINGとCEILのどちらを使っても同じ結果になります。CELINGは「天井」、FLOORは「床」という

6-2 数値関数　143

意味なので、覚えておくと混乱しないでしょう。

▶リスト6-1　CEILING関数、CEIL関数、FLOOR関数の基本構文

```
命令語 CEILING(引数);
命令語 CEIL(引数);
命令語 FLOOR(引数);
```

引数の部分には、計算したい値を入れます。ここでは例として「SELECT文」で関数を使いましたが、もちろんUPDATE文やINSERT INTO文など、ほかのSQL文でも使用できます。以降で説明する関数も同様です。なお、切り上げ切り捨てを行う桁は、毎回小数点以下の数字の処理となります。後述するROUNDは、処理する桁数を指定できますが、CEILINGとFLOORではできないので注意してください。引数には、数字だけでなく id、charge、price などの列名を入れて、列単位で計算することもできます。

▶図6-5　CEILING関数、CEIL関数、FLOOR関数では引数に計算したい値を指定する

6-2-3　切り上げ、切り捨てをやってみよう

関数を使って切り上げと切り捨てをやってみましょう。以下の①～④の関数を順番に1つずつ試してみてください。結果が合っていれば成功です。

▶リスト6-2　①「1.23」をCEILINGまたはCEILで切り上げる（結果「2」）

```
SELECT CEILING(1.23);
```

▶リスト6-3　②「-1.23」をCEILINGまたはCEILで切り上げる（結果「-1」）

```
SELECT CEILING(-1.23);
```

▶リスト6-4　③「1.23」をFLOORで切り捨てる（結果「1」）

```
SELECT FLOOR(1.23);
```

▶リスト6-5　④「-1.23」をFLOORで切り捨てる（結果「-2」）

```
SELECT FLOOR(-1.23);
```

▶図6-6　リスト6-2のSQLを実行する

▶図6-7　正しく切り上げされて表示された

6-2-4　数値の四捨五入関数の使い方

　四捨五入もしてみましょう。四捨五入には、ROUND関数を使います。ROUNDは丸めるという意味です。ROUNDとCEILING、FLOORとの違いは、四捨五入する桁数を指定できることです。その場合には、引数を2つ記述します。

▶リスト6-6　ROUND関数の基本構文

```
命令語 ROUND(引数);
命令語 ROUND(引数1, 引数2);
```

　ROUNDの2番目の引数を指定すると、小数第何位までで四捨五入するかを指定できます。例えば、1.234に対して「2」を指定して計算を実行すれば、小数第3位が丸められて「1.23」となります。

▶図6-8 ROUND関数は計算したい値だけでなく、四捨五入を行う桁数を引数に指定できる

2番目の引数に負の数を指定すると、正の数で丸められます。例えば、「12345」に対して、「-3」を指定すると、1000の位までで丸められて、「12000」となります。

なお、2番目の引数は必須ではありません。何も指定しない場合は、小数第1位が四捨五入されます。

6-2-5 いろいろな桁数でROUND関数を使ってみよう

四捨五入してみましょう。次の①〜④の関数を順番に1つずつ試してみてください。結果が合っていれば成功です。

▶リスト6-7　①「1.23」をROUNDで四捨五入（結果「1」）

```
SELECT ROUND(1.23);
```

▶リスト6-8　②「1.53」をROUNDで四捨五入（結果「2」）

```
SELECT ROUND(1.53);
```

▶リスト6-9　③「1.2345」を小数点以下2位までで四捨五入（結果「1.23」）

```
SELECT ROUND(1.2345, 2);
```

▶リスト6-10　④「12345」を100の位で四捨五入（結果「12000」）

```
SELECT ROUND(12345, -3);
```

▶図6-9　リスト6-7のSQLを実行する

▶図6-10　正しく四捨五入されて表示された

ROUND(1.23)
1

　ここまでは数値を直接書いて計算しましたが、テーブルの列を計算対象にすることもできます。例えば次のようにすると、charge列の値をROUND関数の対象として、1万の単位で丸めた結果を表示できます。

▶リスト6-11　⑤uriage（売上）テーブルのcharge（売上金額）を1万の単位で丸める

```
SELECT *, ROUND(charge, -4) FROM uriage;
```

6-2-6　ランダムな数値を返す関数の使い方

　RAND関数を使うと、0以上1以下のランダムな値を、実行のたびに計算できます。RANDの語源はRandomです。

▶リスト6-12　RAND関数の基本構文

```
命令語 RAND();
```

　ランダムな数値を取得したいときは、RAND関数を使います。RANDは引数を必要としないので、カッコの中身は空（から）を指定します。カッコは必須で、省略してRANDとのみ書くとエラーになってしまうので注意してください。

▶図6-11　RAND関数の引数には何も指定しないが、カッコは必ず書く

　実際に実行してみると、「0.9726670477284743」「0.314638360696650797」といった、毎回異なる0以上、1以下の数値が表示されます。

●整数のランダムな値を計算する

　「1から10までのランダムな値」のように、ある範囲の整数のランダムな値を計算したいときは、RAND関数とFLOOR関数を組み合わせて計算します。これには定型文があり、次のように記述します。

▶図6-12　RAND関数とFLOOR関数を組み合わせて範囲内の整数をランダムで返す

- ●数値関数とは数値全般の計算をする関数のことを指す
- ●値の切り上げ、切り捨てなどの一般的な計算以外にも、指数対数や三角関数を計算するものも用意されている

Chapter 6 | **関数**

6-3

文字列関数
～文字列操作を行う関数～

文字列の検索や連結、切り出し、置換などの操作をするときに使うのが文字列関数です。データベースの値を加工して表示するときに欠かせない機能です。また、文字数を調べたり、文字列を表示する際のフォーマットを指定できるものもあります。

6-3-1 文字列関数とは

文字列関数は、文字列の連結や置換、検索などの操作をする関数です。例えば、連結の機能は氏名の後ろに「様」を付けて取り出したいときに使えますし、置換の機能は住所変更が生じたときなどにも使えます。また「10000」を「10,000」のように、数値を3桁ごとにカンマで区切った文字列にする機能もあります。

◉連結や置換する関数

文字列の連結や置換をする関数です。中でもCONCAT関数はとてもよく使います。CONCAT関数は、ExcelのCONCATENATE関数と同じ文字列の連結を意味します。

▶ 表6-6 文字列の連結、置換を行う関数

名前	説明
CONCAT()	文字列を連結する
CONCAT_WS()	区切り文字を指定して文字列を連結する
INSERT()	文字列を挿入する
REPLACE()	指定された文字列を置換する

6-3 文字列関数 149

●長さを求める関数

文字列の長さを求める関数です。戻り値を文字数として取得するCHAR_LENGTH関数がよく使われます。

▶表6-7 文字列の文字数、バイト数を返す関数

名前	説明
CHAR_LENGTH()、CHARACTER_LENGTH()	文字数（文字の長さ）を返す
LENGTH()、OCTET_LENGTH()	文字のバイト数を返す
BIT_LENGTH()	文字のビット数を返す

●部分的な文字列の取り出しや穴埋め

文字列の何番目から何番目を取り出したいというように部分的に取り出すときや、末尾の空白を取り除いたり、指定した桁数に合うように左や右に空白や「0」を挿入したりしたいときなどによく使われます。

▶表6-8 文字列の取り出しや穴埋めを行う関数

名前	説明
LEFT()	左端から指定された長さの文字列を取り出す
RIGHT()	右端から指定された長さの文字列を取り出す
MID(),SUBSTRING(),SUBSTR()	指定した箇所から、指定した文字数の文字列を取り出す
SUBSTRING_INDEX()	指定した区切り文字が指定回数見つかった箇所から左側すべての文字列を返す
TRIM()	先頭と末尾にある空白を削除する
LTRIM()	先頭の空白を削除する
RTRIM()	末尾の空白を削除する
LPAD()	指定した桁数で左から文字を埋める
RPAD()	指定した桁数で右から文字を埋める
SPACE()	指定した数の空白で構成された文字列を返す

●変換関数

文字列を大文字や小文字に置換したり、カンマ区切りの文字列に変換したり、指定した回数だけ繰り返したり、逆順にしたりといった関数があります。中でも大文字変換や小文字変換はよく使われます。

▶表6-9 文字列を特定の形に変換する関数

名前	説明
LOWER(),LCASE()	アルファベットの大文字を小文字に変換する
UPPER(),UCASE()	アルファベットの小文字を大文字に変換する
FORMAT()	数値のカンマ区切り表記や小数以下の揃えなどの書式を設定する
REPEAT()	文字列を指定された回数だけ繰り返す
QUOTE()	SQL文の中で使用するために引数をエスケープする
REVERSE()	文字列内の文字を逆順に並べ替える

●検索関数

　文字列がどの位置に含まれているか、その番号を取得するときに使います。部分文字列を操作するMID関数などと組み合わせて使われることもあります。

▶表6-10 文字列の検索を行う関数

名前	説明
LOCATE(),POSITION(),INSTR()	指定した文字列が先頭から何番目に合致するかを探す
STRCMP()	2つの文字列が等しいかどうかを比較する

●その他の関数

　データリストと呼ばれるデータの一覧から、該当するデータを取得したり、ファイルから文字列を読み込んだりする関数などがあります。ほとんど使われることはありません。

▶表6-11 その他の主な文字列関数

名前	説明
ELT()	データリストのなかから、指定した順序の文字列を取り出す
EXPORT_SET()	ビットを比較して「0」と「1」の状態から、新しい文字列を作成する
FIELD()	データリストのなかから、指定した値と一致する位置を返す
FIND_IN_SET()	カンマで区切られたデータリストの文字列のなかから、指定した値と一致する位置を返す
MAKE_SET()	データリストのなかから、指定したビット位置に相当する値を取り出し、カンマで区切って接続した文字列に変換する
LOAD_FILE()	指定されたファイルを文字列として読み込んで処理する
SOUNDEX()	soundex 文字列と呼ばれる、「同じ発音なら、同じ値となる4文字の文字列」を返す。英語以外では期待した結果にならない
WEIGHT_STRING()	文字を比較するとき大小比較の基準となる重み付けの値を返す。この関数が使われることはほとんどない

6-3 文字列関数

6-3-2 連結関数の使い方

もっともよく使うのが、文字列の連結関数です。文字列の連結にはCONCAT関数を使います。CONCAT関数には複数の引数を指定でき、それらすべてをつなげた文字列が結果となります。

▶リスト6-13 CONCAT関数の基本構文

```
命令語 CONCAT(引数1, 引数2, 引数3, ……) ;
```

引数は結合したい値の数だけ、いくつでも指定できます。指定できるのは文字列や列名です。今回はSELECT文で使用しましたが、ほかの関数と同様、UPDATE文やINSERT INTO文などでも使用できます。

▶図6-13 CONCAT関数は連結したい文字列を引数としていくつでも指定できる

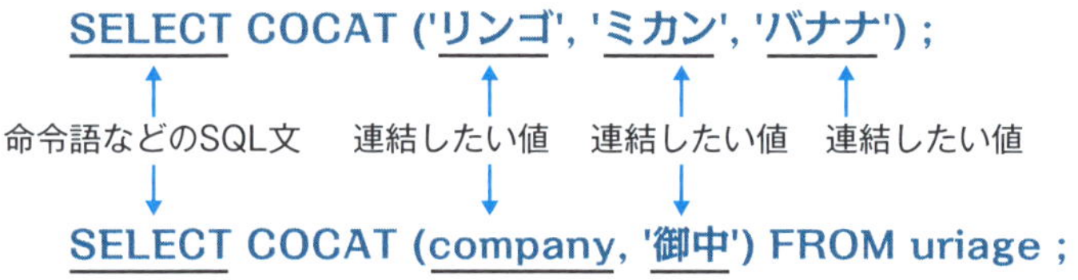

<u>SELECT COCAT ('リンゴ', 'ミカン', 'バナナ') ;</u>

命令語などのSQL文　　連結したい値　　連結したい値　　連結したい値

<u>SELECT COCAT (company, '御中') FROM uriage ;</u>

結合したい文字をとにかく並べていけばよいので、例えば、「リンゴ」「ミカン」「バナナ」という文字を結合して「リンゴミカンバナナ」という文字列を作るには、`SELECT CONCAT('リンゴ', 'ミカン', 'バナナ');`と書きます。このとき`'`（シングルクォート）を忘れないでください。

結合するものを列名にする場合も同じです。uriage（売上）テーブルのcompany（会社名）列と「御中」という文字列をつなげたければ、`SELECT CONCAT(company, '御中') FROM uriage;`と書きます。すると、company列に含まれる「シリウス社」や「ベガ社」などの文字の後ろに一律で「御中」を付けられます。列名を指定する場合は、FROM句でテーブルを指定する必要があるので、注意してください。

では、「シリウス社」などの社名の後ろに一律で「company」と付けて、「シリウス社company」としたい場合はどうしたらいいでしょうか。その場合は、`SELECT CONCAT(company,'company');`と書けば、`'`で囲まれている場合は文字列、そうでない場合は列名と判断されます。

152 **Chapter 6** 関数

6-3-3 「都道府県」と「市区町村」を連結してみよう

文字列の結合をやってみましょう。リスト6-14のSQLを試してみてください。

▶リスト6-14 住所テーブルのstate(都道府県) とaddress(市区町村以下の住所) をつなげる

```
SELECT *, CONCAT(state, address) FROM jusho;
```

▶図6-14 上記のSQLを入力して実行する

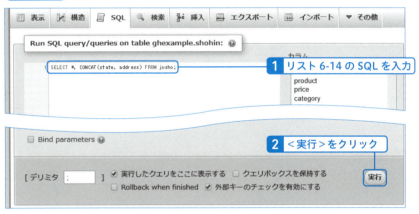

一番右に「都道府県」と「住所」がつなげられた列が表示されます。

▶図6-15 SQLの結果の一番右に文字列を連結した列が表示された

←T→	idju	company	state	address	zip	tel	CONCAT(state, address)
編集 コピー 削除	1101	シリウス社	東京都	世田谷区赤堤	156-0044	03-1234-5678	東京都世田谷区赤堤
編集 コピー 削除	1102	ベガ社	東京都	世田谷区桜丘	156-0054	03-1234-5679	東京都世田谷区桜丘
編集 コピー 削除	1103	カペラ社	東京都	世田谷区祖師谷	157-0072	03-1234-5680	東京都世田谷区祖師谷
編集 コピー 削除	1104	リゲル社	東京都	大田区鵜の木	146-0091	03-1234-5681	東京都大田区鵜の木
編集 コピー 削除	1105	ベテルギウス社	東京都	目黒区大岡山	152-0033	03-1234-5682	東京都目黒区大岡山
編集 コピー 削除	1106	アルタイル社	東京都	目黒区大岡山	152-	03-1234-	東京都目黒区大岡山

6-3-4 文字列置換関数の使い方

　文字列を置換したいときは、REPLACE関数を使います。REPLACE関数は、引数を3つ指定します。先頭から順に、「元の値」「変更したい文字列」「置換する文字列」です。

▶リスト6-15 REPLACE関数の基本構文

```
命令語 REPLACE(元の値, 変更したい文字列, 置換する文字列);
```

　例えば「リンゴミカンバナナ」という文字列のうち、「ミカン」を「マスカット」に置換するには、SELECT REPLACE('リンゴミカンバナナ','ミカン','マスカット');と書きます。実行すると「リンゴマスカットバナナ」という文字列になります。「元の値」には、テーブルの列名を指定することもできます。列名を指定すれば、その列の値を置換できます。また「変更したい文字列」を「''」というふうに、2つの ' の中に1文字も入っていない文字にすると、見つかった文字を削除できます。

▶図6-16 引数に元の値、変更したい文字列、置換する文字列をそれぞれ指定する

SELECT REPLACE ('リンゴミカンバナナ', 'ミカン', 'マスカット') ;

命令語などのSQL文　　　元の値　　　　変更したい文字列　　　置換する文字列

SELECT REPLACE (company, '社', '') FROM uriage ;

置換する値が「''」のときは、削除を示す。

6-3-5 大文字／小文字を置換する関数の使い方

　アルファベットの大文字や小文字を相互に置換する関数があります。大文字を小文字にしたいときにはLOWER関数、小文字を大文字にしたいときにはUPPER関数を使います。置換したい文字列や、列名を引数に入れます。

▶リスト6-16 LOWER関数、UPPER関数の基本構文

```
命令語 LOWER(引数);
命令語 UPPER(引数);
```

6-3-6 文字列の長さを調べる関数の使い方

　文字列の長さ（文字数）を調べたいときは、CHAR_LENGTH関数を使います。引数には調べたい文字列や列名を指定します。「CHAR」は「Character」、つまり文字の種類を指し、その「LENGTH」（長さ）を調べる関数という意味です。

▶リスト6-17　CHAR_LENGTH関数の基本構文

```
命令語 CHAR_LENGTH(引数) ;
```

　CHAR_LENGTHは文字列の長さを返すので、例えば「あいうえお」という文字列であれば「5」になります。全角と半角の区別はなく、どちらも「1文字」として計算されます。CHAR_LENGTHに似た関数で、LENGTH関数があります。こちらは文字列の長さをバイト単位で返します。文字列がバイト列としてどのように表現されているかは文字コードによって違いますが、UTF-8という文字コードの場合、漢字やひらがなは「3バイト」で表現されます。そのため、CHAR_LENGTHを使うべきところをLENGTHと書いてしまうと、長さが3倍大きくなってしまうので注意してください。

Column　半角でも全角でも1文字

　文字列関数では、半角文字も全角文字も1文字として扱います。昔のプログラミングやデータベースでは、半角は1文字全角は2文字とカウントしていたシステムもありましたが、MySQLはそうではないので注意してください。

6-3-7 部分的な文字列を取得する関数の使い方

　文字列の左から、もしくは右から何文字分かを取り出したいということがあります。そのようなときは、LEFT関数やRIGHT関数、MID関数を使います。

▶リスト6-18　LEFT関数、RIGHT関数、MID関数の基本構文

```
命令語 LEFT(元の値, 取り出す桁数) ;
命令語 RIGHT(元の値, 取り出す桁数) ;
命令語 MID(元の値, 先頭の位置, 取り出す桁数) ;
```

　LEFT関数とRIGHT関数は引数を2つ指定します。最初の引数に取り出し元の文字

6-3 文字列関数　155

列や列名、2つ目の引数に取り出す桁数（文字数）を指定します。「LEFT」であれば左から、「RIGHT」であれば右から指定した文字数を取り出します。例えば、`LEFT('あいうえお', 3)`は、左から3文字取り出した「あいう」、`RIGHT('あいうえお', 3)`は、右から3文字取り出した「うえお」となります。

▶図6-17　LEFT関数、RIGHT関数は元の値と取り出す文字数を指定する

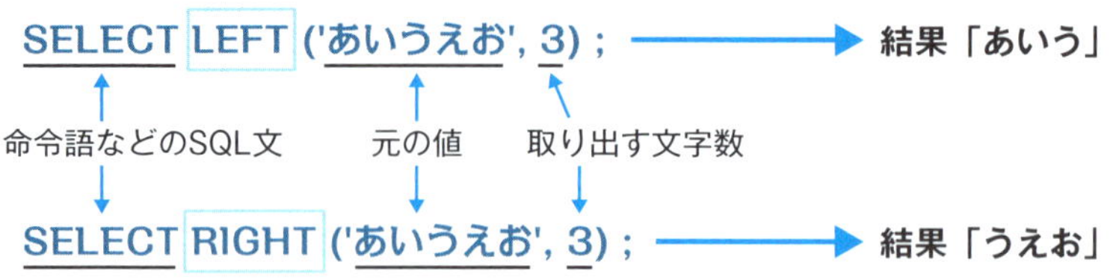

```
SELECT LEFT ('あいうえお', 3) ;  → 結果「あいう」
SELECT RIGHT ('あいうえお', 3) ; → 結果「うえお」
```

MID関数は、3つの引数を指定し、取り出す位置と取り出す文字数を指定します。取り出す位置は、先頭が「1」です。例えば、`MID('あいうえお', 2, 3)`だと、先頭から「2」の位置から「3文字分」取り出すという意味になり、結果は「いうえ」となります。MID関数もLEFT関数やRIGHT関数と同様に、列名を指定することもできます。

▶図6-18　MID関数は元の値と取り出す文字の先頭の位置、取り出す文字数の3つを指定する

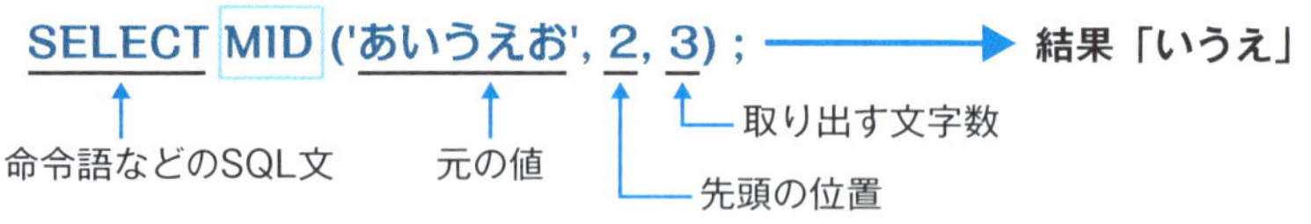

```
SELECT MID ('あいうえお', 2, 3) ; → 結果「いうえ」
```

6-3-8　桁を詰める関数の使い方

数値を表示するとき、桁そろえするために左や右を「0」や「空白」で埋めたいことがあります。そのようなときには、LPAD関数とRPAD関数を使います。この2つの関数は引数を3つとります。先頭は元の値で、対象とする文字列や列名を指定します。2番目の引数は全体の桁数、3番目の引数はその桁を満たさないときに埋める文字です。LPAD関数は左を、RPAD関数は右を埋めます。例えば、`LPAD(123, 8, '0')`のようにすると、「全部で8桁、左から0で埋める」という意味となり、「00000123」となります。同様に、`RPAD(123, 8, '-')`のようにすると、「全部で8桁、右から「-」で埋める」という意味になり、「123-----」となります。

▶リスト6-19　LPAD関数、RPAD関数の基本構文

```
命令語 LPAD(元の値, 全体の桁数, 埋める文字);
命令語 RPAD(元の値, 全体の桁数, 埋める文字);
```

6-3-9 カンマ区切り関数の使い方

　金額を表示したいときなどは、3桁ごとにカンマ区切りで表示したいことがあります。そのときはFORMAT関数を使います。FORMAT関数を使うと、元の数値が3桁ごとにカンマ区切りされるようになります。FORMAT関数には2つの引数を指定します。1つは元の値です。ここには数値や数値が入っている列名などを指定できます。もう1つは、小数以下の桁数です。0にすると整数部分のみが対象となります。

　つまりこの関数では、「3桁ごとにカンマ区切りをする」ということと、「小数点以下何桁まで表示するか」を指定する必要があります。`FORMAT(123456, 0)`のように、2つ目の引数に「0」を指定すると、結果は「123,456」となります。小数を指定して、例えば、`FORMAT(123456, 2)`のようにした場合、「123,456.00」となります。

▶リスト6-20　FORMAT関数の基本構文

```
命令語 FORMAT(元の値, 小数点以下の桁数);
```

▶図6-19　元の値に加えて小数点以下の桁数を指定して、小数点以下の数値を表示する

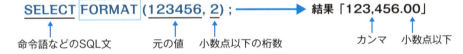

●文字列関数は文字の取り出しや置き換えをはじめ、さまざまな種類が用意されている

Chapter 6 | 関数

6-4 日付および時間関数
～日付や時間の操作を行う関数～

日付や時刻の間隔を計算したり、曜日を調べたりするのが日付および時間関数です。これらの関数は、売上日や請求日などの日付を扱うデータベースで日時の計算をしたいときに使います。

6-4-1 日付・時間関数とは

　日付や時間関数は、日付や時刻の計算をする関数です。日付や時間の間隔や、時間から分、分から時間などへの単位の変更、現在の日時の取得など、日付や時間に関する処理をする関数が揃っています。

◉現在の日付、時刻を取得する関数

　よく使われるのが、現在の日付、時刻を取得する関数です。何か操作した日時を設定して保存しておきたいとか、今日を基準に何か検索したいといったときに使います。

▶表6-12　現在の日付や時刻を取得する関数

名前	説明
CURDATE()、CURRENT_DATE()など	現在の日付を取得する
CURTIME()、CURRENT_TIME()など	現在の時刻を取得する
NOW()、CURRENT_TIMESTAMP()など	現在の日時を取得する
UTC_DATE()	現在のUTC日付を取得する
UTC_TIME()	現在のUTC時刻を取得する
UTC_TIMESTAMP()	現在のUTC日時を取得する
SYSDATE	この関数が実行される時間を取得する

●部分的な取り出し関数

「年」「月」「日」「時」「分」「秒」などを、1つずつ取り出すための関数です。

▶ **表6-13** 日付や時刻を部分的に取り出す関数（一部抜粋）

名前	説明
YEAR()	年を取得する
WEEK()	0から53までの値で、その年の1月第1週からの暦週を取得する
MONTH()	月を取得する
DAY()	0〜31までの値で、日にちを取得する
HOUR()	時刻のうち、時を取得する
MINUTE()	時刻のうち、分を取得する
SECOND()	時刻のうち、秒を取得する

●間隔の計算

日付や時刻の間隔を計算したいときに使う関数です。ある日から何日後は何月何日になるのかを計算したり、ある日とある日との差は何秒になるのかを計算したりしたいときに使います。

▶ **表6-14** 日付や時刻の間隔を計算する関数

名前	説明
DATE_ADD()、DATE_SUB()など	日付値に時間値（間隔）を加算または減算する
ADDTIME()、SUBTIME()	時刻を加算または減算する
TIMESTAMPADD()、TIMESTAMPDIFF()	日付時刻値に加算または減算する
PERIOD_ADD()、PERIOD_DIFF()	年月を示す6桁の値に、月を加算または減算する
DATEDIFF()	日付の差を求める
TIMEDIFF()	時間の差を求める

Column UTC

UTCとは協定世界時のことで、グリニッジ標準時（GMT）とほぼ同等です。現在の世界の標準時は、グリニッジ天文台の時刻ではなく、原子時計で管理されているため、呼び名がUTCに変わっただけです。日本は、UTC（GMT）と9時間の誤差があります。MySQLでは内部的な時刻をUTCとして保存しているので、システムの時刻の設定を変えれば、それに伴って時刻がその設定に合うように変わります。

●変換関数

日時のうちの「日付」や「時刻」の部分だけを取り出したり、「秒数」を整数として取り出したりするなど、各種変換をするための関数です。

▶表6-15 各種変換を行う関数（一部抜粋）

名前	説明
DATE()	日付を取得する
TIME()	時刻を取得する
TIMESTAMP()	日付のみや時刻のみを、日付・時刻を含むタイムスタンプ値に変換する
TIME_TO_SEC()	時刻を秒数に変換する
SEC_TO_TIME()	秒数を「HH:MM:SS」形式に変換する
MAKEDATE()	年と年間通算日から日付を作成する
MAKETIME()	時、分、秒から時刻を作成する
LAST_DAY	月末の日を取得する

6-4-2 現在日時の表示関数の使い方

現在の時間や時刻を取得するための関数は、たくさんあるのですが、そのほとんどは歴史的な理由や他のRDBMS製品に合わせるための別名の関数に過ぎず、実質的には、CURDATE()（日付を取得する）、CURTIME()（時刻を取得する）、NOW()（日付と時刻を取得する）の3つしかありません。どの関数も引数を指定せずに使用します。つまりカッコの中には何も指定しません。

▶リスト6-21 CURDATE関数、CURTIME関数、NOW関数の基本構文

```
命令語  CURDATE() ;
命令語  CURTIME() ;
命令語  NOW() ;
```

6-4-3 現在の日時を表示してみよう

それでは現在の日付、時刻、日時を表示してみましょう。以下の①～③の関数を順番に1つずつ試してみてください。結果が合っていれば成功です。

▶リスト6-22 ①現在の日付を取得する（結果「2017-10-01」など）

```
SELECT CURDATE();
```

▶リスト6-23 ②現在の時刻を取得する（結果「06:40:15」など）

```
SELECT CURTIME();
```

▶リスト6-24 ③現在の日時を取得する（結果「2017-10-01 06:40:15」など）

```
SELECT NOW();
```

6-4-4 部分的な日時取得関数の使い方

　日時から「年」「月」「日」「時」「分」「秒」などを取得したいときは、YEAR()、MONTH()、DAY()、HOUR()、MINUTE()、SECOND()の関数を使います。引数には日時を指定します。日付は文字列でも列名でも指定できます。

▶リスト6-25 各部分的な日時取得関数の基本構文

```
命令語　YEAR(日時)；
命令語　MONTH(日時)；
命令語　DAY(日時)；
命令語　HOUR(日時)；
命令語　MINUTE(日時)；
命令語　SECOND(日時)；
```

　「2017年10月25日の21時43分12秒」にそれぞれの関数を実行した場合、以下のような結果が得られます。これらの結果は、文字列や日付のデータ型ではなく、数値のデータ型となります。

6-4 日付および時間関数　161

▶**表6-16** 各部分的な日時取得関数を使用した際に得られる結果の例

名前	説明	得られる結果の例
YEAR()	年を取得する	2017
MONTH()	月を取得する	10
DAY()	日にちを取得する	25
HOUR()	時刻のうち、時を取得する	21
MINUTE()	時刻のうち、分を取得する	43
SECOND()	時刻のうち、秒を取得する	12

●曜日を求める

曜日を求めたいときは、WEEKDAY関数を使います。WEEKDAY関数の結果は、月曜日が0、火曜日が1、・・・、と進み、日曜日が6となります。例えば、WEEKDAY('2017-10-01')は日曜日なので「6」となります。「Sunday」などの名称で取得したい場合は、DAYNAME関数を使用します。

▶**リスト6-26** WEEKDAY関数、DAYNAME関数の基本構文

```
命令語 WEEKDAY(日時);
命令語 DAYNAME(日時);
```

▶**表6-17** 各曜日に割り当てられた数値

曜日	WEEKDAY関数の結果	DAYNAME関数の結果
月曜日	0	Monday
火曜日	1	Tuesday
水曜日	2	Wednesday
木曜日	3	Thursday
金曜日	4	Friday
土曜日	5	Saturday
日曜日	6	Sunday

●日時の経過や差を求める関数の使い方

ある日時から一定期間が経過した日時を計算したいときは、DATE_ADD(指定した日数分後の日時)、DATE_SUB(指定した日数分前の日時) の各関数を使います。

▶表6-18　日時に加減する関数

名前	説明
DATE_ADD()	指定した日数分後の日時を取得する
DATE_SUB()	指定した日数分前の日時を取得する

▶リスト6-27　日時に加減する関数の基本的な使い方

```
命令語 関数('日時', INTERVAL 数量 単位)
```

　ADDは「それより後の値」、SUBは「それより前の値」をそれぞれ計算します。これらの関数は、経理などで締め日を計算する際に「1カ月後の日を計算したい」というときなどに使います。例えば「2017年09月25日　6時45分15秒」の1日後の値を取得したいときには、次の例のようにします。

▶図6-20　DATE_ADD関数の使い方

1日後を求めるとき（1日前のときは関数を「DATE_SUB」に変える）

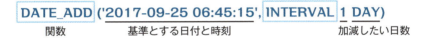

15分後を求めるとき（15分前のときは関数を「DATE_SUB」に変える）

　この関数は2つの引数をとりますが、その形式は少し特殊です。1つ目の引数は基準となる日付または時刻です。そして2つ目の引数は、「INTERVAL 数量 単位」という書式をとって、どのぐらい経過するのかを指定します。MySQLには時刻形式（例えば1時間なら「01:00:00」）で時刻の加減算を行うADDTIME関数やSUBTIME関数もありますが、DATE_ADD関数とDATE_SUB関数は「単位」をつけて時間を指定します。単位は、次の表に示すものを指定します。単位によって、2つ目の引数に指定する値が異なります。

▶ **表6-19** 加減したい日時の単位として使える値

単位の値	意味	単位の値	意味
MICROSECOND	マイクロ秒数	SECOND_MICROSECOND	'秒.マイクロ秒'
SECOND	秒数	MINUTE_MICROSECOND	'分:秒.マイクロ秒'
MINUTE	分数	HOUR_MICROSECOND	'時:分:秒.マイクロ秒'
HOUR	時数	MINUTE_SECOND	'分:秒'
DAY	日数	HOUR_SECOND	'時:分:秒'
WEEK	週数	HOUR_MINUTE	'時:分'
MONTH	月数	DAY_MICROSECOND	'日数 時:分:秒.マイクロ秒'
QUARTER	四半期数	DAY_SECOND	'日数 時:分:秒'
YEAR	年数	DAY_MINUTE	'日数 時:分'
		DAY_HOUR	'日数 時'
		YEAR_MONTH	'年-月'

●日付や時刻の差を求める

2つの日付や時刻があり、それがどのぐらいの差なのかを計算したいことがよくあります。そのようなときには、DATEDIFF（日付の差を求める）、TIMEDIFF（時刻の差を求める）、TIMESTAMPDIFF（日時の差を求める）の各関数を使います。違いは「日付」「時刻」「日時」のどれを扱うかです。

▶ **リスト6-28** 日付や時刻の差を求める関数の使い方

命令語 関数(対象とする日時，基準となる日時)

DATEDIFF関数とTIMEDIFF関数の場合、引数には2つの日付や時刻、日時を指定します。1つ目の引数から2つ目の引数を引いたものが結果となります。

▶ **図6-21** DATEDIFF関数では2つの引数を指定する

SELECT DATEDIFF ('2017-09-25', '2017-09-01') ;
　　　　関数　　　対象とする日時　　基準となる日時

例えば、DATEDIFF('2017-09-25', '2017-09-01')の結果は、日付だけの差を計算するので「24」となります。そして、TIMEDIFF('2017-10-01 06:45:15', '2017-09-28 03:22:10')の結果は、時刻の差を計算するので「75:23:05」となります。

TIMESTAMPDIFF関数は、引数を3つとります。先頭の引数は単位を示すもので、

先の単位の表に指定したのと同じものを使います。第2引数と第3引数は時刻を指定しますが、DATEDIFF関数やTIMEDIFF関数と違い、時刻の指定が逆になるので注意しましょう。例えば、`TIMESTAMPDIFF(MINUTE, '2017-09-28 03:22:10', '2017-10-01 06:45:15')`は、2つの時間間隔を分数で返すので「4523」（分）という結果となります。

▶図6-22 TIMESTAMPDIFF関数では3つの引数を指定する

SELECT TIMESTAMPDIFF (DAY, '2017-09-01', '2017-09-25') ;
　　　　　　関数　　　　　　単位　　基準となる日時　　対象とする日時

6-4-5 表示書式を変更する関数の使い方

標準では「2017-10-01 06:45:15」という書式ですが、「2017年10月1日 6時45分15秒」のように表記を変更して表示したいことがあります。そのようなときは、DATE_FORMAT関数を使います。

▶リスト6-29 DATE_FORMAT関数の基本構文

```
命令語 DATE_FORMAT(対象となる日時,'書式') ;
```

DATE_FORMAT関数は2つの引数をとります。1つは対象となる日時で、日付や時刻の文字列や列名を指定できます。もう1つは書式を指定する文字です。「%文字」という記号を使って、そこに年月日、時分秒などを埋め込む方法を指定するものです。この「%文字」の指定のことを指定子といいます。

▶図6-23 引数には対象となる日時と書式を指定する

SELECT DATE_FORMAT ('2017-09-25', '%Y年%m月%d日') ;
　　　　　　関数　　　　　対象となる日時　　　　書式

6-4 日付および時間関数　165

▶表6-20　主な指定子

指定子	説明
%Y	年、数字、4桁
%y	年、数字（2桁）
%m	月、数字（00..12）
%c	月、数字（0..12）
%M	月名（January..December）
%w	曜日（0=Sunday..6=Saturday）
%W	曜日名（Sunday..Saturday）
%d	日、数字（00..31）
%e	日、数字（0..31）
%H	時間（00..23）
%h	時間（01..12）

指定子	説明
%k	時（0..23）
%l	時（1..12）
%p	AM または PM
%i	分、数字（00..59）
%S	秒（00..59）
%s	秒（00..59）
%f	マイクロ秒（000000..999999）
%r	時間、12時間単位（hh:mm:ss に AM または PM が続く）
%T	時間、24時間単位（hh:mm:ss）
%%	「%」文字自身

「MySQL 5.6 リファレンスマニュアル」より引用

Column　日付時刻取得関数の別名

　ほかのRDBMS製品との互換性のため、現在の日付や時刻を取得する関数は下記の別名でも記載できます。別名の中には、「()」を後ろに書かなくてもよいものもあります。例えば、CURDATE()は「CURRENT_DATE」のように記述できます。

▶表6-21　MySQLとほかのDBMSでの日付取得関数の書き方

MySQLでの書き方	ほかの書き方
CURDATE()	CURRENT_DATE()、CURRENT_DATE
CURTIME()	CURRENT_TIME()、CURRENT_TIME
NOW()	CURRENT_TIMESTAMP()、CURRENT_TIMESTAMP、LOCALTIME()、LOCALTIME、LOCALTIMESTAMP、LOCALTIMESTAMP()

- 日付・時間関数は日付や時刻だけでなく、月、週、曜日なども扱うことができる
- 時間間隔を計算することもできる

Chapter 6 | 関数

6-5

列の別名
～表示や参照するときに列に名前を付ける～

演算子や関数などを使って追加した列には、あまりわかりやすくない適当な名前が付けられます。別名を付けると、その列にわかりやすい名前を付けることができます。別名を付けるには「AS」を使います。

6-5-1 列名（フィールド）の別名とは

計算式や関数などを使って追加した列には、式と同じ名称がつきます。例えば、uriage（売上）テーブルのcharge（売上金額）を1万の単位で丸めた列を一番右に表示するには、SELECT *, ROUND(charge, -4) FROM uriage; というSQLを実行します。このとき追加された列には、ROUND(charge, -4) というように、入力した式と同じ名前が付きます。

▶**リスト6-30** 実行するSQL

```
SELECT *, ROUND(charge, -4) FROM uriage;
```

▶**図6-24** ROUND(charge,-4) という名前の列が追加される

	idur	company	charge	salesdate	state	area	ROUND(charge, -4)
編集 コピー 削除	1	シリウス社	10000	NULL	東京都	世田谷区	10000
編集 コピー 削除	2017090001	シリウス社	20000	2017-09-04 00:00:00	東京都	世田谷区	20000
編集 コピー 削除	2017090002	ベガ社	194400	2017-09-04 00:00:00	東京都	世田谷区	190000
編集 コピー 削除	2017090003	カノープス社	118800	2017-09-04 00:00:00	大阪府	大阪市	120000
編集 コピー 削除	2017090004	リゲル社	24840	2017-09-04 00:00:00	東京都	大田区	20000
編集 コピー 削除	2017090005	ベテルギウス社	105840	2017-09-07 00:00:00	東京都	大田区	110000
編集 コピー 削除	2017090006	シリウス社	302400	2017-09-08 00:00:00	東京都	世田谷区	300000
編集 コピー 削除	2017090007	ベガ社	205200	2017-09-08 00:00:00	東京都	世田谷区	210000

このように式の名前が列名だと、どのようなデータを扱う列かわかりにくくなってしまいます。そこでSQLには、列に任意の別名を付ける機能があります。別名を付け

6-5 列の別名 **167**

るには、**計算式など AS 付けたい列名** のように書きます。

▶ **リスト6-31** ASを使った列名指定の基本構文

```
命令語 計算式など AS 付けたい列名 ;
```

ASの後に付けたい列名を指定すると、実行したときに指定した列名が付きます。とても単純な機能ですが、SELECT文の結果をわかりやすく表示するために大切な機能です。

▶ **リスト6-32** ASで列名を付けたSQL

```
SELECT *, ROUND(charge, -4) AS uriagegaisan FROM uriage;
```

▶ **図6-25** uriagegaisanという名前の列になった

Column ASはいつでも使える

ASの多くは、計算式の結果に列名を付けたいときに使いますが、実際には、どのようなときにでも使えます。例えば、company列を「kaisha」という名前に変えて取得するには、`SELECT company AS kaisha` のように記述します。

- 関数の戻り値や計算結果に別名を付けるには、ASを使用する
- ASは通常の列にも使用できる

Chapter 6 | 関数

6-6

その他の主な関数
～型変換、文字コード変換関数～

MySQLにはほかにもたくさんの関数があります。その中でもよく使われる型変換の関数を紹介します。MySQLにはデータの型が異なっていても暗黙的に型変換をする機能がありますが、型変換関数を使うと明示的で確実に型変換ができます。

6-6-1 キャスト関数の使い方

　MySQLにはこれまでに紹介した種類以外にもさまざまな関数が用意されています。これらのうち、比較的使用頻度が高いのは**キャスト関数**です。第4章で説明したように、データベースで扱うデータには「型」があります。本来であれば、異なる型同士はデータ構造が違うため、CONCAT関数を使っても、文字列ではない数値などの値を連結することはできません。しかしMySQLでは、そうした状況では自動で型変換が行われます。この場合、数値は自動的に文字列に変換されています。そのため、CONCAT関数で数値と文字列を連結することもできるのです。

　このように裏で自動で処理するような暗黙的な変換ではなく、明示的に変換することもできます。明示的に変換するときは、CAST関数またはCONVERT関数を使います。書き方が違うだけで処理の内容は同じです。CONVERTの場合は、引数を , (カンマ)で区切るので注意してください。

▶ **リスト6-33** CAST関数、CONVERT関数の基本構文

```
CAST(変換したい値 AS 変換したい型)
CONVERT(変換したい値, 変換したい型)
```

　これらの関数では、「変換したい型」を指定するとその型に変換できます。例えば、文字列に変換するには、`CAST 値 AS CHAR` と書きます。CAST関数やCONVERT関数を使う必要がない場面がほとんどですが、暗黙的な型変換が効かなかったり、思い通りに型変換されないことがよくあります。そのようなときには、CAST関数やCONVERT関数を使って明示的に型を変換しましょう。ちなみに、MySQL以外のRDBMSでは暗黙的な変換がされないものが多く、明示的な変換が必要になることが多いです。

6-6 その他の主な関数　169

▶表6-22　変換できる主な型

型	意味
CHAR	文字列型。CHAR(文字数)と書くと、その文字数の文字列型
DECIMAL	DECIMAL型。DECIMAL(実数部，小数部)のように記述すると、指定した精度にできる
DATE	DATE型
TIME	TIME型
DATETIME	DATETIME型

6-6-2　文字コード変換関数の使い方

CONVERT関数は型を変換するだけでなく、文字コードの変換にも使われます。

▶リスト6-34　文字コードを変換するときのCONVERT関数の基本構文

```
CONVERT(変換したい値 USING 文字コード)
```

　最近では日本語を表現するのに「UTF-8」という文字コードを使うのが一般的です。データベースやテーブルを作成するときもUTF-8で作成するのが一般的なので、CONVERT関数を使って文字コードの変換をする機会は減っています。しかし、昔のデータベース操作などでは、この関数を使って文字コードを変換していることがあるかもしれません。型の変換と一緒に覚えておきましょう。なお文字コードの変換の場合、型の変換とは異なり，(カンマ) は使用しないので、注意してください。

▶表6-23　指定できる主な文字コード

文字コード	意味
utf8	UTF-8コード
cp932	WindowsのシフトJISコード
sjis	一般的なシフトJISコード
latin1	ヨーロッパの英数文字コード。MySQLでデフォルトで使われることが多い
ascii	米国の英数文字のコード

- CAST関数とCONVERT関数でデータの型を変換することができる
- CONVERT関数では文字列の文字コードも変換することができる

6-7 関数を利用したデータの絞り込み ～WHERE句に関数を使う～

Chapter 6 関数

これまでは、主にSELECT文の値を取り出す部分で関数を使ってきましたが、WHERE句で対象を絞り込む部分にも関数を使うことができます。使い方はデータを取り出す部分と同じなので、しっかり覚えていきましょう。

6-7-1 関数を利用したデータの絞り込み

第3章で説明したように、WHERE句を使うとレコードを絞り込むことができます。このWHERE句に関数を指定することもできます。例えば、uriage（売上）テーブルから取り出すときに、salesdate（売上日）が2017年のものだけを取り出したい場合、WHERE句に `WHERE YEAR(salesdate) = 2017` のように記述できます。

▶図6-26 関数の結果が比較対象になる

6-7-2 今日を基準に絞り込む

絞り込みでは、「30日前から今日まで」など、「今日の日付」を基準に絞り込みたいことがよくあります。そのような場合は、CURDATE関数を使って今日の日付を求め、そこから30日前の値と比較するようにします。30日前の値は、DATE_SUB関数を使って `DATE_SUB(CURDATE(), INTERVAL 30 DAY)` と記述します。

▶図6-27　CURDATE関数とDATE_SUB関数を組み合わせて今日の日付で絞り込む

```
SELECT * FROM uriage
WHERE salesdate <= DATE_SUB(CURDATE( ), INTERVAL 30 DAY) ;
                   関数      現在の日付
```

　関数を使った絞り込みは、日付や時刻に対して行うことが多いですが、ほかの関数についても、同じようにWHERE句に記述できます。

Column　関数の計算結果で絞り込む

　ここでの例のように、WHERE句には関数を書くことができ、その関数の結果を利用した絞り込みができます。関数部分には計算する条件式を使うことがほとんどですが、文字列操作では表記の統一のために関数を使うこともあります。例えば、「orange社」という会社があり、companyという列に「orange社」と入っていることを期待したいのですが、もしかすると、「Orange社」や「ORANGE社」など、大文字や小文字が違って入力されているかもしれません。こうした場合、次のようにLOWER_CASE関数で小文字にしたものを比較したり、UPPER_CASE関数で大文字にしたものを比較したりすると、大文字と小文字がどんな書式でcompany列に入っていても正確に比較できます。このように、関数は列のデータ書式をそろえるために使うという方法もあります。

▶リスト6-35　列のデータ書式を小文字にそろえて比較するWHERE句

```
WHERE LOWER_CASE(company) = 'orange社'
```

▶リスト6-36　列のデータ書式を大文字にそろえて比較するWHERE句

```
WHERE UPPER_CASE(company) = 'ORANGE社'
```

- 関数はWHERE句にも使用できる
- 関数の戻り値と列の値を比較してレコードを絞り込むことができる

Chapter

7

データの絞り込みと並べ替え

データベースはデータを操作しやすいことが大きな利点です。特定の条件による並べ替えや、抽出、集計、グループ化などを覚えると、できることの幅が格段に広がります。上手く操作を組み合わせながら、効率的なやりかたを身につけられるようになりましょう。

7-1 重複の除去
Chapter 7 データの絞り込みと並べ替え
〜同じ行を排除する〜

データベースを操作して特定の列だけ抜き出すと、同じ値の行がたくさん並ぶことがあります。それを除去して、1行だけを表示するのがDISTINCTです。DISTINCTはSELECTの直後に書きます。

7-1-1 重複を除去するDISTINCT

SELECT文でWHERE句を指定して列の一部だけを取り出すと、結果が全く同じ行が出てくることがあります。例えば、uriage（売上）テーブルからcharge（売上金額）が10万以上のcompany（会社名）を取り出すと、同じ会社が重複して表示されます。

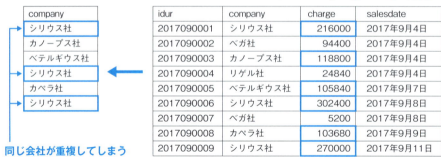

▶図7-1 特定の列のみ取り出すと、全く同じ値の行が取り出されることがある

これを除去するのが **DISTINCT** です。DISTINCTは、SELECT文のSELECTの直後に記述します。DISTINCTはSELECT構文の一部であるため、INSERT INTOやUPDATE、DELETEで利用することはできません。

▶図7-2　SELECTの直後にDISTINCTを記述する

7-1-2　DISTINCTで重複行を除外してみよう

　サンプルデータベースのuriageテーブルには、各社の売上データが格納されています。charge >= 100000 の条件を指定して、company列だけを取り出す場合で、DISTINCTを指定したときと指定していないときの結果の違いを見てみましょう。

❶DISTINCTを指定しない場合

▶リスト7-1

```
SELECT company FROM uriage WHERE charge >= 100000;
```

▶図7-3　上記のSQLを入力し実行する

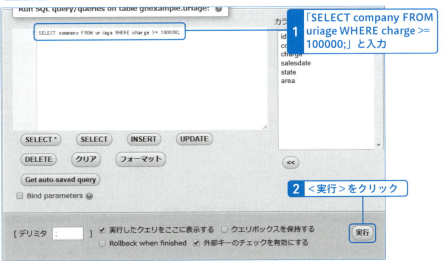

7-1 重複の除去　175

このSQLを実行すると、結果は会社名が重複したものになります。

▶図7-4 会社が重複した結果が表示された

❷DISTINCTを指定する

▶リスト7-2

```
SELECT DISTINCT company FROM uriage WHERE charge >= 100000;
```

上記のSQLを実行すると、結果は重複が取り除かれたものになります。

▶図7-5 重複行が取り除かれた結果が表示された

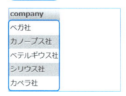

⦿ DISTINCTを使用すると、取得データの重複を除去できる

Chapter 7　データの絞り込みと並べ替え

7-2

データの並べ替え
〜昇順や降順で並べ替える〜

SQLでは、データを取り出す順序の定義がありません。そのため明示的に取り出す順序を指定しないときは順不同となり、どの順序で取り出されるかわかりません。明示的に順序を指定するには、「ORDER BY句」を使います。

7-2-1 データの並べ替え（ORDER BY）とは

　SELECT文でデータを取り出すときに、取り出した結果の行の順序を指定することができます。順序を指定するには**ORDER BY句**を使います。ORDER BY句には、順序を指定したい列名を記述します。後ろに**ASC**と書くと昇順（小さいもの順）、**DESC**と書くと降順（大きいもの順）となります。ORDER BY句は、`FROM テーブル名` の直後や、WHERE句の後ろに記述します。並べ替えは、値が日本語であっても可能です。その場合は文字コード順で並べ替えられます。

▶**リスト7-3**　ORDER BY句の基本構文

```
ORDER BY 列名 ASC
ORDER BY 列名 DESC
```

　ASCは省略が可能です。省略して書くことも多いため、ORDER BY句では基本的に昇順であり、降順で指定したいときはDESCと付ける、と覚えておいたほうがわかりやすいかもしれません。またカンマで区切って複数の列を指定することもできます。

▶**図7-6**　ORDER BY句の書き方

ORDER BY 列名
ORDER BY 列名 ASC ← 昇順に並べる

ORDER BY 列名 DESC ← 降順に並べる

ORDER BY 列名1, 列名2 ← 列1の昇順で並べ替えて、同順なものは列2の昇順でさらに並べ替える

7-2 データの並べ替え　177

ASCやDESCは、直前の列にしか効かないため、複数の列のすべてを降順で並べたい場合は、それぞれの列名の後ろに毎回DESCと記述する必要があります。ASCとDESCを組み合わせることも可能です。例えば、1つ目の列はASC、2つ目の列はDESCと指定することもできます。

▶図7-7　ASC、DESCは直前の列にのみ有効

▶図7-8　複数の列をORDER BY句に指定するイメージ

idur	company	charge	salesdate
2017090001	シリウス社	216000	2017年9月4日
2017090002	ベガ社	94400	2017年9月4日
2017090003	カノープス社	118800	2017年9月4日
2017090004	リゲル社	24840	2017年9月4日
2017090005	ベテルギウス社	105840	2017年9月7日
2017090006	シリウス社	302400	2017年9月8日
2017090007	ベガ社	5200	2017年9月8日
2017090008	カペラ社	103680	2017年9月9日
2017090009	シリウス社	270000	2017年9月11日

ORDER BY charge, idur
charge列の昇順で並べ替え、同順のものは
idur列の昇順でさらに並べ替える

ORDER BY charge DESC, idur
charge列の降順で並べ替え、
同順のものはidur列の昇順でさらに並べ替える

ORDER BY charge DESC, idur DESC
charge列の降順で並べ替え、
同順のものはidur列の降順でさらに並べ替える

　「複数の列（フィールド）で並べ替える」というと、イメージがしづらいからもしれません。例えば、companyで並べ替えをした場合、文字コード順（つまりアイウエオ順）で並べ替えられますが、「カノープス社、カペラ社、シリウス社、シリウス社、シリウス社、……」のように複数ある場合は、idurやchargeの値にかかわらず、「シリウス社」がただ雑然と並びます。そこでさらにchargeで並べ替えれば、大きくはアイウエオ順で並びつつも、「シリウス社」の中は小さい順で並ばせることができるわけです。

▶図7-9 ORDER BY句に記述した順に1つずつ並べ替えられる

まずは社名で並べ替える

idur	company	charge	salesdate
2017090018	カノープス社	140400	2017年9月19日
2017090011	カノープス社	162000	2017年9月11日
2017090019	カペラ社	101520	2017年9月19日
2017090014	カペラ社	88560	2017年9月19日
2017090008	カペラ社	103680	2017年9月9日
2017090012	シリウス社	248400	2017年9月13日
2017090009	シリウス社	270000	2017年9月11日
2017090006	シリウス社	302400	2017年9月8日
2017090001	シリウス社	216000	2017年9月4日

雑然と並んでいる

idur	company	charge	salesdate
2017090018	カノープス社	140400	2017年9月19日
2017090011	カノープス社	162000	2017年9月11日
2017090014	カペラ社	88560	2017年9月19日
2017090019	カペラ社	101520	2017年9月19日
2017090008	カペラ社	103680	2017年9月9日
2017090001	シリウス社	216000	2017年9月4日
2017090012	シリウス社	248400	2017年9月13日
2017090009	シリウス社	270000	2017年9月11日
2017090006	シリウス社	302400	2017年9月8日

昇順に並ぶ

7-2-2 売上の昇順、降順でそれぞれ表示してみよう

　サンプルデータベースのuriage（売上）テーブルに対してORDER BYを付けたSELECT文を実行して、charge（売上金額）の昇順や降順で行を取り出してみましょう。chargeの列を確認し、それぞれ昇順、降順になっていれば成功です。

❶昇順で取り出す

▶リスト7-4 uriage テーブルを charge の昇順で並べ替えて取得する SQL

```
SELECT * FROM uriage ORDER BY charge ASC;
（ASCは省略することもできます）
```

▶図7-10 charge の列が小さい順にレコードが表示された

←T→		idur	company	charge ▲ 1	salesdate	state	area
☐ 🖉 編集 ⅜ コピー ⊖ 削除		2	シリウス社	10000	NULL	東京都	世田谷区
☐ 🖉 編集 ⅜ コピー ⊖ 削除		1	シリウス社	10000	NULL	東京都	世田谷区
☐ 🖉 編集 ⅜ コピー ⊖ 削除		2017090001	シリウス社	20000	2017-09-04 00:00:00	東京都	世田谷区
☐ 🖉 編集 ⅜ コピー ⊖ 削除		2017090004	リゲル社	24840	2017-09-04 00:00:00	東京都	大田区
☐ 🖉 編集 ⅜ コピー ⊖ 削除		2017090024	ガクルックス社	34560	2017-09-22 00:00:00	北海道	網走市
☐ 🖉 編集 ⅜ コピー ⊖ 削除		2017090022	ガクルックス社	34560	2017-09-21 00:00:00	北海道	網走市
☐ 🖉 編集 ⅜ コピー ⊖ 削除		2017090021	カストル社	48600	2017-09-20 00:00:00	北海道	網走市
☐ 🖉 編集 ⅜ コピー ⊖ 削除		2017090015	リゲル社	49680	2017-09-15 00:00:00	東京都	大田区

❷降順で取り出す

▶リスト7-5　uriageテーブルをchargeの降順で並べ替えて取得するSQL

```
SELECT * FROM uriage ORDER BY charge DESC;
```

▶図7-11　chargeの列が大きい順にレコードが表示された

- ORDER BY句で列名を指定すると、その列を基準に結果が並べ替えられる
- ASCを指定すると昇順、DESCを指定すると降順で並べ替えできる

Chapter 7 ｜ データの絞り込みと並べ替え

7-3

特定範囲のデータ抽出
～件数や取得位置を変更する～

SELECT文でデータを取得するときに全部が欲しいのではなく、先頭から5件、10件目から15件目のように、一部だけを取り出したいことがあります。そのような場合、LIMITを指定すると取得範囲を絞ることができます。

7-3-1 特定範囲のデータ抽出（LIMIT）とは

　SELECT文で指定するとき、**LIMIT**を指定すると一部のレコードだけを取得できます。LIMITには、引数を1つとする書き方と、2つとする書き方の2通りがあります。前者は「先頭から指定した件数だけを取得する」、後者は「指定した場所から指定した件数を取り出す」という指定です。

▶リスト7-6 LIMITの基本構文

```
LIMIT 件数
LIMIT 指定したい場所, 件数
```

　引数2つの書式で指定した場所のことは**オフセット（Offset）**といいます。オフセットは先頭（1レコード目）を「0」としてカウントするので注意してください。例えば、「0番目」というのは1レコード目のことですし、「4番目」とは5レコード目のことです。

▶図7-12 LIMITの使い方

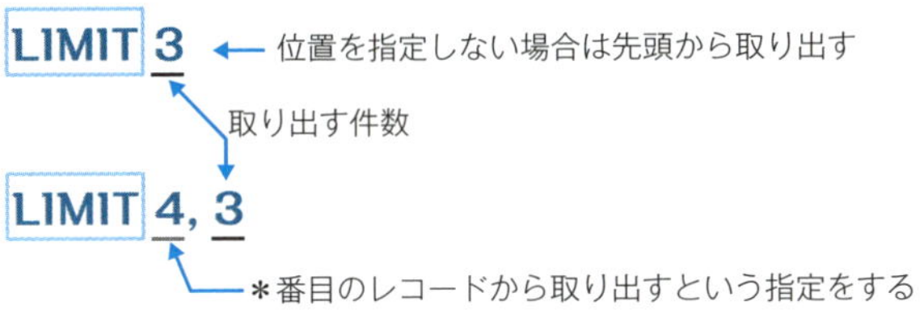

LIMIT **3** ← 位置を指定しない場合は先頭から取り出す

取り出す件数

LIMIT **4, 3**

＊番目のレコードから取り出すという指定をする

7-3 特定範囲のデータ抽出 ｜ 181

▶図7-13 オフセットの指定では0番目が1レコード目となる

idur	company	charge	salesdate		
2017090001	シリウス社	216000	2017年9月4日	**0番目**	
2017090002	ベガ社	94400	2017年9月4日	**1番目**	
2017090003	カノープス社	118800	2017年9月4日	**2番目**	
2017090004	リゲル社	24840	2017年9月4日	**3番目**	
2017090005	ベテルギウス社	105840	2017年9月7日	**4番目**	
2017090006	シリウス社	302400	2017年9月8日	**5番目**	
2017090007	ベガ社	5200	2017年9月8日	**6番目**	
2017090008	カペラ社	103680	2017年9月9日	**7番目**	
2017090009	シリウス社	270000	2017年9月11日	**8番目**	

**オフセット
での指定**

最初のレコードを0番目
としてカウントする

「LIMIT 3」とした場合、0番目から2
番目までのレコードを抽出する

「LIMIT 4, 3」とした場合、4番目から
6番目までのレコードを抽出する

実際は、0番目＝1レコード目、4番目＝5レコード目なので注意

　また、引数2つの書式で件数を指定せずに、「何件目から後ろすべて」を取得したいこともあります。その場合には、実際に格納されているレコード数を満たす以上の大きな数、例えば「9999999」などを指定するとよいでしょう。

　LIMITは、SELECT構文でしか使えず、ORDER BYの後ろに記述します。文法上はORDER BYを省略してLIMITだけを記載することもできますが、何番目から取り出したいという場合、ORDER BYを指定して並べ替えない限り、順序が定まりません。順序が定まらない中の何番目というのは意味がないので、LIMITは事実上ORDER BYと組み合わせて使うことになります。

▶リスト7-7 ORDER BYとLIMITを使ったSELECT文の基本構文

```
SELECT * FROM テーブル名
  WHERE 条件
  ORDER BY 並べ替え
  LIMIT オフセット, 件数;
```

7-3-2 売上トップ3件を取得しよう

　ORDER BYとLIMITを組み合わせて、uriage（売上）テーブルから、charge（売上金額）がもっとも大きいもの3件を取り出してみましょう。

182　Chapter 7　データの絞り込みと並べ替え

❶売上金額がもっとも大きいもの3件を取り出す

▶リスト7-8　chargeの降順で上位3県を取得するSQL

```
SELECT * FROM uriage ORDER BY charge DESC LIMIT 3;
```

▶図7-14　SQLを実行し、売上金額がもっとも大きい3件のみが表示されたら成功

	idur	company	charge ▼ 1	salesdate	state	area
☐ ✎編集 ⧉コピー ⊖削除	2017090006	シリウス社	302400	2017-09-08 00:00:00	東京都	世田谷区
☐ ✎編集 ⧉コピー ⊖削除	2017090009	シリウス社	270000	2017-09-11 00:00:00	東京都	世田谷区
☐ ✎編集 ⧉コピー ⊖削除	2017090012	シリウス社	248400	2017-09-13 00:00:00	東京都	世田谷区

Column　結果が多いときは絞り込む

　抽出結果が多いときにすべてを表示すると時間もかかりますし、サーバーのメモリも多く必要とします。そこで、結果を取得するときは、必要なところだけ取り出すよう、LIMITを使って制限します。データベースを使った検索システムでは、検索結果が1ページに10件、20件など決まった数だけ表示され、「次へ」などのボタンをクリックすると、次の結果が表示されるというような、結果をたどる表示方式で実現していることがあります。これは、LIMIT句を使うと簡単に実現できます。

　例えば、10件ごとに表示するのなら、1ページ目は LIMIT 10、2ページ目は LIMIT 10, 11、3ページ目は LIMIT 20, 21 のように、2ページ目以降は、それよりも前のページで表示した件数だけスキップするようにします。

- LIMITを使用すると、SELECT文の取得件数を制限できる
- LIMITによる制限は並べ替え後でないと意味がないので、ORDER BYと一緒に使う

Chapter 7　データの絞り込みと並べ替え

7-4

データの集約とグループ化
～集約関数とGROUP BY句～

SELECT文では、レコードをまとめてグループ化したり、集計したりすることができます。例えば、会社ごとの売上合計や売上の平均、最大値、最小値などを求めるといった操作が可能です。

7-4-1　集約関数

　SQLには**集約関数**という関数があります。集約関数を使用すると、列の合計や平均、最大、最小、データの個数などを求めることができます。集約関数はふつうの関数と違い、引数にいずれかの列名を指定して、その列のすべての行を対象として合計や平均を取得する計算をします。ただし、レコードの個数を調べるCOUNT関数だけは例外で、列名として ＊ を指定することができます。集約関数は、SELECT文の列名などを記載する場所に記載できますが、WHERE句に記述することはできません。

▶図7-15　集約関数は列を引数に指定する

COUNT(＊)のようにレコードの数を求めるものは「＊」(アスタリスク)を指定できる

idur	company	charge	salesdate
2017090001	シリウス社	216000	2017年9月4日
2017090002	ベガ社	94400	2017年9月4日
2017090003	カノープス社	118800	2017年9月4日
2017090004	リゲル社	24840	2017年9月4日
2017090005	ベテルギウス社	105840	2017年9月7日
2017090006	シリウス社	302400	2017年9月8日
2017090007	ベガ社	5200	2017年9月8日
2017090008	カペラ社	103680	2017年9月9日
2017090009	シリウス社	270000	2017年9月11日

SUM(charge)など、列に対して働くものは列を指定する

　主な集約関数とその働きを次の表にまとめます。

184　Chapter 7　データの絞り込みと並べ替え

▶表7-1　主な集約関数

集約関数	説明
AVG()	平均値を取得する
BIT_AND()	ビット単位のAndを取得する
BIT_OR()	ビット単位のORを取得する
BIT_XOR()	ビット単位のXORを取得する
COUNT()	行数を取得する
COUNT(DISTINCT)	重複を省いた行数を取得する
GROUP_CONCAT()	値を連結したものを取得する
MAX()	最大値を取得する
MIN()	最小値を取得する
STD()、STDDEV()、STDDEV_POP()、VAR_POP()、VARIANCE()	母標準偏差を取得する
STDDEV_SAMP()、VAR_SAMP()	標本標準偏差を取得する
SUM()	合計を取得する

実例を見てみましょう。例えば、合計を求めるSUM関数について考えます。uriage（売上）テーブルのcharge（売上金額）の合計を求めるには、**SELECT SUM(charge) FROM uriage;** とします。すると、すべてのcharge列の合計を求めることができます。

▶リスト7-9　売上金額の合計を求めるSELECT文

```
SELECT SUM(charge) FROM uriage;
```

▶図7-16　実行すると、すべてのcharge列の行の合計が表示される

idur	company	charge	salesdate
2017090001	シリウス社	216000	2017年9月4日
2017090002	ベガ社	94400	2017年9月4日
2017090003	カノープス社	118800	2017年9月4日
2017090004	リゲル社	24840	2017年9月4日
2017090005	ベテルギウス社	105840	2017年9月7日
2017090006	シリウス社	302400	2017年9月8日
2017090007	ベガ社	5200	2017年9月8日
2017090008	カペラ社	103680	2017年9月9日
2017090009	シリウス社	270000	2017年9月11日

charge列の合計値が表示される

SELECT SUM (charge) FROM uriage ;

集約関数は、集計した結果を1つにまとめるので、集計対象の列以外をSELECT文で取り出す列に含めることはできません（ただし、後に説明する「グループ化機能」

7-4 データの集約とグループ化

を使う場合はグループ単位となります）。例えば、`SELECT COUNT(*), SUM(charge) FROM uriage;` は、`COUNT(*)` も `SUM(charge)` も集約しているので正しい結果が得られます。しかし、`SELECT company, SUM(charge) FROM uriage;` としてしまうと、charge列で集計しているにもかかわらず集計されていないcompany列を含んでいるため、実行こそできますが、companyの値は不確定（どの値が出るかわからない）となってしまいます。このような使い方は必ず避けるようにしてください。なお、MySQL以外のRDBMSでは、こうした集約しない列を参照するとエラーとなり、実行もできません。

▶図7-17 集約関数の引数に指定した列以外をSELECTに指定するのは避ける

idur	company	charge	salesdate
2017090001	シリウス社	216000	2017年9月4日
2017090002	ベガ社	94400	2017年9月4日
2017090003	カノープス社	118800	2017年9月4日
2017090004	リゲル社	24840	2017年9月4日
2017090005	ベテルギウス社	105840	2017年9月7日
2017090006	シリウス社	302400	2017年9月8日
2017090007	ベガ社	5200	2017年9月8日
2017090008	カペラ社	103680	2017年9月9日
2017090009	シリウス社	270000	2017年9月11日

○ SELECT COUNT(*),
　　　　　　レコードの数
SUM(charge)
　chargeの合計
FROM uriage ;

✕ SELECT company,
　　　　　　company列
SUM(charge)
　chargeの合計
FROM uriage ;

7-4-2 データのグループ化（GROUP BY）

　集約関数は全レコードを対象とするので、そのままだと総和や総個数などしか求められません。取引先ごとや特定の日付の合計金額や、商品単位の個数など、いかにも業務で使いそうな計算ができないのです。そこで、**GROUP BY句**を使って特定の項目で**グループ化**を行います。グループ化すれば、特定の項目でまとめることができるようになります。GROUP BY句では、グループ化したい列名を指定します。カンマで区切って複数指定することもできます。

▶リスト7-10　GROUP BY句の基本構文

```
GROUP BY 列名1, 列名2, ……
```

GROUP BY句は、WHERE句の後ろ、ORDER BY句の前に記述します。例えば、uriage（売上）テーブルにおいて、company（会社名）でグループ化すれば、会社ごとの売上の合計などを求めることができます。

▶図7-18　集約関数の引数に指定した列以外をSELECTに指定するのは避ける

company（会社名）ではなくsalesdate（売上日）で集計することもできます。売上日で集計すれば、その日の売上をそれぞれ求めることができます。

▶図7-19　GROUP BY句を指定することによって会社ごとの合計金額が表示できる

idur	company	charge	salesdate
2017090001	シリウス社	216000	2017年9月4日
2017090002	ベガ社	94400	2017年9月4日
2017090003	カノープス社	118800	2017年9月4日
2017090004	リゲル社	24840	2017年9月4日
2017090005	ベテルギウス社	105840	2017年9月7日
2017090006	シリウス社	302400	2017年9月8日
2017090007	ベガ社	5200	2017年9月8日
2017090008	カペラ社	103680	2017年9月9日
2017090009	シリウス社	270000	2017年9月11日

結果 →

シリウス社　　788400円
ベガ社　　　　99600円
カノープス社　118800円

会社単位で合計金額が表示される

このようにGROUP BYは、グループ化する列によってデータを多角的に集計できる、とても強力な機能です。

Column 月単位の売上を求める

uriageテーブルのsalesdate（売上日）列には売り上げた日が入っています。これでグループ化すると「日の売上」となりますが、「月」ごとの売上を集計したいということもあるでしょう。その場合はsalesdate列から「年月」だけを取り出して、それで集約する方法がとれます。年月を取り出すには、DATE_FORMAT関数で「%Y%m」を指定します。しかし、このままではGROUP BYで指定することができません。これをGROUP BY句で指定できるようにするには、ASを使って別名を付ける必要があります。ASで付けた別名をGROUP BY句に指定することで、月単位の集計が可能になります。

▶ **リスト7-11** 月ごとの売り上げの集計を取得するSQL

```
SELECT DATE_FORMAT(salesdate, '%Y%m') AS nengetu, SUM(charge) FROM uriage
GROUP BY nengetu;
```

▶ **図7-20** 別名を使って関数の結果をGROUP BYに指定する

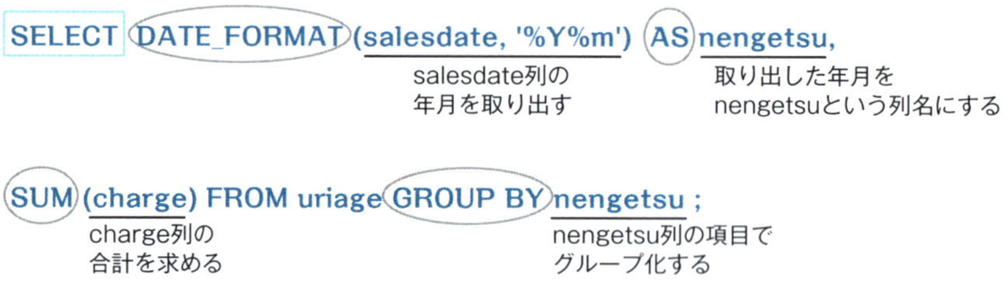

SELECT DATE_FORMAT(salesdate, '%Y%m') AS nengetsu,
　　　　　　　　　　salesdate列の　　　　　　　取り出した年月を
　　　　　　　　　　年月を取り出す　　　　　　　nengetsuという列名にする

SUM(charge) FROM uriage GROUP BY nengetsu ;
charge列の　　　　　　　　　　nengetsu列の項目で
合計を求める　　　　　　　　　　グループ化する

7-4-3 会社名でグループ化して集計してみよう

サンプルデータベースのuriage（売上）テーブルには、各社の売上データが格納されています。実際に、company（会社名）やsalesdate（売上日）でグループ化して、それぞれの会社の売上合計を求めてみましょう。

❶会社名でグループ化する

▶ **リスト7-12** 会社単位での売上合計が出れば成功

```
SELECT company, SUM(charge) FROM uriage GROUP BY company;
```

188 **Chapter 7** データの絞り込みと並べ替え

❷売上日でグループ化する

▶リスト7-13 売上日単位での売上合計が出れば成功

```
SELECT salesdate, SUM(charge) FROM uriage GROUP BY salesdate;
```

▶図7-21 ①②の実行結果

company	SUM(charge)
カストル社	48600
カノープス社	421200
カペラ社	293760
ガクルックス社	69120
シリウス社	1303600
ベガ社	885600
ベテルギウス社	105840
ミルファク社	154440
リゲル社	144720

salesdate	SUM(charge)
NULL	20000
2017-09-04 00:00:00	358040
2017-09-07 00:00:00	105840
2017-09-08 00:00:00	507600
2017-09-09 00:00:00	103680
2017-09-11 00:00:00	594000
2017-09-13 00:00:00	248400
2017-09-14 00:00:00	129600
2017-09-15 00:00:00	211680
2017-09-19 00:00:00	538920
2017-09-20 00:00:00	48600

7-4-4 集計後のデータを絞り込む（HAVING）

集計後のデータを絞り込みたいときには、**HAVING句**を使います。HAVING句は GROUP BY句の後ろに指定して、「グループ化した後」の値を絞り込みます。HAVING 句を使えば、「合計金額が××円以上のもの」や「売上件数が何件以下」など、集約後 のデータに、さらに条件を指定して取り出すことができます。

▶リスト7-14 HAVING句の基本構文

```
HAVING 条件
```

HAVING句での絞り込みは、集約関数で計算した値を使うことになります。列名を 指定するのに名称があったほうがよいので、集約関数の結果にASで別名を付けてお き、HAVING句ではその別名を使って条件を指定するようにします。もし、名称を付 けない場合は、SUM(charge) などのように、求めた式をそのまま記述します。

7-4 データの集約とグループ化 189

▶図7-22　HAVING句には集約関数の結果に別名を付けて条件を指定する

SELECT company, SUM (charge) AS goukei FROM uriage
　　　　　 charge列の　　　　　SUMで求めた合計の列を
　　　　　 合計金額　　　　　　「goukei」と名付ける

GROUP BY company

HAVING goukei >= 200000　　　「AS goukei」として別名をつけていない場合は
　　　　goukei列のうち、　　　　「SUM(charge)」とそのまま記述する
　　　　200000以上のものを取り出す

Column　WHEREとHAVINGの違い

　ここできちんと理解しておきたいのが、WHERE句との違いです。レコードを絞り込む場合、WHERE句で絞り込むと説明しました。もちろん、集約関数を使う場合でもWHERE句を指定できます。WHERE句を指定した場合、それは「集約前のレコード」を絞り込むことを意味します。それに対して、HAVING句は、「集約後のレコード」を絞り込みます。つまり、WHERE句で絞り込みを行った上でGROUP BY句でグループ化を行い、その結果に対してHAVING句で絞り込みが行われます。WHERE句とHAVING句の違いはしっかり覚えておきましょう。

- 集約関数を使用すると、取得結果の合計や平均などが取得できる
- GROUP BY句を利用して特定の項目でグループ化すると、特定の項目の値ごとに集約関数を使用できる
- HAVING句に条件を指定すると、グループ化後のデータの絞り込みができる

Chapter 8

複数テーブルの操作

リレーショナルデータベースは、「リレーショナル」との名のとおり、関係した複数のテーブルでデータベースを構築するのに最適です。複数のテーブルを結合したり、複数のテーブルにまたがるクエリを実行することができます。

Chapter 8 複数テーブルの操作

8-1 複数テーブルを結合する
～内部結合、外部結合、UNION結合～

これまでは1つのテーブルを対象としましたが、複数のテーブルを組み合わせて結果を取得することもできます。複数のテーブルを取得するときには、どの列とどの列を結びつけるのかを指定します。

8-1-1 複数のテーブルを組み合わせる

　第1章で「リレーショナルデータベース（RDB）」は、「リレーショナル（関係）するデータベース」であると説明しました。ついに、その本領発揮たる「リレーショナル」の解説に入ります。もう一度復習ですが、リレーショナルとは、「テーブルとテーブルを結びつける」ことが特徴です。テーブルとテーブルは、「同じ値のある列」を基に結びつける場合もあれば、同じ値のないもの同士を合体させることもあります。

▶図8-1　列を基準にテーブルを組み合わせるのがリレーショナルデータベース

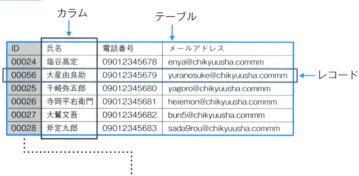

8-1-2 どんなテーブル同士を結びつけるのか

では、「どのようなテーブル同士を結びつけるのか」ですが、その前に「どのようにテーブルは分かれているのか」について説明しておきます。

例えば、その月の売上がすべて記載されている「売上」というデータがあるとします。この「売上」を基に取引先に請求書を送りたい場合、「売上」のデータとは別に「取引先住所録」が必要になるでしょう。なぜなら、売上のデータにいちいち住所まで入れていては、利便性に問題があるからです。

▶図8-2 テーブルは扱う情報によって分けて作られる

売上　　　　　　　　　　　　　　　毎回載せるのは利便性が悪い

日付	取引先	売上	住所	電話番号
2017年9月4日	シリウス社	216000	156-0044 世田谷区赤堤	03-1234-5678
2017年9月4日	ベガ社	194400	156-0054 世田谷区桜丘	03-1234-5679
2017年9月4日	リゲル社	248400	146-0091 大田区鵜の木	03-1234-5681
2017年9月7日	ベテルギウス社	105840	152-0033 目黒区大岡山	03-1234-5682
2017年9月8日	シリウス社	302400	156-0044 世田谷区赤堤	03-1234-5678
2017年9月8日	ベガ社	205200	156-0054 世田谷区桜丘	03-1234-5679
2017年9月9日	カペラ社	103680	157-0072 世田谷区祖師谷	03-1234-5680
2017年9月11日	シリウス社	270000	156-0044 世田谷区赤堤	03-1234-5678

売上

日付	取引先	売上
2017年9月4日	シリウス社	216000
2017年9月4日	ベガ社	194400
2017年9月4日	リゲル社	248400
2017年9月7日	ベテルギウス社	105840
2017年9月8日	シリウス社	302400
2017年9月8日	ベガ社	205200
2017年9月9日	カペラ社	103680
2017年9月11日	シリウス社	270000

住所録

社名	住所	電話番号
シリウス社	156-0044 世田谷区赤堤	03-1234-5678
ベガ社	156-0054 世田谷区桜丘	03-1234-5679
カペラ社	157-0072 世田谷区祖師谷	03-1234-5680
リゲル社	146-0091 大田区鵜の木	03-1234-5681
ベテルギウス社	152-0033 目黒区大岡山	03-1234-5682

このように、テーブルは取り扱う情報ごとに分けて作られることが多いです。しかし、分けただけでは紙の書類と変わりません。リレーショナルデータベースではお互いのテーブルを連携させて、データを取り出したり合体させたりします。

8-1-3 正規化

「売上」と「住所録」の例のように、重複したデータをテーブルとして分けることを正規化といいます。データベースでは、各テーブルのレコードに固有の番号を振って管理することが多いです。こうすることで、各レコードのデータが扱いやすくなりま

す。「売上」の例で説明すると、取引先の社名は1カ月に何度も出てきますし、毎月出てきます。このように繰り返し使うような情報は、「シリウス社」として名前を入れておくのではなく、ID番号を付けて別のテーブルとして管理しておいたほうが、シリウス社の社名変更などに対応しやすいです。

▶図8-3 社名変更などで会社名を変更する場合、IDで管理されていれば修正量は少なく済む

「シリウス社」が社名変更で「シーリウス社」になった場合

「取引先」が社名になっているテーブル

日付	取引先	
2017年9月4日	シリウス社	変える!
2017年9月4日	ベガ社	194400
2017年9月4日	リゲル社	248400
2017年9月7日	ベテルギウス社	
2017年9月8日	シリウス社	変える!
2017年9月8日	ベガ社	205200
2017年9月9日	カペラ社	103680
2017年9月11日	シリウス社	270000

1年で60カ所、
過去の分は？

「取引先」が「取引先番号」になっているテーブル
（取引先社名は住所録テーブルで管理）

日付	取引先	売上
2017年9月4日	1101	216000
2017年9月4日	1102	194400
2017年9月4日	1104	248400
2017年9月7日	1105	105840
2017年9月8日	1101	302400
2017年9月8日	110	205200
2017年9月9日	1	
2017年9月11日	1	

変わらないので
そのままでよい

売上テーブル

番号	社名			電話番号
1101	シリウス社	ここだけ変えればよい	区赤堤	03-1234-5678
1102	ベガ社		区桜丘	03-1234-5679
1103	カペラ社	157-0072 世田谷区祖師谷		03-1234-5680
1104	リゲル社	146-0091 大田区鵜の木		03-1234-5681
1105	ベテルギウス社	152-0033 目黒区大岡山		03-1234-5682

住所録テーブル

Column 正規化しないで重複データを持たせる

　正規化がいつも正しいとは限りません。正規化すると、項目によっては別のテーブルの値を参照して使用されます。そのため、参照元の値を更新すればすべてのレコードが更新されますが、それが逆に問題となることがあります。例えば、納品伝票をデータベースで管理する場合、取引先の住所が変わったからといってすでに納品済である過去の納品書の住所も連動して変わってしまうのは避けたいでしょう。そうした場合はあえて正規化せずに、重複したデータをそれぞれのレコードに持たせておくなどの対策が必要になります。

194 **Chapter 8** 複数テーブルの操作

8-1-4 複数のテーブルを結合する方法

複数のテーブルを組み合わせる方法はいくつかあります。一番わかりやすいのは、**和集合（UNION結合）**でしょう。これは、単純にテーブル同士を合体させます。中学校の名簿と小学校の名簿など、同じ種類のもの同士を合体させるのに使います。

そのほかに、**内部結合（INNER JOIN）**や**外部結合（OUTER JOIN）**というテーブルの列数に関係なく結合できるものや、**交差結合（CROSS JOIN）**という総当たりの組み合わせを作るものがあります。正直なところ、交差結合は使い道が限定されるため、実際に使用することはないでしょう。

▶図8-4 結合にはさまざまな種類がある

※MySQLに対応している結合の種類であるため、
ほかのRDBMSでは、全外部結合などこれ以外の結合も存在する

それぞれの結合方法について説明します。文章で書かれてもイメージしにくいと思いますので、ベン図と表で説明していきます。

●和集合（UNION結合）

その名の通り和集合となるので、テーブルとテーブルがそのまま結合されます。結合するテーブルの列数は同じである必要があります。また、対応する位置の列の型も同じである必要があるので注意してください。

▶図8-5 和集合は複数のテーブルを単純に合算する結合

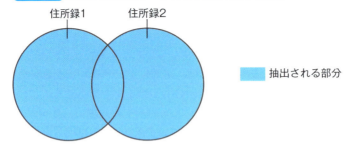

▶図8-6 和集合では行・列の増減はない

住所録1

番号	社名	都道府県
1101	シリウス社	東京都
1102	ベガ社	東京都
1103	カペラ社	東京都
1104	リゲル社	東京都
1105	ベテルギウス社	東京都

住所録2

番号	社名	都道府県
1109	アルデバラン社	大阪府
1110	ピーコック社	大阪府
1111	メンカリナン社	大阪府
1112	プロキオン社	大阪府
1113	カノープス社	大阪府
1114	アークツルス社	大阪府

合体 →

住所録一覧

番号	社名	都道府県
1101	シリウス社	東京都
1102	ベガ社	東京都
1103	カペラ社	東京都
1104	リゲル社	東京都
1105	ベテルギウス社	東京都
1109	アルデバラン社	大阪府
1110	ピーコック社	大阪府
1111	メンカリナン社	大阪府
1112	プロキオン社	大阪府
1113	カノープス社	大阪府
1114	アークツルス社	大阪府

列数は同じでレコード数の増減なし

●内部結合（INNER JOIN）

　内部結合と次に紹介する外部結合では、列が追加される形で結合します。内部結合ではすべてのレコードが結合されるわけではありません。基準となる列（ここでは「名前」列）の値が共通するレコードのみを取り出すのが内部結合です。列の異なるテーブル同士が合体するため、列数は増えます。

▶図8-7 内部結合は2つのテーブルの両方に含まれているデータのみを抽出する結合

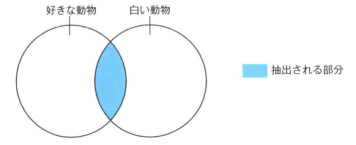

196　Chapter 8　複数テーブルの操作

▶図8-8　内部結合では両テーブルに共通する行のみ抽出される

内部結合（INNER JOIN）

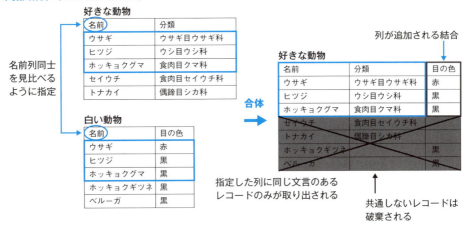

●外部結合（OUTER JOIN）

　外部結合も内部結合と同じように、列が追加される結合です。主たるテーブル（ここでは「好きな動物」テーブル）と副になるテーブル（ここでは「白い動物」テーブル）を見比べ、共通するレコードは内部結合と同じように合体されます。主テーブルにあって副テーブルにないものは、「NULL」として表記され、主たるテーブルのレコードが減ることはありません。この例だと「好きな動物」テーブルのレコードは減らないということです。副テーブルにあって主テーブルにないものは、破棄されます。例では「白い動物」テーブルから「ホッキョクギツネ」と「ベルーガ」のレコードがなくなっています。また、外部結合には左と右があり、結合していく順番によって使い分けます。

▶図8-9　外部結合は2つのテーブルの基準となるテーブルに含まれているデータを残す結合

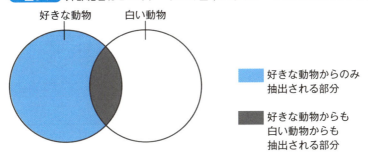

8-1 複数テーブルを結合する　197

▶図8-10　外部結合では主テーブルの行と両テーブルに共通する行が抽出される

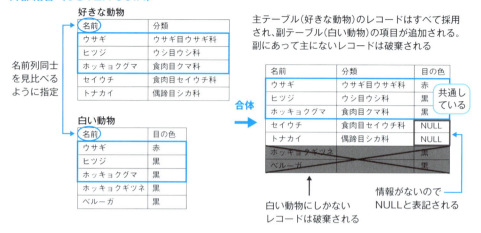

●交差結合（CROSS結合）

　レコードとレコードを総当たりで結びつけるため、レコード数×レコード数分だけレコードが増えます。複数のテーブルを結合することもできますが、その分だけレコード数はかけ算で増えていきます。

▶図8-11　交差結合はすべてのレコードを総当たりで結びつける結合

ID	社名	都道府県
1101	シリウス社	東京都
1102	ベガ社	東京都
1103	カペラ社	東京都

名前	分類
ウサギ	ウサギ目・ウサギ科
セネカシロジカ	不明
ホッキョクグマ	クマ科クマ属
ライオン	食肉目・ネコ科
チーター	食肉目・ネコ科

合体 →

ID	社名	都道府県	名前	分類
1101	シリウス社	東京都	ウサギ	ウサギ目・ウサギ科
1101	シリウス社	東京都	セネカシロジカ	不明
1101	シリウス社	東京都	ホッキョクグマ	クマ科クマ属
1101	シリウス社	東京都	ライオン	食肉目・ネコ科
1101	シリウス社	東京都	チーター	食肉目・ネコ科
1102	ベガ社	東京都	ウサギ	ウサギ目・ウサギ科
1102	ベガ社	東京都	セネカシロジカ	不明
1102	ベガ社	東京都	ホッキョクグマ	クマ科クマ属
1102	ベガ社	東京都	ライオン	食肉目・ネコ科
1102	ベガ社	東京都	チーター	食肉目・ネコ科
1103	カペラ社	東京都	ウサギ	ウサギ目・ウサギ科
1103	カペラ社	東京都	セネカシロジカ	不明
1103	カペラ社	東京都	ホッキョクグマ	クマ科クマ属
1103	カペラ社	東京都	ライオン	食肉目・ネコ科
1103	カペラ社	東京都	チーター	食肉目・ネコ科

▶図8-12　交差結合のイメージ

Column 複数のテーブルを組み合わせるということ

　ここまで「複数のテーブルを組み合わせる」「結合する」「合体する」などと説明していますが、実際に複数のテーブルを組み合わせて新しくテーブルを作ることは少ないです。同じデータを複数のテーブルに重複して書き込んだり、更新したりすることは、無駄であるばかりでなく、ミスも多くなります。そのため、「主」となるテーブルにデータを書き込み、それを取り出して計算したり、合体させた結果を表示したりして使うことが多いです。すでに紹介した関数や演算子なども、考え方としては同じです。テーブルそのものの数値を変えるというよりは、数値を参照して、計算結果を表示させるものなので、この考え方をよく押さえておいてください。

― まとめ ―

- テーブル同士を結びつけることを結合という
- 取り扱う情報ごとにテーブルを分けることを正規化という
- 結合には和結合、内部結合、外部結合、交差結合の4種類がある

8-2 Chapter 8 | 複数テーブルの操作

和集合
〜同じ列構造のテーブルを合体する〜

和集合（UNION結合）は、同じ列数、同じデータ型の異なるテーブルを合体して、あたかも1つのテーブルのようにして扱う仕組みです。両方のテーブルに同じレコードが入っていた場合に、重複を削除するか、そのまま残すか選択できます。

8-2-1 和集合（UNION結合）の仕組み

　和集合は、同じ列構造のテーブルを縦方向に合体して、あたかも1つのテーブルのように見せる結合方法です。レコード数は基になるテーブルの和と同じです。

▶図8-13　和集合は2つの同じ構造のテーブルを合体させるイメージ

住所録1

番号	社名	都道府県
1101	シリウス社	東京都
1102	ベガ社	東京都
1103	カペラ社	東京都
1104	リゲル社	東京都
1105	ベテルギウス社	東京都

住所録2

番号	社名	都道府県
1109	アルデバラン社	大阪府
1110	ピーコック社	大阪府
1111	メンカリナン社	大阪府
1112	プロキオン社	大阪府
1113	カノープス社	大阪府
1114	アークツルス社	大阪府

合体 →

住所録一覧

番号	社名	都道府県	
1101	シリウス社	東京都	住所録1
1102	ベガ社	東京都	
1103	カペラ社	東京都	
1104	リゲル社	東京都	
1105	ベテルギウス社	東京都	
1109	アルデバラン社	大阪府	住所録2
1110	ピーコック社	大阪府	
1111	メンカリナン社	大阪府	
1112	プロキオン社	大阪府	
1113	カノープス社	大阪府	
1114	アークツルス社	大阪府	

　書き方は簡単で、2つ（もしくはそれ以上）のSELECT文をUNIONというキーワードでつなげるだけです。このとき、合体させるテーブルの列数と列の型が同じでなければなりません。異なる場合は、エラーが出ます。ただし、列名は同じでなくても構いません。その場合、列名は最初のテーブルのものが採用されます。そのままテーブル同士を合体させるため、先頭から順に対応させます。

200　Chapter 8　複数テーブルの操作

▶リスト8-1　UNION句の基本構文

```
SELECT * FROM テーブル1
UNION オプション SELECT * FROM テーブル2
UNION オプション SELECT * FROM テーブル3;
```

　合体させるときに、全く同じレコードが含まれる場合もあります。その場合にどう処理するかは、**DISCNICT**または**ALL**というオプションで指定します。DISTINCTを指定する、もしくはオプションを書かない場合は、重複が除去されます。それに対して、ALLというオプションを指定すると、重複したものもそのまま残ります。

▶図8-14　UNION句の書き方

Column　重複行は除外するのが一般的

　UNIONを使ったデータ操作では、全く同じ内容のレコードをユーザーに複数表示しても、プログラムの不具合のように見えてしまうので、DISTINCTを書く、もしくはオプションを書かないようにして、重複行を除去するのが一般的です。逆に、ALLを使って重複行を表示するケースとしては、レコードの総数を利用したい場合や、取得した全レコードに対して何らかの処理をしたいときです。例えば、データベースから条件に合致する注文を取り出して、それを配送する場合、全く同じ注文が複数あるのに、重複行を削除してしまっては、そのうちの1つにしか配送されないという結果になりかねません。こうしたときは、ALLを指定します。

●テーブルを和集合させるには、UNIONを使用する
●UNIONの後にDISTINCTを指定すると重複は除去され、ALLを指定すると重複がそのまま残る

Chapter 8 複数テーブルの操作

8-3 内部結合
～2つのテーブル結合の基本～

テーブルの結合方法のうち、基本となるのが「内部結合」です。内部結合は、2つのテーブルを基準となる列で結びつけ、「両方に存在するレコード」を取り出します。内部結合には2種類の方法があるので、それについても解説していきます。

8-3-1 内部結合（INNER JOIN）とは

　内部結合（INNER JOIN）とは、集合でいうところの積を求める結合です。「内部結合」と呼ぶこともあれば、「INNER JOIN」という書式名で呼ぶこともあります。データベースではよく使うものなので、覚えておきましょう。

▶図8-15　内部結合は2つのテーブルに共通するレコードのみを合体し、列を増やす

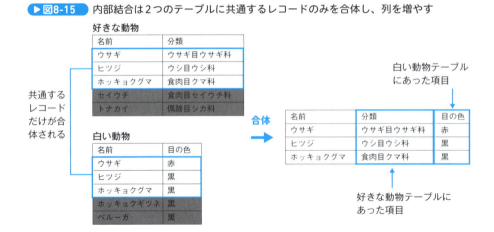

　内部結合は構成する列が異なるテーブル同士を結合することができます。つまり、和集合のように純粋にレコード数を増やすような結合ではなく、レコードに列を追加する形で結合します。
　内部結合で合体されるレコードは、双方に共通するレコードのみであるため、レコード数は合体するテーブル同士を足した数になるとは限りません。また、「どのレコードがどのレコードに対応するか」を指定する必要があります。

内部結合は、結合したいテーブル名とテーブル名を**INNER JOIN**でつなぎます。INNER JOINは、略して**JOIN**とだけ書くこともできます。また、ONの後に合体するテーブル同士のどの列がどの列に対応するかを指定します。

▶**リスト8-2** INNER JOINの基本構文

```
SELECT * FROM テーブル1 INNER JOIN テーブル2 ON テーブル1.列名 = テーブル2.列名;
```

例では、2つのテーブルをつなげていますが、3つ以上のテーブルをつなげる場合は、さらにINNER JOINでつなぎ、列名の指定をします。

▶**リスト8-3** 3つ以上のテーブルを内部結合するINNER JOINの基本構文

```
SELECT * FROM テーブル1
INNER JOIN テーブル2
ON テーブル1.列名1 = テーブル2.列名2
INNER JOIN テーブル3
ON テーブル1.列名1 = テーブル3.列名3;
```

ONの部分には、WHERE句と同じ条件式を指定できます。そのため、必要があれば、ORやANDなどを指定して複数の条件を指定することもできます。

8-3-2 INNER JOINでテーブルを結びつけてみよう

サンプルデータベースには、uriage（売上）テーブルに売上データが、jusho（住所）テーブルに住所録データが入っています。この2つを結びつけて実行してみましょう。

❶INNER JOINを使って結合する

▶**リスト8-4** 売上テーブルと住所テーブルを会社名を基準に内部結合する

```
SELECT * FROM uriage INNER JOIN jusho ON uriage.company = jusho.company;
```

8-3 内部結合　203

▶図8-16 SQLの実行結果

idur	company	charge	salesdate	state	area	idju	company	state	address	zip	tel
2017090001	シリウス社	20000	2017-09-04 00:00:00	東京都	世田谷区	1101	シリウス社	東京都	世田谷区赤堤	156-0044	03-1234-5678
2017090002	ベガ社	194400	2017-09-04 00:00:00	東京都	世田谷区	1102	ベガ社	東京都	世田谷区桜丘	156-0054	03-1234-5679
2017090003	カノープス社	118800	2017-09-04 00:00:00	大阪府	大阪市	1113	カノープス社	大阪府	大阪市北区梅田	530-0001	06-2223-8903
2017090004	リゲル社	24840	2017-09-04 00:00:00	東京都	大田区	1104	リゲル社	東京都	大田区鵜の木	146-0091	03-1234-5681
2017090005	ベテルギウス社	105840	2017-09-07 00:00:00	東京都	大田区	1105	ベテルギウス社	東京都	目黒区大岡山	152-0033	03-1234-5682

8-3-3 WHERE句でテーブルを結びつける

内部結合は、INNER JOINだけでなく、FROMにテーブルを複数記述することでも結合可能です。FROMにテーブルを複数記述し、WHERE句で「結びつける列の条件」を指定します。WHERE句では「一方のテーブルの列 = もう一方のテーブルの列」という指定をすることで、それぞれのテーブルの結びつけを指定します。先ほどの例では結びつけの指定を1つしか行っていませんが、必要があれば、WHERE句の部分でANDなどを使って結合し、複数の条件を指定することもできます。

▶リスト8-5 WHERE句でテーブルを結びつける内部結合の基本構文

```
SELECT * FROM テーブル1, テーブル2 WHERE テーブル1.列名 = テーブル2.列名;
```

Column テーブル名を省略して列を指定する

「テーブル名.列名」というように、前に「テーブル名.」という文字を付けて列名を記述していますが、実はこの「テーブル名.」を省略することもできます。ただし、結合するそれぞれのテーブルに同名列がある場合は、「テーブル名.」を書かないとエラーになってしまいます。どちらのテーブルの列なのかを判断できないからです。列名を後から変更する場合もあるので、特別な理由がなければ横着せずに毎回指定したほうがよいでしょう。

8-3-4 WHERE句で内部結合をしてみよう

　INNER JOINで行ったのと同様に、uriage（売上）テーブルとjusho（住所）テーブルを結びつけてみましょう。リスト8-4の実行結果と同じ結果が表示されるはずです。

❶売上テーブルと住所テーブルを結びつける

▶リスト8-6　下記SQLを実行すると、リスト8-4と同じ結果が出力される

```
SELECT * FROM uriage, jusho WHERE uriage.company = jusho.company;
```

▶図8-17　図8-16と同様に売上テーブルと住所テーブルのレコードが結合されて表示される

idur	company	charge	salesdate	state	area	idju	company	state	address	zip	tel
2017090001	シリウス社	20000	2017-09-04 00:00:00	東京都	世田谷区	1101	シリウス社	東京都	世田谷区赤堤	156-0044	03-1234-5678
2017090002	ベガ社	194400	2017-09-04 00:00:00	東京都	世田谷区	1102	ベガ社	東京都	世田谷区桜丘	156-0054	03-1234-5679
2017090003	カノープス社	118800	2017-09-04 00:00:00	大阪府	大阪市	1113	カノープス社	大阪府	大阪市北区梅田	530-0001	06-2223-8903
2017090004	リゲル社	24840	2017-09-04 00:00:00	東京都	大田区	1104	リゲル社	東京都	大田区鵜の木	146-0091	03-1234-5681
2017090005	ベテルギウス社	105840	2017-09-07 00:00:00	東京都	大田区	1105	ベテルギウス社	東京都	目黒区大岡山	152-0033	03-1234-5682
2017090006	シリウス社	302400	2017-09-08 00:00:00	東京都	世田谷区	1101	シリウス社	東京都	世田谷区赤堤	156-0044	03-1234-5678

- テーブル同士を内部結合するには、INNER JOINまたはJOINを使用する
- WHERE句に結びつける列の条件を指定して結合することもできる

8-4 外部結合
～左外部結合、右外部結合～

Chapter 8　複数テーブルの操作

内部結合では、両方のテーブルに存在するレコードしか取得できません。これに対し、片側テーブルにしか存在しないレコードも取得できるのが外部結合です。外部結合では、どちらのテーブルのレコードを残すかによって、異なる書き方をします。

8-4-1　外部結合の仕組み

内部結合の場合は、結合したどちらのテーブルにも存在するものしか表示されません。しかし、片方にさえあれば、もう片方になくても取得したいということもあります。例えば、売上テーブルと住所録テーブルを結合した場合、住所録に記載されていなくても、売上に名前があれば、住所を空欄のまま記載したい場合などです。このようなときに使うのが、外部結合です。

▶図8-18　外部結合は片方のテーブルにしかないレコードも含めて合体する

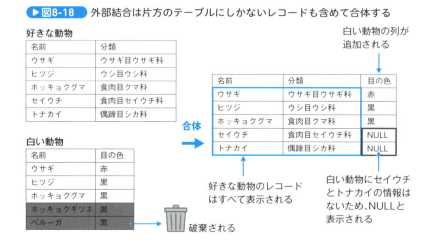

外部結合には、**左外部結合（LEFT OUTER JOIN）** と **右外部結合（RIGHT OUTER JOIN）** があり、主となるテーブル（主テーブル）に列を結合していく形で行われます。FROM句に主テーブルを最初に記述し、その後追加する副となるテーブル（副テ

ーブル）を右側に書いていくため、主テーブルをすべて残す結合を「左結合」、副テーブルをすべて残す結合を「右結合」とも呼びます。

◉左外部結合（LEFT OUTER JOIN）

左外部結合では内部結合と同じように **LEFT JOIN** でテーブルをつなぎ、ONで対応する列名を指定します。本来ならば、「LEFT OUTER JOIN」と記述すべきですが、「OUTER」は省略できるため、通常では省略形で書きます。本書もそれにならいます。

▶ リスト8-7 LEFT JOINの基本構文

```
SELECT * FROM テーブル1 LEFT JOIN テーブル2 ON テーブル1.列名 = テーブル2.列名;
```

左外部結合の場合、主テーブルに副テーブルの列を追加する形で結合されます。そのときに副テーブルにないレコードは「NULL」として表示されます。逆に、副テーブルにあって主テーブルにないレコードは破棄されます。また、3つ以上のテーブルを結合した場合は、1つずつテーブルが加えられる形で処理されます。

▶ 図8-19 主テーブルにあって副テーブルにないレコードはNULLで表示される

主 テーブル1
好きな動物

名前	分類
ウサギ	ウサギ目ウサギ科
ヒツジ	ウシ目ウシ科
ホッキョクグマ	食肉目クマ科
セイウチ	食肉目セイウチ科
トナカイ	偶蹄目シカ科

副 テーブル2
白い動物

名前	目の色
ウサギ	赤
ヒツジ	黒
ホッキョクグマ	黒
ホッキョクギツネ	黒
ベルーガ	黒

副 テーブル3
北極に住む動物

名前	北極らしさ
ホッキョクグマ	高い
セイウチ	普通
トナカイ	低い
ホッキョクギツネ	高い
ベルーガ	高い

テーブル1の内容

名前	分類	目の色	北極らしさ
ウサギ	ウサギ目ウサギ科	赤	NULL
ヒツジ	ウシ目ウシ科	黒	NULL
ホッキョクグマ	食肉目クマ科	黒	高い
セイウチ	食肉目セイウチ科	NULL	普通
トナカイ	偶蹄目シカ科	NULL	低い

●右外部結合（RIGHT OUTER JOIN）

左外部結合の「LEFT」を「RIGHT」に書き換えたものが、右外部結合です。

▶リスト8-8　RIGHT JOINの基本構文

```
SELECT * FROM テーブル1 RIGHT JOIN テーブル2 ON テーブル1.列名 = テーブル2.列名;
```

左から順番に結合されていくのも同じですが、結合時に、右側（副テーブル）のレコードを残すように結合していくのが特徴です。右も左も同じようですが、基準となるテーブルが異なるので、左外部結合とはやや違う結果になります。

▶図8-20　RIGHT JOINでは副テーブルのレコードはすべて表示される

3つ以上のテーブルを結合する場合、結合順序によっては、情報が存在するのに結果がNULLになってしまうことがあるので注意してください。例えば、図8-21に示す3つのテーブルを左から順にRIGHT JOINするとします。

▶図8-21　3つのテーブルを左から順にRIGHT JOINする

主 テーブル1 好きな動物

名前	分類
ウサギ	ウサギ目ウサギ科
ヒツジ	ウシ目ウシ科
ホッキョクグマ	食肉目クマ科
セイウチ	食肉目セイウチ科
トナカイ	偶蹄目シカ科

副 テーブル2 白い動物

名前	目の色
ウサギ	赤
ヒツジ	黒
ホッキョクグマ	黒
ホッキョクギツネ	黒
ベルーガ	黒

副 テーブル3 北極に住む動物

名前	北極らしさ
ホッキョクグマ	高い
セイウチ	普通
トナカイ	低い
ホッキョクギツネ	高い
ベルーガ	高い

▶リスト8-9　3つのテーブルを左から順にRIGHT JOINするSQL

```sql
SELECT * FROM テーブル1
RIGHT JOIN テーブル2 ON テーブル1.名前=テーブル2.名前
RIGHT JOIN テーブル3 ON テーブル1.名前=テーブル3.名前;
```

　この場合、まず「テーブル1」と「テーブル2」がRIGHT JOINされ、その結果と「テーブル3」とがRIGHT JOINされます。下の図8-22に示すように、前者の結果で「セイウチ」「トナカイ」が除外されるので、テーブル3に「セイウチ」と「トナカイ」が存在しても、それは除外されてしまいます。

▶図8-22　外部結合する順番によっては情報があるのにNULLになってしまうこともある

テーブル1とテーブル2の結合結果

名前	分類	目の色
ウサギ	ウサギ目ウサギ科	赤
ヒツジ	ウシ目ウシ科	黒
ホッキョクグマ	食肉目クマ科	黒
ホッキョクギツネ	NULL	黒
ベルーガ	NULL	黒

テーブル3

名前	北極らしさ
ホッキョクグマ	高い
セイウチ	普通
トナカイ	低い
ホッキョクギツネ	高い
ベルーガ	高い

最後に結合したテーブルのレコードが採用されるため、テーブル2にあったウサギやヒツジのレコードは破棄される

最終的な結果

名前	分類	目の色	北極らしさ
ウサギ	ウサギ目ウサギ科	赤	
ヒツジ	ウシ目ウシ科	黒	
ホッキョクグマ	クマ科クマ属	黒	高い
セイウチ	NULL	NULL	普通
トナカイ	NULL	NULL	高い
ホッキョクギツネ	NULL	黒	普通
ベルーガ	NULL	黒	低い

テーブル1にはセイウチ、トナカイの情報が存在したが、テーブル2との結合時に破棄されてしまった。
そのため、テーブル3との結合によりレコードが復活しても、テーブル1にあった情報はNULLのままになる

まとめ

- テーブル同士を外部結合するには、LEFT JOIN、RIGHT JOINを使用する
- LEFT JOINは主テーブルを基準に、RIGHT JOINは副テーブルを基準に結合する
- 3つ以上のテーブルを外部結合する場合、1つ目と2つ目の外部結合の結果に対して3つ目のテーブルが外部結合される

Chapter 8 複数テーブルの操作

8-5

サブクエリ
～SQLの中に別のSQLを書く～

SQLでは「リテラル値」や「複数の値」が登場する場面において、「別のSELECT の結果」を値として入れることができます。これを「サブクエリ（副問い合わせ）」といいます。

8-5-1 サブクエリの書き方

　サブクエリは、SQL文の中に別のSELECT文を「()」で囲って記述したものです。サブクエリを使うと、そのSELECT文が実行された結果がそこに代入されます。サブクエリは、主に SELECT文、UPDATE文、DELETE文のWHERE句や、UPDATE文 や INSERT INTO文で列の値を設定するとき によく使われます。

▶ リスト8-10　SELECTの場合のサブクエリの例

```
SELECT * FROM テーブル1
WHERE テーブル1.列名 演算子 (SELECT 列名 FROM テーブル名2 …);
```

　例えば、売上テーブルがあったとして、その中から売上平均よりも大きいものだけを取り出したいときなどには、売上の平均を求めるサブクエリを作り、その値と比較することで計算します。これは別のテーブルを対象とすることもできます。

8-5-2 売上が平均より大きいレコードを参照しよう

　サンプルデータベースには、uriage（売上）テーブルに、売上のデータが入っています。本文で説明したようにして、charge（売上金額）が平均より大きい売上データを取り出してみましょう。

210　Chapter 8　複数テーブルの操作

❶売上金額が平均より大きいデータを取り出す

▶リスト8-11　WHERE句にサブクエリを指定したSQLを実行する

```
SELECT * FROM uriage WHERE charge > (SELECT AVG(charge) FROM uriage);
```

▶図8-23　売上平均を取得するサブクエリの結果より売上金額が大きいレコードが表示された

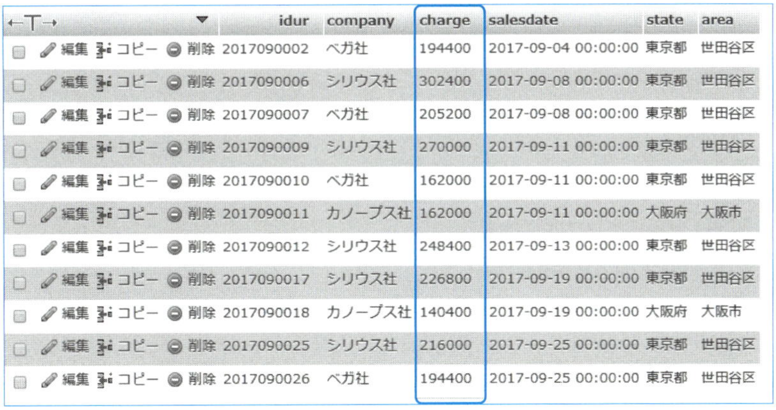

	idur	company	charge	salesdate	state	area
☐ ✎編集 📋コピー ⊖削除	2017090002	ベガ社	194400	2017-09-04 00:00:00	東京都	世田谷区
☐ ✎編集 📋コピー ⊖削除	2017090006	シリウス社	302400	2017-09-08 00:00:00	東京都	世田谷区
☐ ✎編集 📋コピー ⊖削除	2017090007	ベガ社	205200	2017-09-08 00:00:00	東京都	世田谷区
☐ ✎編集 📋コピー ⊖削除	2017090009	シリウス社	270000	2017-09-11 00:00:00	東京都	世田谷区
☐ ✎編集 📋コピー ⊖削除	2017090010	ベガ社	162000	2017-09-11 00:00:00	東京都	世田谷区
☐ ✎編集 📋コピー ⊖削除	2017090011	カノープス社	162000	2017-09-11 00:00:00	大阪府	大阪市
☐ ✎編集 📋コピー ⊖削除	2017090012	シリウス社	248400	2017-09-13 00:00:00	東京都	世田谷区
☐ ✎編集 📋コピー ⊖削除	2017090017	シリウス社	226800	2017-09-19 00:00:00	東京都	世田谷区
☐ ✎編集 📋コピー ⊖削除	2017090018	カノープス社	140400	2017-09-19 00:00:00	大阪府	大阪市
☐ ✎編集 📋コピー ⊖削除	2017090025	シリウス社	216000	2017-09-25 00:00:00	東京都	世田谷区
☐ ✎編集 📋コピー ⊖削除	2017090026	ベガ社	194400	2017-09-25 00:00:00	東京都	世田谷区

8-5-3　サブクエリの種類

　サブクエリは、SELECT文の前後を（）で囲んだもので、サブクエリを書いた場所にその結果が代入されます。サブクエリには、下記の4つのパターンがあります。ほとんどの場合、スカラサブクエリかカラムクエリが使われ、ほかの2つは特殊です。

◉スカラサブクエリ

　単一値を返すクエリです。例えば、`SELECT AVG(charge) FROM uriage` など、平均や最大、最小などの値を求めるクエリは、結果を1つだけ返します。これをサブクエリにする場合、比較には <、>、= などの演算子を使います。

8-5 サブクエリ　　211

▶図8-24 スカラサブクエリの例

SELECT * FROM uriage
 WHERE charge > (SELECT AVG(charge) FROM uriage) ;

1列、1行だけの結果を返すサブクエリ

比較は「>」「<」「=」など

●カラムクエリ

1列分しか返しませんが、複数の行を返す可能性があるクエリです。例えば、**SELECT company FROM jusho WHERE state='東京都'** というクエリは、「company（社名）」という1列しか返しませんが、複数の行を返す可能性があります。これをサブクエリとして使う場合、結果が単一値ではないので、比較に **<**、**>**、**=** などが使えません。代わりに **IN** など、複数の値を対象とする演算子を使います。

▶図8-25 カラムサブクエリの例

SELECT * FROM uriage
 WHERE company IN ← 比較は「IN」などを使う（「=」は使えない）
 (SELECT company FROM jusho WHERE state = '東京都') ;

1列だが、複数行を返す可能性がある

●行クエリ

複数列返す可能性がありますが、1行しか返さないクエリです。例えば、**SELECT company, charge FROM uriage WHERE idur=2017090002** というクエリは、「company」と「charge」という2列を返しますが、1行しか返しません。特殊なサブクエリなので例は省略します。

●テーブルクエリ

複数列、複数行を返すクエリです。いわゆる、一般的なクエリです。実行結果があるテーブルを条件によって部分的に取り出した1つのテーブルとなることから、テーブルクエリと呼ばれます。特殊なサブクエリなので例は省略します。

212　**Chapter 8**　複数テーブルの操作

8-5-4 EXISTSを使った比較

サブクエリでは、「レコードが存在するかどうか」という特殊な条件比較ができます。それが **EXISTS** という演算子です。EXISTSをWHERE句に指定すると、「そのレコードが存在するとき」という条件を指定できます。また **NOT EXISTS** と指定すると、「存在しない」ということを意味します。

EXISTSはさまざまな場面で使います。例えば、売上テーブルの中から、「9月に売上があった会社（もしくはなかった会社）」を、住所録テーブルから抜き出したいようなときです。このような場合、「売上テーブルで9月の売上がある」という条件をサブクエリにして、EXISTS演算子を使って比較します。

EXISTS演算子の次に指定するサブクエリは、「レコードが存在するか否か」を示すだけなので、サブクエリから取り出す列名は何でも構いません。慣例的に * を指定します。

▶図8-26 EXISTS演算子を使用したSQLの例

SELECT * FROM jusho
WHERE EXISTS カッコの中に指定したレコードが存在することを調べる
(SELECT * FROM uriage
WHERE jusho.company = uriage.company ①社名が同じレコード
AND salesdate >= '2017-09-01' ②売上日が2017年9月1日以降
AND salesdate <= '2017-09-30'); ③売上日が2017年9月30日以前

8-5-5 売上がある会社だけを検索してみよう

サンプルデータベースのuriage（売上）テーブルには各社の売上データが、そしてjusho（住所）テーブルには住所情報が格納されています。EXISTS演算子とサブクエリを使って、9月の売上がある会社の住所などを検索してみましょう。

❶9月の売上がある会社の住所を検索する

▶リスト8-12 EXISTS演算子とサブクエリを使った下記SQLを実行する

```
SELECT * FROM jusho WHERE EXISTS(
  SELECT * FROM uriage WHERE jusho.company = uriage.company
  AND salesdate >= '2017-09-01' AND salesdate <= '2017-09-20');
```

8-5 サブクエリ | 213

▶図8-27　9月の売上がある会社の情報が表示された

idju	company	state	address	zip	tel
1101	シリウス社	東京都	世田谷区赤堤	156-0044	03-1234-5678
1102	ベガ社	東京都	世田谷区桜丘	156-0054	03-1234-5679
1103	カペラ社	東京都	世田谷区祖師谷	157-0072	03-1234-5680
1104	リゲル社	東京都	大田区鵜の木	146-0091	03-1234-5681
1105	ベテルギウス社	東京都	目黒区大岡山	152-0033	03-1234-5682
1113	カノープス社	大阪府	大阪市北区梅田	530-0001	06-2223-8903
1120	ミルファク社	愛知県	名古屋市熱田区金山町	456-0002	052-123-5682
1125	カストル社	北海道	北海道網走市清浦	099-3504	0152-33-6970

Column　ONを省略する自然結合

　これまで内部結合も外部結合も「ON」を指定して、どの列がどの列に対応するかを設定してきました。これを「指定結合」といいますが、実は、それぞれのテーブルの列名が同じなら、ONを書かない方法もあります。その方法を「自然結合」といいます。
　自然結合は「テーブル1 NATURAL INNER JOIN テーブル2」や「テーブル1 NATURAL LEFT JOIN テーブル2」、「テーブル1 NATURAL RIGHT JOIN テーブル2」のように「NATURAL」という単語を入れます。例えば、「テーブル1 INNER JOIN テーブル名2 ON テーブル1.社名 = テーブル名2.社名」のように、同じ「社名」という列名で結びつけるときは、「テーブル1 NATURAL INNER JOIN テーブル2」のように記述できます。
　なお、自然結合では、2つのテーブルに含まれるすべての同名の列が結合されます。つまり社名以外にも同名の列があれば、それらも合致するように結合されるということです。自然結合は、どの列を結合したいのかが明確ではなくわかりにくくなることから、あまり使われません。

- サブクエリとは、SQL文の中に別のSQL文を記述したSQLのこと
- サブクエリには、スカラサブクエリ、カラムクエリ、行クエリ、テーブルクエリの4種類がある
- EXISTS演算子を使うと、レコードが存在するかどうかを条件に指定できる

Chapter 9

データベースと
テーブルの作成

これまではデータベースの操作を学ぶためにあらかじめ準備したデータを操作してきましたが、そろそろ実際にデータベースやテーブルを作ってみましょう。データベースは階層が複雑です。どこで操作しているか迷子にならないように注意しながら学んでいきましょう。

Chapter 9 データベースとテーブルの作成

9-1 データベースの作り方
〜phpMyAdminでデータベースを作成する〜

ここまでは、すでにサンプルとして提供しているデータベースを使ってきました。MySQLをはじめとするRDBMSでは、データベースを自分で作成することもできます。この章では、データベースを新規に作成する方法を説明します。

9-1-1 データベースとは

データベースとは、互いに独立したデータ保存域のことです。それぞれのデータベースには、データを保存するためのテーブルを作ることができます。つまり、サンプルとして提供している `ghexample` は1つのデータベースであり、その中に売上テーブルや連絡先テーブルなどの個々のテーブルが入っているのです。データベースはサーバーにいくつも置くことができます。

▶図9-1　データベースサーバーの構成

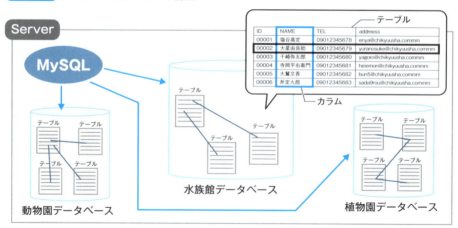

そして、データベースごとに、アクセスできるユーザーを制限できます。1台のMySQLサーバーの中に複数のデータベースを作っても、アクセスを制御することで、互いに影響を受けないデータベースの領域をたくさん作ることができるのです。

9-1-2 データベースを作る流れ

データベースは以下のような流れで作成します。

1. MySQLにログインする
2. データベースを作る
3. 個別のテーブルを作る

データベースの作成時や、テーブルの作成時には、それぞれ設定が必要です。テーブルができて、ようやくレコードを入れられるようになります。

▶図9-2　データベースを作成し、テーブルを作成して初めてレコードが入力できる

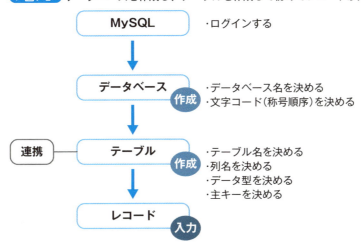

データベースやテーブルそのものの操作は、最初のうちは「どこで何をしているのか」がわからなくなってしまいがちです。特にテーブルが1つしかないうちはただ階層が深いだけの状態になってしまうので、MySQL＝家、データベース＝部屋、テーブル＝机、レコード＝鉛筆のように、具体的に入れ子をイメージしておくと迷子になりづらいでしょう。

▶図9-3 具体的な階層的なモノをイメージするとわかりやすい

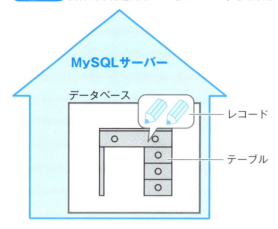

9-1-3 各作業で必要なことと決定すること

　データベースを作成する作業をしていくにあたり、あらかじめ決めておくことがあります。作りながら決めていくのは作業効率が悪いので、作成する前にまとめておくとよいでしょう。

●MySQL

　まずはMySQLにログインして、データベースの作成などを行います。そのため、MySQLにログインするユーザーとパスワードを知っておく必要があります。特に、データベースを作成できるのはrootユーザー（管理者）なので、rootユーザーの情報が必要です。本書では、ユーザー名を「root」、パスワードを「rdbpass」としています。

- ユーザー名　root
- パスワード　rdbpass

●データベース

　データベース作成時の設定内容として、データベース名と照合順序（文字コード）が必要です。データベース名は任意のもので構いませんが、日本語ではなくアルファベットが無難です。本書では、「mydbexample」とします。また、文字コードはUTF-8がよいでしょう。これは文字化けを避けるためです。詳しくは第14章で説明し

ますが、データベースは各種プログラミング言語から操作できます。プログラミング言語の多くは、文字コードとしてUTF-8を使うので、それ以外の文字コードを使うと、文字化けするおそれがあります。なお、UTF-8は、全世界の文字を統一した文字コードで表現するUnicodeを符号化したものであり、日本語以外にも、中国語や韓国語など、多言語でも文字化けしないというメリットもあります。

- データベース名　mydbexample
- 文字コード　　　UTF-8

●テーブル

1つのデータベースの中にどのようなテーブルをいくつ作るか、考えておく必要があります。また、テーブルを作るにも、**テーブル名、列名、データ型**を決めなければなりません。テーブル名と列名は任意のもので構いませんが、アルファベットが無難です。データ型は第4章で紹介したとおり、さまざまな種類があるので、該当するものを選んでください。

まずはどんなテーブルにするのかを設計します。各列について、想定される文字数やどのような種類の文字が入るかなどをノートにまとめるとよいでしょう（次ページの図9-4参照）。そのほかに、後述する**主キー**や**外部キー**、**オートインクリメントの設定、NOT NULLの設定**なども決めなければなりません。それらについての詳細はこの章の後半ページで説明するので、ここでは「そういうものを決めておくらしい」とだけ覚えておいてください。

- ●複数のデータベースを1つのサーバーに置くことができる
- ●データベースを作るにはまずMySQLにログインする必要があり、テーブルやその中のレコードを作るにはデータベースを作成しておく必要がある
- ●データベースを作成する前に、いくつか決めなければならないことがある

▶図9-4 データベースを作成する前にどんなデータベースにするのかをノートにまとめておく

root のパスは大澤さんに聞く

MySQL

ユーザー名	root
パスワード	rdbpass

データベース

データベース名	mydbexample
照合順序	utf8_general_ci
作成テーブル	在庫管理（zaiko）
	出庫管理（shukko）

テーブル

テーブル	在庫管理テーブル
テーブル名	zaiko
用途	在庫数を管理する

テーブル	出庫テーブル
テーブル名	shukko
用途	出庫情報を管理する

列	在庫ID	商品名	在庫数
列名	idzai	product	stock
型	INT	VARCHAR	INT
長さ	—	50	—
主キー	○	×	×
制約	なし	NOT NULL	NOT NULL
インデックス	—	—	—
デフォルト値	—	—	0
オートナンバー	○	×	×
外部キー	—	—	—
用途	商品を区別する連番を設定	商品名を格納する	在庫数を格納する

列	出庫ID	対応在庫	出庫数	出庫日時
列名	idko	taiou	outnum	outdate
型	INT	INT	INT	DATETIME
長さ	—	—	—	—
主キー	○	×	×	—
制約	なし	なし	NOT NULL	NOT NULL
インデックス	—	INDEX	—	—
デフォルト値	—	—	0	—
オートナンバー	○	×	×	×
外部キー	—	zaiko.product	—	—
用途	出庫情報を区別する連番を設定する	該当の在庫	出庫数	出庫日時

product の型は VARCHAR ?

テーブルの構成を部長に確認

出庫日時は必須

220 **Chapter 9** データベースとテーブルの作成

Chapter 9 | データベースとテーブルの作成

9-2 ログインとデータベースの作成 〜データベースを作る〜

実際にデータベースの作成をしてみましょう。データベースの追加はrootユーザーでしかできないので、一度MySQLからログアウトし、rootユーザーであらためてログインします。

9-2-1 MySQLにrootユーザーでログインする

データベースを作るには、MySQLの**rootユーザー（管理者）**という権限が必要です。これまでは一般ユーザーでログインしてきましたが、rootユーザーでログインし直します。本書のサンプルでは、rootユーザーのユーザー名は「root」、パスワードは「rdbpass」が設定されています。

▶ **リスト9-1** 本書のサンプルのrootユーザーとパスワード

```
ユーザー名    root
パスワード    rdbpass
```

Column | **OSのrootユーザーとMySQLのrootユーザー**

rootユーザーには、「OSのrootユーザー」と「MySQLのrootユーザー」の2種類があります。しかも、ユーザー名がどちらも「root」であることが多いです。これは、rootユーザーというのが「管理者」という汎用的な言葉だからです。つまるところ、どのような操作でもできるユーザーのことです。ユーザーは、OSとMySQLとでそれぞれ別のものですが、ユーザー名が同じであるために混同しがちなので注意しましょう。

9-2 ログインとデータベースの作成 | 221

9-2-2 データベースの作成

MySQLにログインしたら、データベースを作成します。そのときに指定するのが**データベース名**と**照合順序（文字コード）**です。

●データベース名

データベース名は任意のもので構いませんが、日本語ではなく、アルファベットのほうが無難です。また、適当に「database」「db」「ogasawara（作成者の名前）」などと命名するのはおすすめしません。MySQLサーバーの中にデータベースを複数作ることができるため、「datebase1」「datebase2」などでは区別が付きづらいからです。わかりやすい名前を付け、将来的に増えても管理しやすいようにしておきましょう。

●照合順序（文字コード）

データベースを作るときは、照合順序（文字コード）を設定しなければなりません。日本語データベースの場合、次の表の中から選ぶことがほとんどです。多くの場合「utf8_general_ci」を使います。なお、何も設定しない場合のデータベースのデフォルトは「latin1_general_ci」と呼ばれる照合順序になります。これはラテン語の標準的な文字コードです。日本語を保存することはできないため、デフォルトのままだと、日本語の文字は文字化けしてしまいます。

▶表9-1 日本語で使う主な文字コード

コード名	通称	特徴
cp932_japanese_ci	CP932	Windowsで採用されているシフトJISコード
sjis_japanese_ci	シフトJIS	丸文字などの扱いがcp932_japanese_ciと少し違う
ujis_japanese_ci	EUC	昔のLinuxなどで使われる
utf8_general_ci	UTF-8	UTF-8形式の文字コード。ほとんどの場合、これを使う

9-2-3 新しいデータベースを作ろう

　phpMyAdminを操作して、新しいデータベースを作ってみましょう。ここでは「mydbexample」という名前のデータベースを作成します。

❶phpMyAdminからログアウトする

　データベースの作成は権限のあるユーザーでないとできません。ユーザーを切り替えるため、まずはphpMyAdminからログアウトします。

▶図9-5　phpMyAdminからログアウトする

❷rootユーザーでphpMyAdminにログインする

　rootユーザーで、phpMyAdminにログインしてください。

▶図9-6　ログイン画面からrootユーザーでログインする

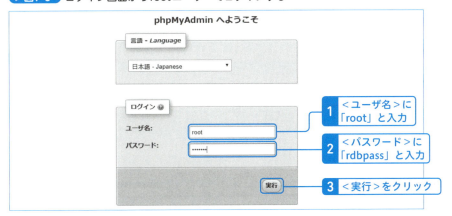

❸データベースを作成する

ログインが完了したら＜データベース＞タブをクリックします。「データベース名」として「mydbexample」と入力し、「照合順序」に＜utf8_general_ci＞を選択して＜作成＞ボタンをクリックします。

▶図9-7　データベース名と照合順序を設定する

❹データベースが作成された

データベースが作成されました。左側のツリーに「mydbexample」が増えたことがわかります。

▶図9-8　データベースが作成された

- ●データベースを作成するにはrootユーザーでMySQLにログインする
- ●データベース作成時にデータベース名と照合順序を指定する

Chapter 00 ｜ データベースとテーブルの作成

9-3

単一テーブルの作成
〜シンプルなテーブルを作る〜

データベースにおいて、データはテーブルに保存されます。そのため、データベースにデータを保存するには、前もってテーブルを作成しておく必要があります。ここではテーブルの作成方法を説明します。

9-3-1 テーブル設計のポイント

　データベースを作成したら、次はテーブルです。テーブルを作るときにまず決めなければいけないのは、**テーブル名**です。そして次に、どのような値を保存するのかを決めます。これは**列名**と**データ型**で決まります。さらに、「設定できる値を制限する項目」を付けることもあります。この項目は**制約**と呼ばれます。テーブルにどのような列があり、どのような値を保存できるのかを定めた構造定義を**スキーマ**といいます。

▶ **図9-9**　テーブル設計ではテーブル名、列名、データ型を決める

住所録テーブル「jusho」 ← テーブル名

idju	company	area	address	zip	tel
1101	シリウス社	東京都	世田谷区赤堤	156-0044	03-1234-5678
1102	ベガ社	東京都	世田谷区桜丘	156-0054	03-1234-5679
1103	カペラ社	東京都	世田谷区祖師谷	157-0072	03-1234-5680
1104	リゲル社	東京都	大田区鵜の木	146-0091	03-1234-5681
1105	ベテルギウス社	東京都	目黒区大岡山	152-0033	03-1234-5682

← 列名

必須ではないが必要な設定

どのような種類の内容が、どのくらいの長さで入るか ➡ **データ型**

列によっては「主キー」や「オートインクリメント」を設定したり、
「空白を許さない」「デフォルト値を設定する」などの制限をかけることもある

9-3 単一テーブルの作成　225

9-3-2 今回作成するテーブル

　ここでは商品の在庫と出庫を管理するデータベースを作ります。作るテーブルは2つです。まずはこれらを作る流れを説明します。説明を見ながら進めてもよいですが、説明の後に実際の操作手順を示したページを用意しているので、まずは理論を読んで頭に入れてから行うとより理解しやすいでしょう。

●商品の在庫テーブル（zaiko）

　在庫テーブルでは「商品名」と「在庫数」をそれぞれ管理します。「zaiko」というテーブル名に設定します。

▶ 図9-10　最終的に作成されるテーブルのイメージ

在庫ID	商品名	在庫数
idzai	product	stock
8001	ペンケース赤	1000
8002	ペンケース青	1000
8003	ペンケース黄	1000
8004	万年筆A	2000
8005	万年筆B	2000
8006	万年筆C	2000
8007	ボールペン黒1ダース	1500
8008	ボールペン赤1ダース	1500
8009	消しゴム1ダース	700

主キーにする
オートナンバーにする
最大5桁程度

数字しか入力しない
デフォルト値「0」
空白を許さない

現在、最大文字数
長くても20文字未満
空白を許さない

▶ 表9-2　zaiko テーブルのスキーマ

列	在庫ID	商品名	在庫数
列名	idzai	product	stock
型	INT	VARCHAR	INT
長さ	―	50	―
主キー	○	×	×
制約	なし	NOT NULL	NOT NULL
インデックス	―	―	―
デフォルト値	―	―	0
オートナンバー	○	×	×
外部キー	―	―	―
用途	商品を区別する連番を設定する	商品名を格納する	在庫数を格納する

226　Chapter 9　データベースとテーブルの作成

●出庫テーブル（shukko）

　出庫テーブルでは商品がいくつ出庫されたかを管理します。出庫された商品は、商品名ではなくて、在庫テーブルに格納している在庫IDとして管理します。つまり、出庫した「商品の在庫ID」と「出庫数」、「日時」で管理します。「shukko」というテーブル名に設定します。

▶図9-11　最終的に作成されるテーブルのイメージ

▶表9-3　shukkoテーブルのスキーマ

列	出庫ID	対応在庫ID	出庫数	出庫日時
列名	idko	taiou	outnum	outdate
型	INT	INT	INT	DATETIME
長さ	―	―	―	―
主キー	○	×	×	―
制約	なし	なし	NOT NULL	NOT NULL
インデックス	―	INDEX	―	―
デフォルト値	―	―	0	―
オートナンバー	○	×	×	×
外部キー	―	zaiko.product	―	―
用途	出庫情報を区別する連番を設定する	該当の在庫ID	出庫数を格納する	出庫日時を格納する

9-3-3 列名とデータ型を決める

最初に列名とデータ型を決めます。列名は任意のもので構いませんが、アルファベットで命名するのが無難です。データ型は、第4章を参考に決めます。

●zaiko（在庫）テーブル

列名は、それぞれローマ字にしたものや、英語にしたものにします。商品名は「product」、在庫数は「stock」としました。またIDは、ほかのテーブルでも使用するものなので、「idzai」など、重複しないようにします。型は、在庫IDと在庫数は数字が入るので、「INT」にします。商品名は文字列が入るので、「VARCHAR」を選び、長さも「50」としました。長さはもっと大きい数字も設定できるのですが、トラブルのもとになりやすいため、想定される最長の長さ（図9-10参照）が十分格納できる適度なサイズに設定しています。

▶表9-4 zaiko（在庫）テーブルの設定

列	在庫ID	商品名	在庫数
列名	idzai	product	stock
型	INT	VARCHAR	INT
長さ	—	50	—

●shukko（出庫）テーブル

出庫テーブルも同じように決めていきます。列名は、「idko」「taiou」「outnum」「outdate」です。データ型は、出庫ID、対応在庫ID、出庫数は数値ですが、出庫日時のみ日付なので、「DATETIME」（日時両方を表示するデータ型）を選び、ほかは「INT」とします。対応在庫IDには何が入るのか？と疑問に思われた方もいらっしゃるかもしれません。これは後述しますが、IDで在庫テーブルと対応させる予定です。そのため、数値が入るデータ型にしています。

▶表9-5 shukko（出庫）テーブルの設定

列	出庫ID	対応在庫ID	出庫数	出庫日時
列名	idko	taiou	outnum	outdate
型	INT	INT	INT	DATETIME
長さ	—	—	—	—

9-3-4 主キーを設定する

　このようにしてテーブルを作ると、少し問題になることがあります。在庫テーブルにおいて同じ商品名のものが仮にあった場合、それらの区別ができなくなることです。例えば、「モウフカブールラーメン醤油味」のように固有名詞であれば、そうしたことは少ないですが、「油性ボールペン赤」という名称の商品は各社が同じ名称で出しているかもしれません。また、同じ商品名で新しいバージョンがリリースされたときに、古いものとは別のものとして在庫管理したいこともあるでしょう。出庫テーブルの場合も、同じ商品が同じ日時に出庫されたら、どちらがどちらかわからなくなります。

　このようなことから、テーブルには必ず「レコードごとに固有の値」が必要になります。つまり、通し番号やバーコードの値などで、確実にそのレコードを指す値を設定しておくのです。このようにほかのレコードと重複しないように設定した値の列を**主キー**といいます。ここでは、在庫テーブル、出庫テーブルともに、IDの列を作り、ほかのレコードと重複しないように連番を振ることにしています。主キーとして設定しておくと、間違ってほかのレコードと同じ値を保存した場合でもエラーになるため、確実に「固有の値」となるのです。

　今回のデータベースでは、それぞれのID（「idzai」および「idko」）に主キーを設定することとします。

▶図9-12 名称だけでは同じ名称の商品を区別できないが、IDがあれば区別できる

product	stock
ペンケース赤	1000
ペンケース青	1000
ペンケース黄	1000
ペンケース赤	2000
ペンケース青	2000
ペンケース黄	2000
ボールペン黒1ダース	1500

同じ商品なので
区別がつかない

idzai	product	stock
8001	ペンケース赤	1000
8002	ペンケース青	1000
8003	ペンケース黄	1000
8004	ペンケース赤	2000
8005	ペンケース青	2000
8006	ペンケース黄	2000
8007	ボールペン黒1ダース	1500

IDを振っておけば
特定できる

9-3-5 オートインクリメントを構成する

連番を設定する場合、手作業で「1」「2」と入力するのでは煩雑ですし、間違って重複した値を格納してしまう恐れがあります（主キーの場合はエラーとなります）。MySQLには自動的に連番を作る**オートインクリメント**機能があります。連番を設定するのなら、オートインクリメントを設定しておくとよいでしょう。

両方のテーブルのID（idzai、idko）をオートインクリメントとしておきます（P.226の図9-10、P.227の図9-11を参照）。なお、わかりやすさのために、画面の例では「8001」「201790001」など多い桁数になっていますが、実際にオートインクリメントを設定すると、数字は1から振られていくので注意してください。

9-3-6 NOT NULL制約とデフォルト値

列には**制約**や**デフォルト値**を設定できます。制約というのは、特定の条件を満たす値しか保存できないようにすることをいいます。制約には次のものがあります。

▶ 表9-6 MySQLの主な制約

制約の種類	意味
UNIQUE制約	ほかのレコードと重複する値は不可
NOT NULL制約	NULL値（空欄）での入力は不可
外部キー制約	ほかのテーブルと結びつけるときに用いる（詳細はP.235以降で説明）

デフォルト値というのは、レコードが登録されるとき（INSERT INTOされるとき）に、その列の値が指定されていなかった場合に設定する値のことです。よくあるのが、在庫数量として何も指定されなかったときには「0」で登録するなどの設定です。デフォルト値を設定していない状態で何も値が指定されなかったときは、NULLが設定されます。NULLが設定されていると、どんな計算をしても値がNULLになってしまうので、合計や平均などの計算処理をする場合は、デフォルト値を0などに設定しておくのがよいでしょう。ここでは、zaikoテーブルに対して、商品名を示すproductは `NOT NULL` を、そして在庫を示すstockに、`NOT NULL` と `DEFAULT 0` を設定することで、未設定の場合にNULL値ではなく0を格納するものとします。

今回、在庫テーブルのproductとstock、出庫テーブルのoutnumとoutdateに `NOT NULL` を設定します。また、在庫テーブルのstockと出庫テーブルのoutnumには、デフォルト値として「0」を設定します（設定についてはP.226、P.227の表を参照）。

9-3-7 在庫テーブルを作ろう

phpMyAdminを操作して、前節で作成したmydbexampleデータベースにzaikoテーブルを作成しましょう。

❶テーブルを新規作成する

左側のツリーから、前節で作成したmydbexampleデータベースをクリックして開きます。<構造>タブをクリックし、<テーブルを作成>の枠内の<名前>にテーブル名を入力し、<実行>ボタンをクリックします。ここではテーブル名は「zaiko」とします。なお<カラム数>は一度に定義する列数です。「4」がデフォルトなので、そのままで構いません。

▶図9-13　在庫テーブルを作成する

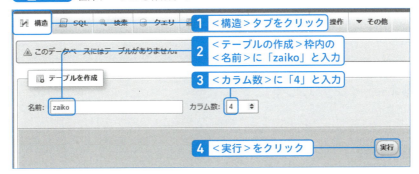

❷1列目を定義する

まずは1列目を定義します。「idzai」と入力し、「INT」を選択します。そして主キーを設定します。主キーを設定するには「PRIMARY」を選択します。

▶図9-14　1行目に「idzai」を定義する

❸主キーを追加する

「PRIMARY」を選択すると主キーの追加画面が表示されるので、そのまま＜実行＞をクリックします。

▶図9-15　主キーの追加画面ではそのまま＜実行＞をクリックする

❹オートインクリメントにする

オートインクリメントにするため＜A_I＞にチェックを付けます。

▶図9-16　オートインクリメントを設定する

❺2列目を設定する

同様に2列目を設定します。列名は「product」、型は「VARCHAR」とし、長さは「50」とします。また、「NULL」にチェックを付けないことで、NULLを許可しない（NOT NULL）とします。

▶図9-17　2列目に「product」を定義する

❻3列目を定義する

3列目を定義します。列名は「stock」、型は「INT」とし、デフォルト値を「0」にしたいため、「ユーザー定義」を選択して、値として「0」を入力します。ここでも「NULL」にチェックを付けないことで、NULLを許可しない（NOT NULL）とします。

▶図9-18　3行目に「stock」を定義する

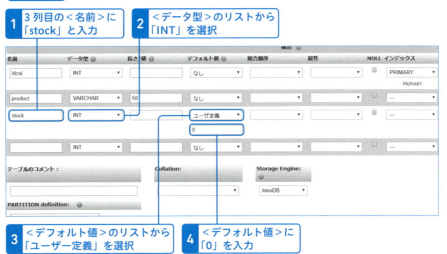

❼実行する

以上で設定は完了です。右下の＜保存する＞をクリックしてください。

▶図9-19　保存して設定を完了する

❽テーブルができた

zaikoテーブルができました。shukkoテーブルは、もう一手間かかるので、次の節で作成します。

▶図9-20　テーブルが作成された

● テーブルを作成するには、まずテーブル名、列名、データ型を決める
● 各列ごとに制約やデフォルト値を設定する

9-4 他テーブルと連携する ～外部キーを設定する～

Chapter 9 ｜ データベースとテーブルの作成

次に出庫テーブルを作っていきます。この出庫テーブルでは、どの商品の出庫なのかを示すために、テーブル間を連携します。テーブル間の連携には「外部キー」を使用します。

9-4-1 テーブルの連携を考える

前節でも説明したように、shukko（出庫）テーブルのtaiou（対応在庫ID）は、商品名を名前で入力しません。第8章でも説明しましたが、商品名を直接入力してしまうと管理が煩雑になり、ミスの原因にもなります。そのため、商品名を管理するのはzaikoテーブルに任せ、shukkoテーブルはIDで参照する形にします。こうしておけば、もし商品名が変更されたときにも、zaikoテーブルだけ操作すればよく、「直し忘れ」なども起こりにくくなります。

▶図9-21 名称は在庫テーブルで管理し、出庫テーブルではIDのみを取り扱う

在庫テーブル

在庫ID	商品名	在庫数
idzai	product	stock
8001	ペンケース赤	1000
8002	ペンケース青	1000
8003	ペンケース黄	1000
8004	万年筆A	2000
8005	万年筆B	2000
8006	万年筆C	2000
8007	ボールペン黒1ダース	1500
8008	ボールペン赤1ダース	1500
8009	消しゴム1ダース	700

出庫テーブル

出庫ID	在庫ID	出庫数	出庫日時
idko	taiou	outnum	outdate
201790001	8001	300	20170925
201790002	8002	300	20170925
201790003	8003	300	20170925
201790004	8004	500	20170925
201790005	8005	500	20170925
201790006	8006	500	20170925
201790007	8007	200	20170925
201790008	8008	200	20170925
201790009	8009	150	20170925

参照する場合、在庫テーブルのどの商品であるか、特定できなければなりません。そうした意味でも、在庫テーブル側に一意のIDがあることが重要になります。

9-4 他テーブルと連携する　235

9-4-2 外部キーと外部キー制約

　在庫テーブルと出庫テーブルのようにテーブル同士を連携させる場合、WHERE句やJOINで単純に結合させることもできますが、**外部キー**を設定するとテーブルの結びつきを確定できます。テーブルの結びつきが確定すると、処理速度が速くなり、データの不整合が起きるレコード削除の際にはエラーを発生させて削除を防いでくれます。最初から2つのテーブルが「連携しているもの」として扱われるようになり、データの構造もそのように調整されます。

　外部キーは必須のものではありませんが、膨大なデータを処理する場合には設定しておいたほうがよいでしょう。

●外部キー制約

　外部キーを設定すると、いくつかの制約が生まれます。そのため、外部キーを設定することを「外部キー制約を設定する」ともいいます。外部キーの制約としては以下のようなものがあります。

・他のレコードから参照されている場合（親になっている場合）、削除できない
・子には、実在する相手の値（親にある値）のいずれかしか設定できない

　簡単にいえば、外部キーはテーブル同士を連携させるものであるため、テーブル同士の連携が切れる動作は禁止となるのです。

●参照アクション

　外部キーを設定していると、レコードを削除する際、連携しているデータの片方のみがなくなる可能性が生じてしまいます。そのようなことを防ぐため、外部キーではオプションで**参照アクション**という設定ができます。設定できるのは次の3通りです。例えば**CASCADE**を設定すると、親が削除されたときにはその子もまとめて削除されます。

▶表9-7 設定できる参照アクション

参照アクション	説明
RESTRUCTまたはNO ACTION	親テーブルに対する削除または更新を拒否する。これはデフォルトの動作
CASCADE	親が削除または更新されると、子もそれに併せて削除または更新される
SET NULL	親テーブルを削除した場合、子のテーブルの親を参照する部分にはNULLを設定する

9-4-3 出庫テーブルを作ろう

phpMyAdminを操作して、前節で作成したmydbexampleデータベースにshukkoテーブルを作成します。

❶テーブルを新規作成する

左のリストから＜mydbexample＞データベースをクリックし、＜構造＞タブの＜テーブルを作成＞の枠内の＜名前＞にテーブル名、＜カラム数＞に列数を入力し、＜実行＞ボタンをクリックします。ここではテーブル名は「shukko」、カラム数は「4」とします。

▶図9-22 テーブル名と列数を設定する

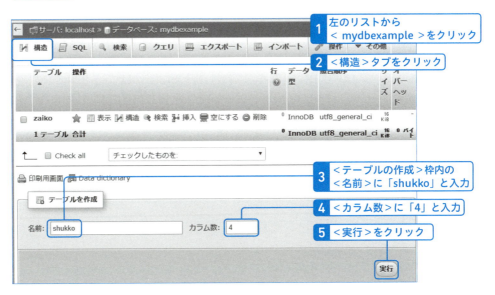

9-4 他テーブルと連携する 237

❷1列目を定義する

1列目を定義します。「idko」と入力し、「INT」を選択します。主キーを設定するため「PRIMARY」を選択し、オートインクリメント機能を使うため、＜A_I＞をクリックしてオンにします。「PRIMARY」を選択すると、主キー設定画面が表示されますが、すでにセクション9-3で説明したので、ここでの説明は省きます。

▶図9-23　1列目の列名、データ型などを定義する

❸2列目〜4列目を定義する

2列目〜4列目を定義します。2列目は「taiou」という名前でINT型として定義します。これは後で外部キーとして設定したいので、インデックスを付けておきます。インデックスは「INDEX」とし、3列目は「outnum」という名前でINT型として定義します。4列目は「outdate」という名前でDATETIME型として定義します。

▶図9-24　2〜4列目と同様に定義する

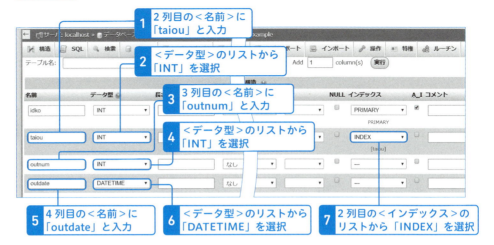

❹INDEXを指定する

「INDEX」を選択すると次のダイアログが表示されるので、そのまま＜実行＞をクリックします。

▶図9-25　INDEXを設定する

❺実行する

右下の＜保存する＞をクリックして保存します。

▶図9-26　設定を保存しテーブルを一度作成する

❻リレーションの設定を始める

次に、外部キーを設定します。＜Relation view＞をクリックします。

▶図9-27　テーブルが作成された。続けて外部キーを設定する

❼外部キーを設定する

外部キーを設定します。＜Foreign key constraints＞の部分で、カラムに「taiou」を選択してください（もし見つからないときは、taiou列にインデックスを付け忘れた可能性があります）。そして「外部キー制約」の部分で「mydbexample」「zaiko」「idzai」を選択して＜保存する＞をクリックします。これで、「taiou」と「zaikoテーブルのidzai列」が結びつけられたことになります。ここでは指定しませんが、必要ならConstraint propertiesの部分で外部キー制約の条件を変更することもできます。

▶図9-28　taiou列とzaikoテーブルのidzai列に外部キーが設定された

Column　SQLで実行するには

1つ1つ列を画面で設定するのが煩雑なときは、SQLでテーブルを作ることもできます。SQLでテーブルを作るには、CREATE TABLEコマンドを使います。例えば、次のようなSQLを実行すると、P.234と同じようにzaikoテーブルが作れます。

▶リスト9-2　zaikoテーブルを作成するSQL

```
CREATE TABLE mydbexample.zaiko
(idzai INT NOT NULL AUTO_INCREMENT ,
 product VARCHAR(50) NOT NULL ,
 stock INT NOT NULL DEFAULT 0 ,
 PRIMARY KEY (idzai));
```

また、shukkoテーブルもSQLで作成することができます。zaikoテーブルと違いFOREIGN KEYが設定されていますが、これが外部キーの設定です。

▶リスト9-3　shukkoテーブルを作成するSQL

```
CREATE TABLE shukko (
idko INT NOT NULL ,
taiou INT NOT NULL ,
outnum INT NOT NULL ,
outdate DATETIME NOT NULL ,
PRIMARY KEY (idko),
INDEX (taiou)
);
ALTER TABLE shukko ADD FOREIGN KEY (taiou) REFERENCES zaiko(idzai) ON DELETE RESTRICT ON UPDATE RESTRICT;
```

以降はまたdbuserを操作します。P.223の方法でログアウトし、あらためてdbuserでログインしてください。

- ●他テーブルとデータを連携する際は外部キーを設定する
- ●外部キーを設定すると、削除やデータ作成に関する制約が自動で付与される

Column テーブルやデータベースを削除するには

　テーブルを削除するには、＜構造＞タブでテーブル一覧を表示しておき、＜削除＞のリンクをクリックします。

▶図9-28　削除をクリックするとそのテーブルが削除される

SQL文で実行したい場合は以下のように記述します。

▶リスト9-4　テーブルを削除するSQL

```
DROP TABLE テーブル名;
```

　データベースを削除したい場合は、＜データベース＞タブでデータベース一覧を開き、削除したいデータベースにチェックを付け、＜削除＞のリンクをクリックします。

▶図9-29　チェックを付けて＜削除＞をクリックするとデータベースが削除される

SQL文で実行したい場合は以下のように記述します。

▶リスト9-5　データベースを削除するSQL

```
DROP DATABASE データベース名;
```

Chapter 10

インデックスとビュー

データベースを操作するとき、データ量が多くなってくると、動作が重くなってしまうことがあります。インデックスやビューを使うことで、データ量が多い場合でも目的の動作が簡単に行えます。これらは大きなシステムを構築するときには必須となる知識です。

Chapter 10 | インデックスとビュー

10-1

インデックス
～検索を高速にする～

テーブルから検索するときに、該当のレコードを全部検索するのはとても時間がかかります。これを避けるため、検索しそうな列にあらかじめインデックスという目印を付けておきます。本節ではインデックスについて解説します。

10-1-1 インデックスとは

インデックスとは、検索で特定の列の行をすばやく見つけるために使われる仕組みです。インデックスを設定せずにMySQLで検索を実行した場合、先頭から順に1レコードずつすべての情報を読んでいく必要があります。レコード数や列数が少ない場合は、それでもどうにかなるのですが、多くなればなるほど処理速度が遅くなります。

▶ **図10-1** インデックスを設定しないと検索が遅くなることがある

ベテルギウス社の検索
インデックスがない場合

全部を調べるので遅くなる

ID	社名	都道府県	住所	郵便番号	電話番号
1101	シリウス社	東京都	世田谷区赤堤	156-0044	03-1234-5678
1102	ベガ社	東京都	世田谷区桜丘	156-0054	03-1234-5679
1103	カペラ社	東京都	世田谷区祖師谷	157-0072	03-1234-5680
1104	リゲル社	東京都	大田区鵜の木	146-0091	03-1234-5681 ▶
1105	ベテルギウス社	東京都	目黒区大岡山	152-0033	03-1234-5682
1106	アルデバラン社	大阪府	泉大津市我孫子	595-0031	0725-23-8899
1107	メンカリナン社	大阪府	泉大津市我孫子	595-0031	0725-23-8901

　このような検索遅延を避けるためにインデックスを設定します。インデックスは、**検索しそうな列にインデックス用の数値をひも付ける**ことで生成されます。本で例えるならば、ページごとにページ番号を付け、索引を作成するようなものです。もしもページ番号がない状態で特定のページを探そうと思ったとき、1ページ目からページ数を数えていかなければなりません。ページ番号が振ってあれば、開いたページのページ番号を基準にページが探せるので、目的のページをすばやく探すことができます。データベースの検索も同様で、インデックスを設定しておけば検索時にインデックスだけを探せばよいため、処理が軽くなります。また、検索時には、**B木（B tree）**と

244 **Chapter 10** インデックスとビュー

呼ばれる探索方法を利用するなど、より目的のものを速く見つける仕組みも使われています。

　主キーや外部キーとした列には自動的にインデックスが作られますが、社名や都道府県など、別の任意の列にインデックスを作成することもできます。1つだけでなく、2つの列をセットでインデックスを作ることもできるため、検索でよく使いそうなものはインデックスを設定しておくとよいでしょう。ただし、インデックスを設定すると、それだけディスク容量を消費します。またデータを更新するときにはインデックスも更新する必要があるため、更新の速度は若干低下します。ですので、比較対象としてよく使う列にはインデックスを設定したほうがよいですが、あまり比較に使わない列にはインデックスを設定するメリットはありません。

▶ **図10-2** インデックスを設定すると処理を軽くできる

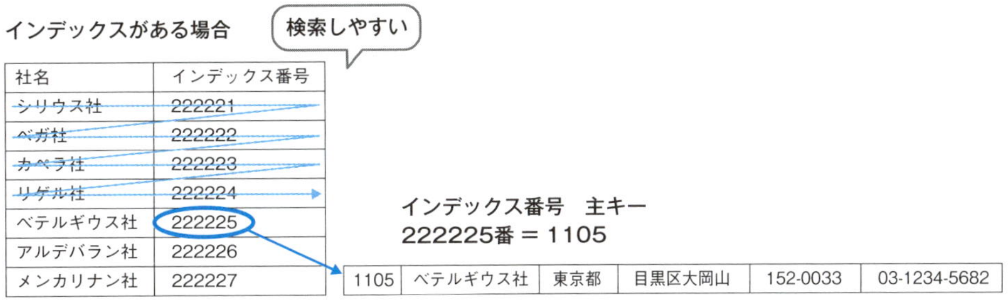

インデックスがある場合　　検索しやすい

10-1-2 インデックスの種類

　インデックスには、次の4種類があります。多くの場合 **INDEX** を使いますが、重複を許さない列の場合は **UNIQUE** を設定するとよいでしょう。テキスト型で、それを全文検索する場合には、**FULLTEXT** を設定しておくと高速になります。**SPATIAL** は使う機会がほとんどありません。

▶ **表10-1** インデックスの種類

インデックスの種類	働き
INDEX	通常のインデックス
UNIQUE	重複を許さないインデックス
SPATIAL	空間を示す列に設定するインデックス
FULLTEXT	全文検索に設定するインデックス

10-1 インデックス　245

10-1-3 インデックスを確認しよう

MySQLでは、主キーや外部キーを設定した列にはインデックスが設定されています。サンプルのデータベースで、主キーにインデックスが設定されていることを確認しましょう。

❶ jusho（住所）テーブルを開く

左側のツリーからghexampleデータベースにあるjusho（住所）テーブルをクリックし、＜構造＞タブをクリックして開きます。

▶図10-3 jushoテーブルを開く

❷ 構造を確認する

＜インデックス＞の部分をクリックすると、「PRIMARY」というインデックスが設定されていることがわかります。これが主キーに設定されているインデックスです。

▶図10-4 主キーが設定されているため、PRIMARYのインデックスが設定されている

10-1-4 インデックスを作成する

インデックスを作成するには、**ALTER TABLE**を使います。ALTER TABLEは、既存のテーブルに何か変更をするときに使うSQLです。

▶**リスト10-1** インデックス作成の基本構文

```
ALTER TABLE テーブル名 ADD INDEX （列名）;
```

例えば、jusho（住所）テーブルのstate列にインデックスを設定する場合は、次のように記述します。

▶**リスト10-2** 住所テーブルの都道府県列にインデックスを設定する

```
ALTER TABLE jusho ADD INDEX (state);
```

phpMyAdminを使う場合は、＜構造＞タブの＜インデックス＞からインデックスを作成できます。

なお、インデックスは単一列と複数列のどちらにも設定できます。WHERE句でいつも1つの列だけを指定する場合はその列に対してインデックスを設定すればよいですが、いつも複数列で絞り込んでいる場合はその列の組み合わせにインデックスを設定したほうが効率的です。

列がテキスト型である場合、先頭から指定した文字数分だけのインデックスを作ることもでき、インデックスに必要な容量を抑えることができます。

▶**図10-5** 設定を工夫すると、より効率的な検索ができる

ID	社名	都道府県	住所	郵便番号	電話番号
1101	シリウス社	東京都	世田谷区赤堤	156-0044	03-1234-5678
1102	ベガ社	東京都	世田谷区桜丘	156-0054	03-1234-5679
1103	カペラ社	東京都	世田谷区祖師谷	157-0072	03-1234-5680
1104	リゲル社	東京都	大田区鵜の木	146-0091	03-1234-5681
1105	ベテルギウス社	東京都	目黒区大岡山	152-0033	03-1234-5682
1106	アルデバラン社	大阪府	泉大津市我孫子	595-0031	0725-23-8899
1107	メンカリナン社	大阪府	泉大津市我孫子	595-0031	0725-23-8901

毎回「東京都」で絞り込んでから住所で検索する場合
→バラバラにインデックスを設定する

毎回「東京都」と郵便番号をセットで検索する場合
→複数行に対してインデックスを設定する

156-00XX
先頭の文字列だけに対してインデックスを設定する

10-1 インデックス 247

10-1-5 インデックスを作ってみよう

phpMyAdminを操作して、jusho（住所）テーブルのstate（都道府県）の列にインデックスを設定してみましょう。

❶インデックスを追加する

P.246の図10-3を参照してjusho（住所）テーブルの＜構造＞タブを開いておきます。＜インデックス＞の部分で「1つのカラムにインデックスを作成する」の右にある＜実行＞をクリックします。

▶図10-6 インデックスを作成する

「1」の部分を「2」以上にすると、複数列に対するインデックスを作成することもできる

1 ＜実行＞をクリック

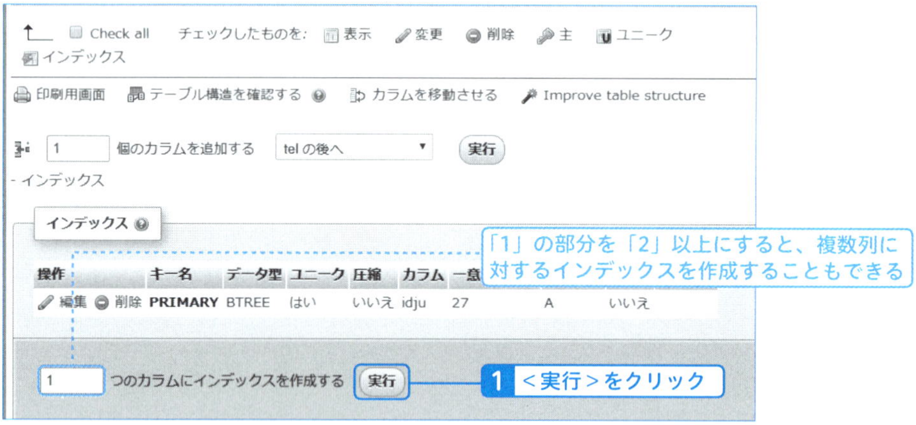

❷インデックスを作成する

インデックスを設定する画面が表示されます。次のように入力して＜実行＞をクリックします。下記以外の項目は未入力で構いません。自動的に設定されます。

(1) Index choice

インデックスの種類を選択します。ここでは「INDEX」を選択します。

(2) カラム

インデックスを設定する列を選択します。ここでは「state」を選択します。

248 **Chapter 10** インデックスとビュー

▶図10-7 インデックスの設定を行う

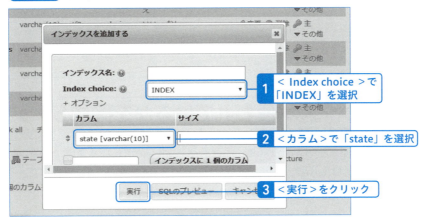

❸作成されたインデックスを確認する

＜インデックス＞の部分をクリックして展開し、インデックスが作られていることを確認します。

▶図10-8 インデックスが作成された

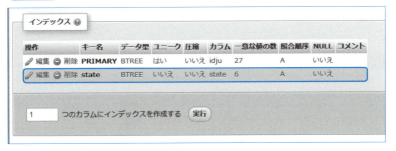

10-1-6 インデックスが使われているかどうか調べる

　検索したときにインデックスが使われるかどうかは、MySQLによって決められます。MySQLがインデックスを使ったほうがよいと判断すれば使われますし、そうでないときは使われません。使われるかどうかは、SQLの**実行計画**（実行の順序）を見るための**EXPLAIN**という機能で調べられます。EXPLAINを実行するSQL文の前に記述すると、その実行がどのように行われ、どのぐらいの時間がかかったかを計測してくれます。

▶リスト10-3 実行計画を調べる基本構文

```
EXPLAIN SQL文;
```

10-1-7 インデックスが使われているかを確認しよう

　jusho（住所）テーブルのstate（都道府県）列に設定したインデックスが使われるかどうかを確認しましょう。

❶EXPLAINを実行する

　EXPLAIN付きのSQLを実行します。ここでは、state（都道府県）が大阪府であるレコードを参照してみます。

▶リスト10-4 都道府県が「大阪府」のレコードを抽出するSQLの実行計画を確認する

```
EXPLAIN SELECT * FROM jusho WHERE state='大阪府';
```

▶図10-9 EXPLAINを実行する

250　Chapter 10　インデックスとビュー

❷インデックスが使われていることがわかる

実行結果の＜オプション＞の部分に、実行計画が表示されます。keyの部分に「state」と書かれており、今、作成したstateのインデックスが使われていることがわかります。

▶図10-10　インデックスが使われていることを確認する

id	select_type	table	partitions	type	possible_keys	key	key_len	ref	rows	filtered	Extra
1	SIMPLE	jusho	*NULL*	ref	state	state	32	const	6	100.00	*NULL*

図10-10で、突然見慣れない表が出てきました。この表の内容には、以下のような意味があります。

▶表10-2　実行計画の意味

項目	意味
select_type	クエリの種類。図10-10で表示された「SIMPLE」は、テーブルを順に処理するクエリを指す
table	対象のテーブル名
type	レコードを参照する方法のこと。図10-10で表示された「ref」とは、「=」演算子を使って、値が等しいかどうかをマッチする処理を示す
possible_keys	この実行において利用可能なインデックス。図10-10では、現在state列が利用可能なインデックスとして定義されていることを示している
key	実際に使用されたインデックス。図10-10では、state列が使用されたことを示している
key_len	インデックスのキーの長さ
ref	比較対象の種類を示すもの。図10-10では'大阪府'という固定された文字列（リテラル）と比較しているため、定数という意味の「const」が設定されている
rows	この実行によって得られるおおよそのレコード数
Extra	この実行計画を遂行するのにどのような処理が必要なのかを示すヒント

ここでは、インデックスが使われているかどうかを調べるためだけに実行計画を確認しましたが、EXPLAINを使った実行計画の調査は、複雑なSQLを実行する際、どこがボトルネックとなって処理に時間がかかっているのかを調べるのによく使われます。SQLは、その書き方によって実行速度が大きく違うことがあるので（基本的には対象となるレコードを処理の早い段階で絞り込んで減らすことが高速化の秘訣です）、そうした問題点を探るのにも、EXPLAIN文は欠かせません。

10-1 インデックス　251

10-1-8 インデックスを削除する

インデックスを削除したいときは、phpMyAdminの画面で＜削除＞のボタンをクリックします。SQL文として実行したいのであれば、ALTER TABLEで **DROP INDEX** を指定します。インデックス名は、phpMyAdminで確認できる「キー名」と表示されている値です。

▶リスト10-5 インデックスを削除する基本構文

```
ALTER TABLE テーブル名 DROP INDEX インデックス名;
```

phpMyAdminからの操作でも、テーブルの構造画面で＜削除＞をクリックするとインデックスを削除できます。

▶図10-11 phpMyAdminからは＜削除＞をクリックすると削除できる

●インデックスはデータベースの検索を高速化するための機能で、列に対して指定する
●インデックスが有効に機能しているかは、実行計画で確認できる

10-2 | Chapter 10 インデックスとビュー

ビュー
～SELECT結果をテーブルのように扱う～

ビュー（VIEW）は仮想的なテーブルです。複数のテーブルを各種JOINで都度結合しなくても、その結果を扱うことができます。また、常に最新の結果を扱うことができるので、別途テーブルを用意するよりも管理が簡単です。

10-2-1 ビューとは

　ビューとは、SELECT文による結果を基に作成される仮想的なテーブルです。WHERE句で絞り込んだ列だけを見せるテーブルや各種JOINを使って結合した結果を、仮想的なテーブルとして構成できます。

▶図10-12 複数のテーブルを結合した結果や条件で絞った結果を仮想的なテーブルとして構成する

uriageテーブル

idur	company	charge	salesdate	state	area
2017090001	シリウス社	20000	2017/9/4	東京都	世田谷区
2017090002	ベガ社	194400	2017/9/4	東京都	世田谷区
2017090003	カノープス社	118800	2017/9/4	大阪府	大阪市
2017090004	リゲル社	24840	2017/9/4	東京都	大田区
2017090005	ベテルギウス社	105840	2017/9/7	東京都	世田谷区
2017090006	シリウス社	302400	2017/9/8	東京都	世田谷区

jushoテーブル

idju	company	state	address	zip	tel
1101	シリウス社	東京都	世田谷区赤堤	156-0044	03-1234-5678
1102	ベガ社	東京都	世田谷区桜丘	156-0054	03-1234-5679
1103	カペラ社	東京都	世田谷区祖師谷	157-0072	03-1234-5680
1104	リゲル社	東京都	大田区鵜の木	146-0091	03-1234-5681
1105	ベテルギウス社	東京都	目黒区大岡山	152-0033	03-1234-5682
1106	アルタイル社	東京都	目黒区大岡山	152-0033	03-1234-5683

uriagedenwaビュー

idur	company	charge	salesdate	tel
2017090001	シリウス社	20000	2017/9/4	03-1234-5678
2017090002	ベガ社	194400	2017/9/4	03-1234-5679
2017090003	カノープス社	118800	2017/9/4	06-2223-8903
2017090004	リゲル社	24840	2017/9/4	03-1234-5681
2017090005	ベテルギウス社	105840	2017/9/7	03-1234-5682
2017090006	シリウス社	302400	2017/9/8	03-1234-5678

　ビューは、テーブルのあらかじめ定めたSELECT文の実行結果を見る機能であり、結果は参照するたびに新しく作られます。つまり、基になっているテーブルの値が変更されれば、ビューを参照したときにその変更が反映されるということです。いくつかのテーブルの列を組み合わせたテーブルが欲しいからといってその都度別テーブルとして作ってしまうと、更新時にはそれぞれを変更しなればなりませんが、ビューの場合はそうした必要がありません。

10-2 ビュー | 253

10-2-2 ビューを作る

　ビューを作るには、**CREATE VIEW** という構文を使います。後ろには、そのもととなる結果を返すSELECT文（もしくはほかの構文）を指定します。

▶**リスト10-6** インデックスを削除する基本構文

```
CREATE VIEW ビュー名 AS SELECT文
```

　ビューはその性質上、SELECT文を使用することが多いですが、その中でも特に **INNER JOIN** や **LEFT JOIN** などの結合（第8章参照）とセットで使うことが多いです。例えば下記の図のように、uriage（売上）テーブルのidur（売上ID）、company（社名）、charge（売上金額）、salesdate（売上日）と、jusho（住所）テーブルのtel（電話番号）を組み合わせた結果のビュー **uriagedenwa** を参照したいとします。

▶**図10-13** 作成するビューのイメージ

uriagedenwaビュー

idur	company	charge	salesdate	tel
2017090001	シリウス社	20000	2017/9/4	03-1234-5678
2017090002	ベガ社	194400	2017/9/4	03-1234-5679
2017090003	カノープス社	118800	2017/9/4	06-2223-8903
2017090004	リゲル社	24840	2017/9/4	03-1234-5681
2017090005	ベテルギウス社	105840	2017/9/7	03-1234-5682
2017090006	シリウス社	302400	2017/9/8	03-1234-5678

uriageテーブル由来　　　　　　　　　　　**jushoテーブル由来**

▶**リスト10-7** 2つのテーブルをINNER JOINでつなげてビューを作る

```
SELECT idur, company, charge, salesdate FROM uriage; --① (uriageテーブル)
SELECT tel FROM jusho --② (jushoテーブル)
```

　リスト10-7の①と②2つのSELECT文を、INNER JOIN（第8章、P.202参照）でつなげた結果として取得します。①②のテーブルをcompany（社名）という列で連結する場合、次のように表現できます。

▶リスト10-8 2つのテーブルを INNER JOIN でつなげた SQL

```
SELECT idur, uriage.company, charge, salesdate, tel
FROM uriage INNER JOIN jusho ON uriage.company = jusho.company;
```

　SELECTには取得したい列をテーブルに関わらず列挙します。ただし、companyは
uriageテーブルとjushoテーブルの両方にあるので「company」と記述するとどちら
なのかわからずエラーとなります。そこで「uriage.company」のように「テーブル名
.列名」の表記を使ってテーブル名を明記します。この例ではSELECT句に「uriage.
company」と記述しましたが、「jusho.company」と書いても構いません。
　このSELECT文を実行することで、2つのテーブルを組み合わせたものが得られま
す。そして、このSELECT文の先頭に CREATE VIEW ビュー名 AS を追加すれば、ビュ
ーとして作成できます。uriagedenwaという名前のビューを作る場合は、次のように
します。

▶リスト10-9 売上テーブルと住所テーブルを結合したビューを作成する SQL

```
CREATE VIEW uriagedenwa AS
SELECT idur, uriage.company, charge, salesdate, tel
FROM uriage INNER JOIN jusho ON uriage.company = jusho.company;
```

　このように一度ビューとして作れば、以降この長いSQLは次のようにuriagedenwa
ビューを参照することで全く同じ結果を得ることができます。

▶リスト10-10 ビューを参照する SQL

```
SELECT * FROM uriagedenwa;
```

▶図10-14 SELECT文でビューを参照できる

	idur	company	salesdate	tel
編集 コピー 削除	1	シリウス社	NULL	03-2222-9999
編集 コピー 削除	2	シリウス社	NULL	03-2222-9999
編集 コピー 削除	2017090001	シリウス社	2017-09-04 00:00:00	03-2222-9999
編集 コピー 削除	2017090006	シリウス社	2017-09-08 00:00:00	03-2222-9999
編集 コピー 削除	2017090009	シリウス社	2017-09-11 00:00:00	03-2222-9999
編集 コピー 削除	2017090012	シリウス社	2017-09-13 00:00:00	03-2222-9999

Column　ピリオドでつなぐ

「テーブル名.列名」は、「そのテーブルのその列」という意味です。同名の列が複数のテーブルに存在するとき、どちらかを明示するときに使います。この表記はいつでも使うことができるます。

▶リスト10-11　列名の前にテーブル名を明示したSQL

```
SELECT uriage.idur, uriage.company, uriage.salesdate, jusho.tel FROM …略…
```

上記のように、すべての列名に対して「テーブル名.列名」という表記を使っても構いません。そのほうがわかりやすいですが、入力が大変なので同名列が複数テーブルにないときは「テーブル名.」は省略するのが一般的です。

10-2-3　ビューを作ってみよう

phpMyAdminを操作して、実際にuriagedenwaというビューを作ってみましょう。

❶ビューを作る

ghexampleデータベースの＜SQL＞タブを開き、次のSQLを入力して実行します。

▶リスト10-12　ビューを作成するSQL

```
CREATE VIEW uriagedenwa AS SELECT idur, uriage.company, charge, salesdate, tel
FROM uriage INNER JOIN jusho ON uriage.company = jusho.company;
```

▶図10-15 SQL画面にSQLを入力し実行する

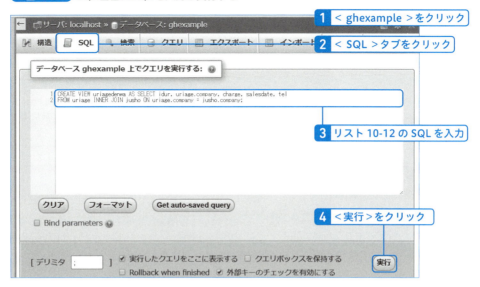

❷作られたビューを確認する

<構造>タブを開くと、今作成したビューがあることがわかります。クリックしてみましょう。

▶図10-16 SQL画面に上記のSQLを入力し実行する

❸ビューの内容が表示された

ビューの内容が表示されます。定義通りの2つのテーブルを組み合わせた列が存在し、値が正しく表示されていることがわかります。

▶図10-17 ビューの内容を確認する

	idur	company	charge	salesdate	tel
編集 コピー 削除	1	シリウス社	10000	*NULL*	03-2222-9999
編集 コピー 削除	2	シリウス社	10000	*NULL*	03-2222-9999
編集 コピー 削除	2017090001	シリウス社	20000	2017-09-04 00:00:00	03-2222-9999
編集 コピー 削除	2017090002	ベガ社	194400	2017-09-04 00:00:00	03-1234-5679
編集 コピー 削除	2017090003	カノープス社	118800	2017-09-04 00:00:00	06-2223-8903
編集 コピー 削除	2017090004	リゲル社	24840	2017-09-04 00:00:00	03-1234-5681
編集 コピー 削除	2017090005	ベテルギウス社	105840	2017-09-07 00:00:00	03-1234-5682

Column ビューに権限を設定する

　本書では扱いませんが、ビューに対して権限を設定することもできます。「基のテーブルを直接操作させずに、ビューだけを操作させる」というように間接的な権限を与えることで、基のテーブルを保護する目的にも使えます。

10-2-4 ビューを使う

　ビューは仮想的なテーブルなので、テーブル名を記述できるところならどこでも記述できます。例えば、次のようなSELECT文を使えば、全件表示できます。

▶リスト10-13 ビューを使用する基本構文

```
SELECT * FROM ビュー名;
```

　また、WHERE句で絞り込んだり、ORDER BY句で並べ替えたり、各種JOINで別のテーブル（または別のビュー）と組み合わせたりと、まさにテーブルと同様に扱えます。

▶リスト10-14 ビューからWHERE句やORDER BY句を使用して値を取り出すSQL文

```
SELECT * FROM uriagedenwa WHERE charge >= 200000 ORDER BY salesdate;
```

▶リスト10-15 テーブルとビューをJOINしたSQL文

```
SELECT * FROM uriagedenwa LEFT JOIN jusho ON uriagedenwa.company=jusho.company;
```

10-2-5 ビューを経由した更新

ビューは基本的に参照する（SELECT）目的で使いますが、更新（UPDATE、INSERT、DELETE）することもできます。そのような操作をした場合は、ビューの基となっているテーブルが変更されます。ただし、複数のテーブルにまたがる更新操作は許されません。

▶リスト10-16 ビューの基となっているテーブルを更新する基本構文

```
UPDATE ビュー名  SET 列名=値 WHERE 基準となる列名=レコードが特定できる値;
```

例えば、先に示したuriagedenwaというビューにおいて、uriageテーブルのidurが「2017090001」となっているレコードのchargeを「20000」に更新してみましょう。

▶リスト10-17 売上テーブルの売上IDをビュー経由で更新するSQL

```
UPDATE uriagedenwa SET charge=20000 WHERE idur=2017090002;
```

しかし次のようにcharge列とtel（電話番号）列の両方を更新することはできません。前者はuriage（売上）テーブルに、後者はjusho（住所）テーブルに列があるからです。

▶リスト10-18 ビューから複数のテーブルを同時に更新するような命令はエラーになる

```
UPDATE uriagedenwa SET charge=20000, tel='03-2222-9999' WHERE idur=2017090002;
```

INSERT文やDELETE文も同様に、対象が1レコードになっていないと実行できません。

10-2-6 ビューの削除

ビューを削除したいときは、**DROP VIEW**構文を使います。DROP VIEWが削除するのはビューだけなので、基となっているテーブルに何か影響を与えることはありません。

▶**リスト10-19** ビューを削除する基本構文

```
DROP VIEW ビュー名
```

例えば、「uriagedenwa（売上電話）」ビューを削除するには次のように記述します。

▶**リスト10-20** 売上電話ビューを削除するSQL

```
DROP VIEW uriagedenwa;
```

- ビューは複雑な条件や結合を行っているSELECT文の結果を1つのテーブルのように扱うことができる
- ビューを経由したテーブルの更新は可能だが、複数テーブルを同時に更新することはできない

Chapter 11

トランザクションと
ロック

複数の命令を実行する場合に、何らかの
理由で操作が途中になってしまうことが
あります。こうした場合に、データの不
整合が起こってしまうことを防ぐための
仕組みがトランザクションです。また、
同時書き込みによる不整合を防ぐ仕組み
としてロックがあります。

Chapter 11 トランザクションとロック

11-1 トランザクション
～一連の処理をまとめて実行する～

複数のテーブルやレコードを更新する場合、一連の処理をまとめて実行しないと、一部のデータだけが更新されるという不整合が起きることがあります。それを防ぐための仕組みがトランザクションです。

11-1-1 トランザクションとは

トランザクションは、複数のSQLの実行をまとめて行うための仕組みです。トランザクションを指定しない場合は、SQLは1文ずつ実行されてデータベースに書き込まれます。それに対して、いくつかのSQLを1つのトランザクションとして扱うと、操作がまとめて実行され、全体として「すべて実行された」か「全く実行されていない」かのいずれかの状態になります。このように一連のSQL文をひとまとめにし、「All」or「Nothing」のいずれかの状態をとるのがトランザクションの特徴です。

▶図11-1 トランザクションが設定されると、トランザクション内のSQLがまとめて実行される

> **Column** オートコミット
>
> 1行のSQLを実行するとすぐに確定されデータベースに書き込まれるのは、オートコミットと呼ばれる機能がデフォルトで有効になっているためです。オートコミットはSET autocommit=0; というコマンドを実行すると無効にすることもできます。無効にすると、`COMMIT;` が実行されるまではその処理が確定しなくなります。

11-1-2 データの不整合

前ページの図を見てしまうと、「せっかく実行した処理を全部やりなおすのは面倒だから、トランザクションは不要」と思われるかもしれません。なぜこのような仕組みが必要なのでしょうか。それは、データの不整合を起こさないためです。

例えば、営業一課のAさんがシステム課に異動になったとします。その場合、営業一課の名簿からAさんを削除し、システム課にAさんを追加する操作が必要になります。しかし、営業一課の削除をしないままにシステム課にAさんを追加してしまうと、どちらにもAさんが存在してしまうことになってしまいます。これがデータの不整合です。このような矛盾を起こさないために、トランザクションを利用してSQL文をまとめて実行するのです。

▶ **図11-2** トランザクションが設定されていないとデータの不整合が発生する可能性がある

トランザクションは、次のように **START TRANSACTION**（または **BEGIN**）で始め、最後に **COMMIT** と記述します。すると、この間の一連のSQLがまとめて処理され、`COMMIT;` と記述したところで、処理が確定します。

▶**リスト11-1** トランザクションの開始と終了の基本構文

```
START TRANSACTION;
SQL文;
COMMIT;
```

SQL文の部分に複数のSQLを書くことで、SQLがまとめて実行されます。

▶**図11-3** トランザクションの開始と終了の間に書かれたSQLがまとめて実行される

START TRANSACTION (またはBEGIN)； ← スタート

何かのSQL；
何かのSQL； ← この部分のSQLがまとめて実行される
何かのSQL；
・・・；

COMMIT； ← 終わり

Column | **末尾の「;」は書かなくてもよい**

本書では読者の皆さんを混乱させないように、すべての構文の後ろに;を付けています。ですが、;が必須なのはSQLステートメントの末尾の場合だけです。START TRANSACTION や COMMIT は、制御構造を示すブロックと呼ばれる構文であるため、これらの末尾には;は必要ありません。後に登場する LOCK TABLE も同様です。

11-1-3 コミットとロールバック

COMMITコマンドを実行してデータベースへの処理を確定する操作のことを**コミット（Commit）**といいます。「コミットする（完遂する）」という言葉として聞いたことがあるのではないでしょうか。

また、トランザクションを設定している状態で START TRANSACTION と COMMIT の間に囲んだSQLのうちのいずれかの実行に失敗した場合、囲んだ部分のSQLの実行はすべてがなかったことにされ、START TRANSACTION を実行する前に戻ります。これを**ロールバック（Roll Back）**といいます。ここでいう失敗とは、文法エラーや制約違反、ディスクへの書き込みの失敗など、さまざまな事情が考えられます。ロールバックは、こうしたエラーによって引き起こすのではなく、自ら「先ほどの処理をやっぱりやめたい」と宣言することでやめることもできます。その場合は ROLLBACK;と記述します。

▶図11-4 ロールバックはそのトランザクションの処理をすべて取り消す

START TRANSACTION (またはBEGIN)； ← スタート

```
何かのSQL；
何かのSQL；
何かのSQL；
…；
```

ROLLBACK； ← 上記の処理はすべて取り消される

　わざわざ実行しようとしていたものを「やっぱりやめる」としても意味がないように思うかもしれません。ですが、データベースを使ったシステムでは、「いくつかのSQLを実行していたけれども最終的にユーザーがキャンセル操作をした」といったような、何かの理由で処理をなかったことにしたいということがよくあり、そうした場合にロールバックを実行します。また、開発中に「データを変更したくないけれども、どうなるか試してみたい」というときにも、ロールバックを使うことがあります。

Column　トランザクションの特性

　トランザクションは次の4つの特性を持ち、これらをACID特性といいます。これはデータベースの基本的な考え方とも関係するので、意識しておくとよいでしょう。

▶表11-1 トランザクションのACID特性

特性	意味
原始性 （Atomicity）	すべて実行されるか、されないかのいずれかの状態になる
一貫性 （Consistency）	トランザクションの前後でデータの整合性が矛盾ない
分離性 （Isolation）	トランザクション実行中は、処理途中のデータはほかのユーザーの処理からは見えないし、影響もない
永続性 （Durability）	トランザクションが完了したら、永続的に保存される

11-1 トランザクション　265

11-1-4 トランザクションを理解しよう

トランザクションが必要なのは、一連の操作のうち一部が実行されないと全体の整合性がとれないような場面です。よく例に出されるのが、銀行の振り込み処理や在庫管理処理です。第9章で商品在庫と出庫を管理するテーブルを作ったので（P.234、P.240参照）、これを使ってトランザクションの必要性を説明します。まず最初の状態として、「ペンケース赤」という商品の在庫が「100」という状態のデータを追加します。rootユーザーでログインしなおし、「mydbexample」データベースを選択して次のINSERT INTO文を実行してください。

▶ **リスト11-2** 初期データを用意する

```
INSERT INTO zaiko (idzai, product, stock) VALUES
(8001, 'ペンケース赤', 100);
```

▶ **表11-2** 初期状態のzaikoテーブル

idzai	product	stock
8001	ペンケース赤	100

ここから2017年9月25日に30個出庫するとします。SQLと出庫データは次のようになります。

▶ **リスト11-3** 出庫テーブルに2017年9月25日に30個出庫されたという情報を書き込む

```
INSERT INTO shukko (idko, taiou, outnum, outdate) VALUES
(20179001, 8001, 30, '2017/09/25'); ············· ①
```

▶ **表11-3** リスト11-3実行後のshukkoテーブル

idko	taiou	outnum	outdate
201790001	8001	30	2017/09/25

30個出庫したのですから、zaikoテーブルのstockは30減らして `100 - 30 = 70` としなければなりません。SQLで書くと次のようになります。

▶ **リスト11-4** 在庫テーブルの在庫を30個減らす

```
UPDATE zaiko SET stock = stock - 30 WHERE idzai = 8001; ········· ②
```

▶表11-4 リスト11-4実行後のzaikoテーブル

idzai	product	stock
8001	ペンケース赤	70

　これら①②のSQLは、必ず両方実行される、もしくは、両方実行されないという状況であることが必要です。何らかの理由で、①は成功したけれども②に失敗したという場合、在庫を減らすことなく出庫データだけが作られてしまいます。そこで、これらを次のようにトランザクションにするのです。こうしておけば、もし②に失敗したときは①も取り消されるので、データの整合性が保たれます。

▶リスト11-5 トランザクションを設定して①②を実行する

```
START TRANSACTION;
INSERT INTO shukko (idko, taiou, outnum, outdate) VALUES
 (20179001, 8001, 30, '2017/09/25');
UPDATE zaiko SET stock = stock - 30 WHERE idko = 8001;
COMMIT;
```

Column　忘れやすいトランザクション

　　トランザクションが有用なのは、主に一連のデータベース操作の一部が失敗したときです。失敗とは、サーバーのハードウェア的なエラーのほか、MySQLのエラー、ディスクが足りない、正しくない値を格納しようとしている、文法エラーの発生などが代表的です。ただ、データベースが正常に動いていればデータ操作に失敗することがないため、トランザクションの必要性を忘れがちです。本来ならばトランザクションとして実装していなければならないのに、めったに出番がないために、実装を忘れても気付かないのです。複数のデータベース操作をするときは、その一部が失敗しても全体に影響がないのかを確認しながらトランザクションを使う癖を付けるようにしましょう。

- トランザクションとは、複数のSQLをまとめて実行する仕組みのこと
- トランザクション内の処理を確定するにはコミットを実行する
- トランザクション内の処理を取り消すにはロールバックを実行する

Chapter 11　トランザクションとロック

11-2 ロック
～複数ユーザーからの安全なアクセス～

データベースを更新するとき、複数のユーザーが同時にアクセスすると、ほかのユーザーのデータが上書きされるなどのおそれがあります。そうした問題を避けるため、更新中にほかのユーザーが操作できないように「ロック」することができます。

11-2-1 ロックとは

　ロックとは、データにアクセスしている間はほかのユーザーが読み書きできないようにするために、アクセス制御をして一時的に待ってもらう操作のことです。例えば、座席の予約システムのようなものを作る場合、予約操作をしている最中にほかのユーザーがそれを書き換えると、席がダブルブッキングしてしまいます。そうしたものを作るときは、操作中は別のユーザーが変更しないようにロックをかけます。

　ロックは1つのSQL文の実行単位でMySQLによって自動的に設定されます。例えば、UPDATE文を実行して書き込もうとしている瞬間は、ほかのユーザーが読めないように一時的にロックがかかります。しかしこのようなロックは一瞬だけで、UPDATE文の実行が終わればロックは解除されます。前節で説明したトランザクションのように、複数のSQLをまとめて実行したいときには、それらすべての操作をしている間ずっとロックをかけないと、全体の整合性を保てないことがあります。そのようなときには明示的にロックをかける必要があります。

▶図11-5　ロックしているとほかのユーザーはアクセスできない

11-2-2 ロックの範囲と種類

明示的にロックをかける場合、範囲と種類を設定します。

●ロックの範囲

ロックの範囲は、テーブル全体かレコードかを選択できます。テーブル全体にロックをかけたときは、そのテーブル全体をほかのユーザーが一時的に利用できなくなります。レコードにロックをかけたときは、そのレコード以外は利用できます。

●共有ロックと排他ロック

誰かが操作をしている最中に、ほかのユーザーに「何をさせたくないのか」という観点から、2つのロックの方式があります。

共有ロック（読み取りロック）

「自分が読み込んでいる最中だから、書き込まないでほしい」という考えです。このようなロックを**共有ロック**または**読み取りロック**といいます。他人の読み取りをロックするのではなく、自分が読み取っている最中であることを宣言して、相手の操作を制限するロックということなので注意してください。共有ロックをかけると、ロックをかけたユーザー以外は読み込むことはできても書き換えることはできなくなります。

▶図11-6 共有ロック中、ほかのユーザーは読み込みはできるが、書き込みはできない

排他ロック（書き込みロック）

「自分が書き込んでいる最中だから、書き込まないのはもちろん、（値がまだ確定していないから）読み込まないでほしい」というロックです。これを**排他ロック**または**書き込みロック**といいます。こちらも、他人の書き込みをロックするという意味ではなく、自分が書き込み中なのでほかのユーザーは書き込みも読み取りもしないでほし

いと制限をかけるロックです。排他ロックをかけると、ロックをかけたユーザー以外はすべての操作ができなくなります。

▶図11-7 排他ロック中は、ほかのユーザーは読み込むことも書き込むこともできない

共有ロックがかかっているときに、ほかのユーザーがさらに共有ロックをかけることもできます。これは複数のユーザーが、同時に同じレコードを読み込んでいる場合が相当します。しかし、排他ロックをかけることはできません。また、排他ロックがかかっている場合は、そこからさらに共有ロックや排他ロックをかけることはできません。

ロック機能を使うときは、必要最小限の狭い範囲に使うことが重要です。そうしないと、待たされるユーザーが多くなり、全体の処理パフォーマンスが落ちる結果となるからです。

11-2-3 ロックのかけかた

ロックをかける場合、テーブル全体にかけるのかレコード単位でかけるのかによって書き方が異なります。テーブル全体の場合にはロックをかけるテーブルを指定する形で記述し、レコード単位の場合はSELECT文のオプションとして指定します。

また、ロックは「自分が読んだり書き込んだりしている間に、相手の行動を制限するもの」であるため、有効な期間は「何かの処理を行っている期間」となります。トランザクションがコミットされたりロールバックされたりして処理が確定したときには、ロックは自動的に解放されます。標準ではオートコミットが有効になっており、1文のSQLごとに確定してしまうため、ロックをかけてもすぐに自動的にロックが解放されてしまいます。ロックは事実上、トランザクションと併用しないと意味がないということになります。

●テーブルロック

　テーブル全体にロックをかけるには、**LOCK TABLES**という構文を使います。共有ロック（読み取りロック）をかけるときは**READ**、排他ロック（書き込みロック）をかけるときは**WRITE**と記述します。ロックを解除する場合は、**UNLOCK TABLES**を実行します。テーブル名を指定した場合は、そのテーブルのロックが解除されます。テーブル名を省略した場合は、すべてのロックが解除されます。

▶ **リスト11-6** テーブル単位の共有ロックの基本構文

```
START TRANSACTION;
LOCK TABLES テーブル名 READ;
…ロックをかけている間にしたい操作…
UNLOCK TABLES テーブル名;
COMMIT（またはROLLBACK）;
```

▶ **リスト11-7** テーブル単位の排他ロックの基本構文

```
START TRANSACTION;
LOCK TABLES テーブル名 WRITE;
…ロックをかけている間にしたい操作…
UNLOCK TABLES テーブル名;
COMMIT（またはROLLBACK）;
```

●レコードロック

　INSERT文やUPDATE文、DELETE文など、更新処理をするSQL文を実行すると、その実行中は自動的に排他ロックがかかります。自動ではなく、共有ロックや排他ロックを明示的にかけるためには、SELECT文で、オプションを指定します。共有ロックをかけたいときは**LOCK IN SHARE MODE**を、排他ロックをかけたいときは**FOR UPDATE**を指定します。

▶ **リスト11-8** レコード単位に共有ロックを明示的にかける基本構文

```
START TRANSACTION;
SELECT * FROM テーブル名 （SQL文）LOCK IN SHARE MODE;
…ロックをかけている間にしたい操作…
COMMIT（またはROLLBACK）;
```

11-2 ロック　271

▶ **リスト11-9** レコード単位に排他ロックを明示的にかける基本構文

```
START TRANSACTION;
SELECT * FROM テーブル名 （SQL文）FOR UPDATE;
…ロックをかけている間にしたい操作…
COMMIT （またはROLLBACK）；
```

　どちらの場合もレコードロックなので、ロックがかかる対象はWHERE句などで絞り込まれた最終結果のレコードだけです。それ以外の部分にはロックがかかりません。

11-2-4 ロックを理解しよう

　ロックを理解するために、少し具体的な例で考えてみましょう。ロックしていないとダブルブッキングしてしまうケースです。座席管理テーブル（テーブル名「zaseki」）で、座席番号と予約者名、予約日を管理しているとします。

▶ **表11-5** zasekiテーブル

idza	shimei	yoyakubi
…………	…………	…………
c26	斧定九郎	2018-01-18 12:30:21
c27		
c28	桃井若狭之助	2018-01-04 10:20:11
…………	…………	…………

　このとき、大星さんという予約者が、画面上で空席となっている「C列27番（ID:c27）」を予約しようとした場合、まず以下のようなSELECT文が実行されて、空席かどうかをシステムに照会します。

▶ **リスト11-10** c27が空席かどうかを照会するSELECT文

```
SELECT * FROM zaseki WHERE idza = 'c27';
```

　この時点では空席なので、当然「空席である」という応答が返ってきます。空席の場合は、プログラムが席を確保するUPDATE文を実行します。

▶リスト11-11 席を確保するUPDATE文

```
UPDATE zaseki SET shimei = '大星由良之助', yoyakubi=NOW() WHERE idza='c27';
```

しかし、この2行のSQL文を処理している最中に、別の人物が猛スピードで割り込んできました。

▶図11-8 空席を照会している間に別の人に割り込まれて、席を確保されてしまう

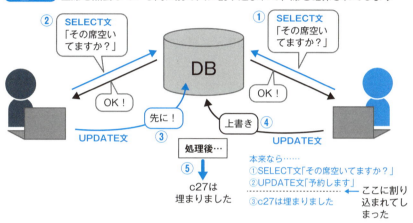

別の人物が割り込んだことで、c27の席を2人が予約しようとすることになってしまいました。こうしたことを防ぐには、SELECT文とUPDATE文の2つの処理を1つのトランザクションにして、`FOR UPDATE` を指定して排他ロックをかけます。するとUPDATEが完了するまでほかのユーザーは待たされるので、割り込みが起きなくなります。

▶リスト11-12 2つの処理を1つのトランザクションでまとめ、FOR UPDATEを指定する

```
START TRANSACTION;
SELECT * FROM zaseki WHERE idza = 'c27' FOR UPDATE;  ←ここで排他ロックがかかる
UPDATE zaseki SET shimei = '大星由良之助', yoyakubi=NOW() WHERE idza='c27';
COMMIT;  ←コミットすれば排他ロックは解除される
```

11-2-5 デッドロック

ロックがかかっている場合、ほかのユーザーはそのロックが解除されるまで待ちます。その際、別のテーブルにロックをかけながら待つこともあるかもしれません。すると、まれに互いにロックが解除されるまで待ち続けて八方ふさがりの状態になるこ

とがあります。このような状態を**デッドロック**といいます。

具体的な例で説明します。営業一課からAさんを削除し、システム課に追記するトランザクションAと、逆にシステム課からBさんを削除し、営業一課に追記するトランザクションBがあったとします。このとき、仮にどちらのトランザクションも名簿をテーブルロックかける処理をしている場合、トランザクションAは、営業一課からAさんを削除した段階で営業一課の名簿をロックします。システム課にAさんを追記するまでロックは外れません。一方、トランザクションBも、システム課からBさんを削除した段階でシステム課の名簿をロックしており、それがちょうどトランザクションAがAさんを書き込みたいタイミングだったので、お互いにロックする状態になってしまいました。

▶**図11-9** 両方のトランザクションが互いのテーブルのロック解除待ちになってしまった

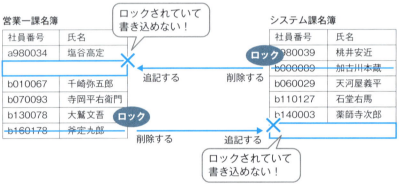

デッドロックとは、このように**互いがロック解除を待ち続ける**ような状態のことをいいます。MySQLをはじめとするRDBMSにはデッドロックを検知する仕組みがあり、デッドロックが発生したときは両方を失敗させることでデッドロックを解決します。とはいえ、データベース操作するときはデッドロックがかからないように工夫することが必要です。例えば、ロックの範囲を狭めることを検討しましょう。この例ではテーブルロックをかけたためにデッドロックが発生しましたが、変更しているレコードだけロックをかけていれば互いに待ち状態にならないので、デッドロックにはなりません。

- ロックとは、ほかのユーザーのデータの読み書きを制限する仕組みのこと
- ロックには、ほかのユーザーの書き込みを制限する共有ロックと、書き込みと読み取りを制限する排他ロックの2種類がある

Chapter 11 | トランザクションとロック

11-3

トランザクション分離
〜トランザクション処理がどう見えるかを指定する〜

トランザクションは処理をまとめて行うため、処理中にほかのユーザーにアクセスを待ってもらうことがあります。どの程度待つのか、どの程度ほかのユーザーによる操作を見せるのかを決めるのが、トランザクション分離レベルです。

11-3-1 トランザクション分離レベルとは

トランザクション分離レベルとは、トランザクション処理中に、ほかのユーザーによる操作がどの程度見えるのかを定めるものです。分離レベルには4つの種類があります。分離レベルが低いほど、ほかのユーザーの処理を待たずにトランザクションを実行できるようになり、パフォーマンスが向上します。反面、ほかのユーザーに処理中のデータが見えてしまい、誤動作の原因となることがあります。

トランザクション分離レベルは、**SET TRANSACTION ISOLATION LEVEL** という構文で指定します。デフォルトの分離レベルは REPEATABLE READ で、ほとんどの利用ではこのレベルで十分です。

▶リスト11-13 分離レベルの指定

```
SET TRANSACTION ISOLATION LEVEL 分離レベル;
```

11-3-2 トランザクション分離レベルの種類

4つのトランザクション分離レベルがあり、紹介順に分離レベルが低い、つまりパフォーマンスが高くなっています。

●READ UNCOMMITTED

一番低い分離レベルです。SELECT 文を実行するとき、まだコミットされていないデータを読み込む可能性があります。コミット前のデータを読み取ることを**ダーティ**

11-3 トランザクション分離　275

リードといいます。正しい結果が出るとはいえないので、概算レポートを出したいなど、データの正確性を犠牲にしてでもパフォーマンスを向上したいときだけに使います。MySQLの場合、そこまでパフォーマンスは向上しないので、使われることはほとんどありません。

●READ COMMITTED

　ダーティリードを解決したものです。コミットされたデータしか読み取りません。MySQL以外の多くのデータベースでは、これがデフォルトです。あくまでもコミットされたデータしか読み取らないというだけなので、レコードを参照した後にほかのユーザーが書き換えれば、その書き換えた内容はすぐに反映されます。つまり同じSELECT文を実行しても、ほかのユーザーの処理が割り込むことによって結果が変わる可能性があります。これを**ノンリピータブルリード**や**ファジーリード**といいます。

●REPEATABLE READ

　MySQLのデフォルトの分離レベルです。ノンリピータブルリードの問題を解決したものです。トランザクションを開始するときに、現在のテーブルの状態をそのまま取り出した**スナップショット**を作ることによって、トランザクションの処理中にほかのユーザーがそのトランザクションに対して行った変更の影響を受けないようにしたものです。ただし、トランザクションの処理中に、ほかのユーザーが追加したレコードが現れることがあります。これを**ファントムリード**と呼びます。MySQLでは特殊な方法でファントムリードを防止しているため、問題となることはありません。

●SERIALIZABLE

　トランザクションを完全に分離して処理します。もっとも高い分離レベルですが、読み込んだすべてのレコードに行ロックをかけるため、ロックの競合が多発し、パフォーマンスが大きく低下する可能性があります。そのため、あまり使われることはありません。

- ●トランザクション処理中にほかのユーザーの操作をどこまで検知できるかをトランザクション分離レベルという

Chapter 12

ストアドルーチン

複数のSQL文をまとめて実行する仕組みをストアドルーチンと呼びます。ストアドルーチンにはいくつかの種類があり、本章ではストアドプロシージャやストアドファンクション、トリガーについて説明します。

Chapter 12 ストアドルーチン

12-1 ストアドルーチン
〜一連のSQLを1つにまとめて実行する〜

複雑なデータを処理するときに、複数のSQLを続けて実行することがよくあります。その際、一連のSQLをストアドルーチンとして名前を付けて登録しておくと、何度でも実行できます。ここではストアドルーチンについて学んでいきましょう。

12-1-1 ストアドプロシージャとストアドファンクション

　データベースを扱っていると、複数のSQL文を連続で何度も実行することがよくあります。都度SQL文を書いてそれごとに実行してもよいのですが、毎回複数のSQLを入力するのは手間ですし、タイプミスなどが起こる可能性もあります。このように一連の処理を行いたい場合は、**ストアドルーチン**を使うと便利です。ストアドルーチンとは一連のSQL文をデータベースに登録しておく仕組みで、ストアドルーチンを呼び出すことで複数のSQL文を毎回書くことなく実行できます。ストアドルーチンには**ストアドプロシージャ**と**ストアドファンクション**の2種類があります。

▶図12-1 ストアドルーチンを呼び出すと、そこに登録された複数のSQLが順番に実行される

ストアドプロシージャはまとめられたSQL文を実行する機能です。一方のストアドファンクションは、まとめられたSQLを関数として扱う機能で、例えば、SUMやAVGなどの関数と同様に、何かの処理結果を返す仕組みを作るときに使います。まずはストアドプロシージャから見ていきましょう。

12-1-2 ストアドプロシージャとは

ストアドプロシージャは、複数のSQL文を1つにパッケージしてデータベースで実行する仕組みです。プロシージャ（Procedure）とは、手続きのことです。そのため、実行が速い、クライアントとRDBMSとのやりとりが少なくて済むなどのメリットがあります。また、よく使うSQL文の組み合わせに名前を付けて登録することができるため、毎回1つずつSQLを書かなくても、パッケージの名称を記載するだけで繰り返し使用できます。ストアドプロシージャはSQLの文法の1つであり、作ったパッケージは **CALL** という構文を使うことで実行できます。

▶**図12-2** ストアドプロシージャを使用するとクライアントから実行する命令は1回でよい

通常の場合

ストアドプロシージャの場合

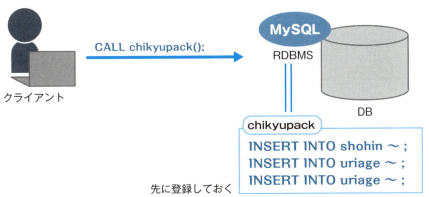

12-1 ストアドルーチン 279

12-1-3 トランザクションとの違い

「複数のSQL文をまとめて実行する」と聞くと、第11章で解説したトランザクションを思い浮かべる方もいるでしょう。ストアドプロシージャもトランザクションもどちらも複数のSQL文を扱うため、区別が付きづらいかもしれません。

トランザクションとはデータベースへの命令で、指定した複数のSQL文が途中までしか実行されずに不完全な状態になることを防ぐ仕組みです。つまり、同一トランザクション内に1から5までのSQL文があった場合に、123だけが実行されるなどという状態になることはありません。

一方、ストアドプロシージャはパッケージとしてデータベースで実行する仕組みなので、実行の状態によっては、123まで実行したところで止まってしまったり、1245は成功したものの3のみ実行に失敗してしまったりすることもあり得ます。ストアドプロシージャの目的はまとめて実行することなので、その性質上、トランザクションと組み合わせて使用されるケースも多いです。

▶図12-3 トランザクションとストアドプロシージャの違い

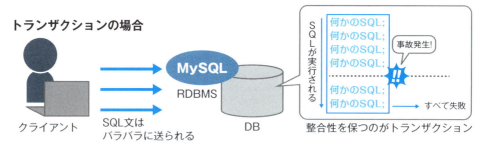

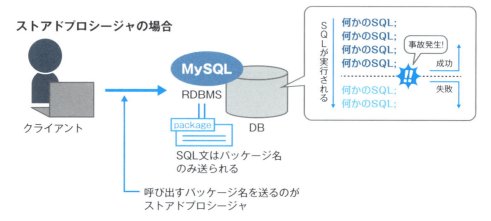

12-1-4 ストアドプロシージャの作成と実行と削除

ストアドプロシージャの書き方は二段階に分かれています。1つはパッケージの定義を、もう1つはパッケージの実行をします。

●ストアドプロシージャの登録

ストアドプロシージャを登録したいときは、**CREATE PROCEDURE**構文を使います。BEGIN と END の間に、呼び出されたときに実行したい一連のSQL文を記述します。プロシージャ名の後ろには ( ) を記述している点に注意してください。このとき、カッコの中には引数を指定することができます。引数については後で説明しますが、省略して ( ) とすることもできます。

▶ **リスト12-1** ストアドプロシージャの基本形

```
CREATE PROCEDURE プロシージャ名()
BEGIN
登録したいSQL文
END;
```

なお、ストアドプロシージャを記述するときには**デリミタ（DELIMITER）**の指定をします。デリミタとは区切り記号のことで、MySQLでは普段 ;（セミコロン） を使用しています。しかし、; を区切り文字にしたままにしていると、CREATE PROCEDURE構文でSQLを登録するときにエラーになってしまいます。これはMySQLが、デリミタが出てくると問答無用で文末だと判断してしまうからです。

▶ **図12-4** デリミタをセミコロンにするとMySQLが文の終わりを正しく判断できない

CREATE PROCEDURE プロシージャ名( )
BEGIN
登録したいSQL文①(;)← このセミコロンに反応して
登録したいSQL文②；　　処理が終わりと認識してしまう
登録したいSQL文③；
END ；←──────── 本当の終わり

これを防ぐために、一時的にSQLの区切り文字を ; ではなく、別のものに変更します。代替の区切り記号は、// や $ が一般的です。デリミタを変更する構文は以下のとおりです。

12-1 ストアドルーチン　281

▶**リスト12-2** デリミタの指定

```
DELIMITER （代替の区切り文字）
登録したいSQL文
END;
```

`DELIMITER`（**代替の区切り文字**）を変更した後に書いたSQL文のデリミタが変更になります。デリミタを仮に `//` とする場合、以下のように指定します。

▶**リスト12-3** デリミタを `//` とする場合

```
DELIMITER //
SQL文
END //
```

今回のように、デリミタの指定後にCREATE PROCEDURE構文を記述する場合は、以下のように書きます。登録するSQL文は3つ入れています。

▶**図12-5** デリミタを指定してストアドプロシージャを登録する

```
                        ── 代替の区切り記号
DELIMITER //  ← デリミタの指定
CREATE PROCEDURE uriagepack ( )
                    プロシージャ名
BEGIN
INSERT INTO shohin (idsh, product, price, category) VALUES
('m132004', '万年筆D', 3000, '万年筆');  ← SQL文①

INSERT INTO uriage (iddh, company, charge, state, area) VALUES
(2017120001, 'シリウス社', 6000, '東京都', '世田谷区');  ← SQL文②

INSERT INTO uriage (iddh, company, charge, state, area) VALUES
(2017120002, 'ベガ社', 12000, '東京都', '世田谷区');  ← SQL文③
                                              登録したいSQL
END //
区切り記号
```

Column ┃ **デリミタが変更される範囲**

DELIMITER文の有効範囲は、DELEMETERの後ろに指定した記号が出てくるところまでです。本文の例では、DELEMETER `//` としているので、`//` が登場するところまでとなります。図12-5の例では END `//` の `//` までが有効範囲です。

---

282 **Chapter 12** ストアドルーチン

●ストアドプロシージャの実行

CREATE PROCEDURE構文では、ストアドプロシージャを登録しただけです。実行するときは、**CALL**ステートメントを使います。

▶ **リスト12-4** CALLステートメントの基本形

```
CALL プロシージャ名(引数, …);
```

●ストアドプロシージャを削除する

ストアドプロシージャを削除するには、**DROP PROCEDURE**と記述します。

▶ **リスト12-5** ストアドプロシージャ削除の基本形

```
DROP PROCEDURE プロシージャ名;
```

12-1-5 ストアドプロシージャを使ってみよう

phpMyAdminを操作して簡単なストアドプロシージャを登録し、それを実行してみましょう。

❶ストアドプロシージャを登録する

3つのSQL文を実行するストアドプロシージャを「uriagepack」という名前で登録します。shohin（商品）テーブルとuriage（売上）テーブルにレコードを追加するINSERT INTO文を3つ実行します。

▶ **リスト12-6** 3つのSQL文を実行するストアドプロシージャを登録するSQL

```
DELIMITER //
CREATE PROCEDURE uriagepack ()
BEGIN
INSERT INTO shohin (idsh, product, price, category) VALUES
('m132004', '万年筆D', 3000, '万年筆');
INSERT INTO uriage (idur, company, charge, state, area) VALUES
(2017120001, 'シリウス社', 6000, '東京都', '世田谷区');
INSERT INTO uriage (idur, company, charge, state, area) VALUES
(2017120002, 'ベガ社', 12000, '東京都', '世田谷区');
END //
```

12-1 ストアドルーチン　283

▶図12-6 3つのSQL文を実行するストアドプロシージャを登録する

❷ストアドプロシージャを実行する

次のように入力してストアドプロシージャを実行します。実行すると、登録しておいた3つのINSRET文が、順に実行されます。

▶リスト12-7 ストアドプロシージャをCALLするSQL

```
CALL uriagepack ();
```

▶ **図12-7** ストアドプロシージャを CALL する SQL を実行

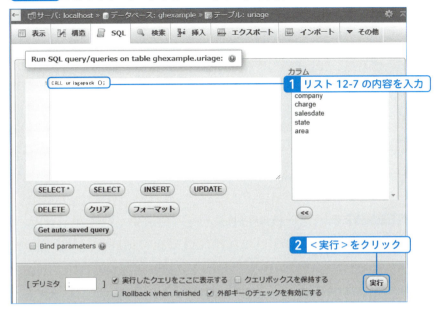

❸実行を確認する

shouhin（商品）テーブルと、uriage（売上）テーブルに、以下のレコードが追加されていれば、成功です。

shohin（商品）テーブル
・'m132004', '万年筆D', 3000, '万年筆'

uriage（売上）テーブル
・2017120001, 'シリウス社', 6000, '東京都', '世田谷区'
・2017120002, 'ベガ社', 12000, '東京都', '世田谷区'

追加されたかどうかを確認するため、shohin（商品）テーブルやuriage（売上）テーブルを対象にSELECT文を実行して確認しましょう。

▶ **リスト12-8** 商品テーブルを確認する

```
SELECT * FROM shohin;
```

▶ 図12-8 実行後の商品テーブル

▶ リスト12-9 売上テーブルを確認する

```
SELECT * FROM uriage;
```

▶ 図12-9 実行後の商品テーブル

追加したデータは末尾（学習環境の場合は2ページ目）に表示される

ストアドプロシージャが使用され、テーブルにレコードが追加されていることが確認できました。

12-1-6 引数を使う

ストアドプロシージャでは、カッコの中に引数を指定して、その値をストアドプロシージャの内部で利用できます。引数は第6章の関数でも登場しましたが、意味合いは同じです。

●引数のあるストアドプロシージャの登録

引数のあるストアドプロシージャを登録するには、次のような形で CREATE PROCEDURE を書きます。

▶リスト12-10 ストアドプロシージャでの引数の基本形

```
CREATE PROCEDURE ストアドプロシージャ名(引数1 データ型,引数2 データ型……)
BEGIN
登録したいSQL文
END;
```

　例えば、引数として「kaisha」を指定した「uriagekaishabetsu」というストアドプロシージャの場合、以下のように記述します。引数にはデータ型の指定が必要なので、ここでは仮に50文字のVARCHAR型としました。ストアドプロシージャの中身は、uriage（売上）テーブルのcompany（社名）列に引数で指定した社名のものがあれば表示するというSELECT文です。

▶図12-10 引数に指定された名称と同じ会社名があれば表示するSELECT文

DELIMITER //

CREATE PROCEDURE uriagekaishabetsu (kaisha VARCHAR(50))
　　　　　　　　　　プロシージャ名　　　引数　　データ型

BEGIN

SELECT * FROM uriage WHERE company = kaisha;
　　　　　　　　　　　　　　　　　　　　　引数

END//

●引数のあるストアドプロシージャの実行

　これらを実行すると、uriage（売上）テーブルから「シリウス社」だけのものを取り出すことができます。実行のためのSQLは以下のとおりです。

▶リスト12-11 ストアドプロシージャ uriagekaishabetsu を実行するSQL

```
CALL uriagekaishabetsu('シリウス社');
```

12-1-7 ストアドファンクションとは

　ストアドファンクションは関数を追加する機能です。独自の集計や計算したいときなどに使われ、ストアドプロシージャと異なり、実行すると何らかの計算結果を戻り値として返します。

▶図12-11 ストアドプロシージャとストアドファンクションの違い

ストアドプロシージャ
まとめて実行する

ストアドファンクション
まとめて実行して、かつ戻り値を返す

戻り値

　ストアドプロシージャはCALLステートメントを使って実行しましたが、ストアドファンクションは、「関数」であるため、SELECT文やWHERE句など関数を記述する場所であればどこにでも書けるという違いがあります（表12-1参照）。

▶表12-1 ストアドプロシージャとストアドファンクションの違い

項目	ストアドプロシージャ	ストアドファンクション
作り方	CREATE PROCEDURE	CREATE FUNCTION
戻り値	なし	あり
呼び出し方	CALL	関数を使える場所ならどこにでも記述できる

12-1-8 ストアドファンクションの登録、実行、削除

　ストアドプロシージャではCREATE PROCEDURE構文を使いましたが、ストアドファンクションでは **CREATE FUNCTION** 構文を使います。また、ストアドプロシージャと異なり戻り値が存在するため、RETURNS で戻り値のデータ型を決めて、RETURNで戻り値を設定します。

●ストアドファンクションの登録

　登録、呼び出しなど、構文と戻り値の設定以外の仕組みはストアドプロシージャと同じです。まずは、ストアドファンクションを登録します。CREATE FUNCTION構文を使い、呼び出されたときに実行したい一連のSQL文を BEGIN と END の間に記述します。引数の省略もストアドプロシージャと同じように可能です。

▶リスト12-12 ストアドファンクションの基本形

```
CREATE FUNCTION ファンクション名() RETURNS 戻り値の型
BEGIN
登録したいSQL文
RETURN 戻り値とする値
END;
```

　ストアドファンクションとストアドプロシージャの大きな違いは、戻り値です。
RETURNS で戻り値のデータ型を、**RETURN** で戻り値を設定します。戻り値には、計算結
果や処理結果など、ストアドファンクションを実行した結果の値を指定します。

　ストアドプロシージャと同じように、登録するときはデリミタの設定も必要です。
そのため、実際には先頭でデリミタの指定をし、**END** の後は指定したデリミタとを記
述することになります。具体的には、以下のような形で記述します。

▶図12-12 デリミタを指定してストアドファンクションを登録する

DELIMITER //

CREATE FUNCTION touroku (doubutsu VARCHAR(50))
　　　　　　　　　　　　　ファンクション名　　引数　　データ型

RETURNS VARCHAR(50) ← 戻り値のデータ型

BEGIN

INSERT INTO 北極動物 (動物名) VALUES (doubutsu) ; ← SQL文

RETURN '登録しました' ; ← 戻り値

END //

　このストアドファンクションは例としてわかりやすくするために作成したもので、
実際に実行してもあまり意味のないファンクションです。ストアドファンクションを
使う場合、SQL文で何かの値を取得した後、それに対して戻り値を返す形が多いので
すが、これを行うには**変数**を指定しなければなりません。例えば、特定の会社の売上
合計を戻り値として出したい場合は、以下のようなSELECT文を使います。

▶リスト12-13 特定の会社の売上合計を戻り値として返すSELECT文

```
SELECT SUM(charge) INTO modori1 FROM uriage WHERE company = kaisha;
```

　今までINSETRT文で使っていた **INTO** がSELECT文に使われています。これは、
uriage（売上）テーブルにある特定の会社の売上（charge）の合計を、変数modori1に
入れるという意味です。これをストアドファンクションとして登録するには、
「uriagegoukei」というファンクション名を付け、「modori1」という変数を定義し、戻

12-1 ストアドルーチン　289

り値として変数modori1の値を返すように記述します。

　変数とは、値を一時的に保存できる箱のようなもののことで、好きな名前を付けられます。ここではmodori1としましたが、別の名前でも構いません。SELECT文で取得したデータをストアドファンクションの結果として返したいときは、上記のように、`INTO 変数名`と記述します。`SUM(charge) INTO modori1`なら、`SUM(charge)`の結果、つまり合計金額がmodori1という名前の変数に保存され、その値を返すことになります。

▶図12-13 変数を使ったストアドファンクションの登録

```
DELIMITER //
CREATE FUNCTION uriagegoukei (kaisha VARCHAR(50))
               ファンクション名   引数      データ型
RETURNS DECIMAL ← 戻り値のデータ型
BEGIN
DECLARE modori1 DECIMAL;  ←「modori1」という変数を宣言
SELECT SUM(charge) INTO modori1 FROM uriage WHERE company = kaisha;
                                                            ↑
RETURN modori1; ←「modori1」の変数の値を戻す              SQL文
END//
```

　変数を使うには、**DECLARE**を使用した変数の定義が必要になります。ストアドファンクションを使うということは、ほとんどの場合、何か処理した結果を返したいはずです。変数の定義の方法もセットで覚えておきましょう。

▶リスト12-14 変数の定義の基本形

```
DECLARE 変数名 データ型
```

●SQL文の省略

　実は、ストアドファンクションにSQL文は必須ではありません。テーブルなどの操作をする必要がなく、計算や書式変更といったものだけを実行したいのなら、SQLを省略できます。

　例えば、入力した値に対し、末尾に「様」を付けて返すようなファンクション**personsama**の場合は、以下のように記述します。ここでは、すでに説明したCONCAT関数を使って、元の名前の末尾に「'様'」と付けています。

▶**リスト12-15** 引数の末尾に'様'を付けて返すストアドファンクション

```
DELIMITER //
CREATE FUNCTION personsama(username VARCHAR(50))
RETURNS VARCHAR(70)
BEGIN
RETURN CONCAT(username, '様');
END //
```

●ストアドファンクションの実行

ストアドファンクションの実行には、CALL のような特定のステートメントを使用する必要はありません。関数として扱えるため、いろいろな構文の中に入れることができます。

▶**リスト12-16** ストアドファンクションを使用した基本形

```
SELECT ファンクション名('入力項目');
```

入力文字列に「様」を付けて戻すストアドファンクション personsama に「大星由良之助」を入力して実行するには、以下のように記述します。

▶**リスト12-17** ストアドファンクション personsama を使用する

```
SELECT personsama('大星由良之助');
```

●ストアドファンクションの削除

ストアドファンクションを削除するには、**DROP FUNCTION** と記述します。

▶**リスト12-18** ストアドファンクションの削除の基本形

```
DROP FUNCTION ファンクション名();
```

12-1-9 ストアドファンクションを使ってみる

それでは実際にストアドファンクションを使ってみましょう。先ほど登場した、末尾に'様'を付けるストアドファンクションを登録します。

❶ストアドファンクションを登録する

まずは、次のように入力してストアドファンクションを作成します。

▶リスト12-19 末尾に'様'を付けるストアドファンクションを登録するSQL

```
DELIMITER //
CREATE FUNCTION personsama(username VARCHAR(50))
RETURNS VARCHAR(70)
BEGIN
RETURN CONCAT(username, '様');
END //
```

▶図12-14 3つのSQL文を実行するストアドプロシージャを登録する

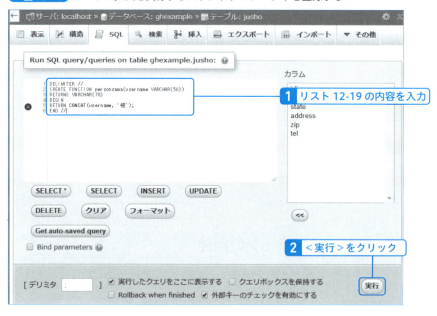

❷ストアドファンクションを実行する

ストアドファンクションを次のように入力します。

▶リスト12-20 末尾に'様'を付けるストアドファンクションを呼び出すSELECT文を実行

```
SELECT personsama('大星由良之助');
```

▶図12-15 リスト12-20のSQLを入力し実行する

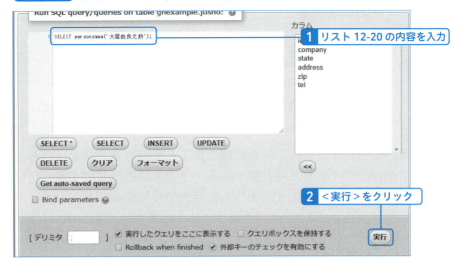

❸実行を確認する

「大星由良之助様」と表示されたら成功です。

▶図12-16 「大星由良之助様」と表示された

●ストアドルーチンには、ストアドプロシージャとストアドファンクションがある
●ストアドプロシージャは複数のSQLをまとめて実行するための機能で、ストアドファンクションはユーザーが関数を定義するための機能

Chapter 12 ストアドルーチン

12-2 トリガー
~テーブルの変更を検知して処理を実行する~

テーブルの値が変化したときに、何か処理できると便利です。例えば、あるテーブルにレコードがINSERTされたら、別のあるテーブルにも同じ値を使ったレコードをINSERTするといった処理です。そうした目的で使用するのがトリガーです。

12-2-1 トリガーとは

　MySQLでは、テーブルに対して特定の動作が起きたときにそれを検知してストアドルーチンを実行できます。この機能を**トリガー**といいます。「何か特定の動作が起きたとき」なので、具体的には、INSERT、DELETE、UPDATEのような実際にデータベースに対して書き換えを行うアクションが対象です。

　トリガーを使用するには、ストアドプロシージャやストアドファンクションと同じく、あらかじめトリガーとなる条件を登録しておきます。実行はトリガーとなる動作（特定のテーブルに対してのINSERT、DELETE、UPDATE）が行われたときです。

▶図12-17 ストアドプロシージャとトリガーの違い

ストアドプロシージャ
CALLで恣意的に実行する

トリガー
きっかけになる動作に対して実行する

12-2-2 トリガーの登録と実行と削除

トリガーを登録するには、**CREATE TRIGGER** 構文を使います。トリガーを実行するタイミングはトリガーに設定した条件時であるため、ストアドプロシージャの `CALL` のような恣意的に実行する特定のステートメントはありません。

◉トリガーの登録

最初に登録しておくのは、ストアドプロシージャやストアドファンクションと同じです。CREATE TRIGGER 構文を使い、`BEGIN` と `END` の間に呼び出されたときに実行したい一連のSQL文を記述します。トリガーは条件によって発動するものなので、引数はありません。発動条件は、**BEFORE** または **AFTER** によって指定します。

▶ **リスト12-21** トリガーの基本形

```
CREATE TRIGGER トリガー名 BEFORE （または AFTER）対象の操作 ON テーブル名 FOR EACH ROW
BEGIN
実行したいSQL文
END ;
```

文字通り、トリガーの条件となる動作の前に行いたい場合は `BEFORE`、後に行いたい場合は `AFTER` を使用します。例えば、`BEFORE INSERT` であれば、INSERT操作が行われる直前に `BEGIN`〜`END` で囲まれた部分が実行されます。`AFTER INSERT` であれば、INSERT操作が行われた直後に `BEGIN`〜`END` で囲まれた部分が実行されるようになります。`FOR EACH ROW` は決まり文句のようなもので、テーブル名の後に記述します。

例えば、jusho（住所）テーブルで何らかレコードがDELETEされた後（AFTER）に、uriage（売上）テーブルでもその会社に関する商品の売上金額を0にしてしまいたい場合は、以下のように記述します。

12-2 トリガー　295

▶図12-18 トリガーの記述例

```
DELIMITER //
CREATE TRIGGER jushotrigger
                トリガー名
AFTER DELETE  ← トリガーとなる条件
ON jusho FOR EACH ROW
   テーブル名
BEGIN
UPDATE uriage SET charge = 0 WHERE company = jusho.company;
END //                                                    ↑
                                                         SQL文
```

●トリガーの削除

トリガーを削除するには、**DROP TRIGGER** と記述します。

▶リスト12-22 トリガーの削除の基本形

```
DROP TRIGGER トリガー名;
```

12-2-3 トリガーを使ってみよう

トリガーの登録、実行を実際にやってみましょう。jushoテーブルのレコードが削除された後に、uriageテーブルのその会社に関する商品の売上金額を0にするトリガーを登録、実行してみます。

❶トリガーを登録する

次のように入力してトリガーを登録します。

▶リスト12-23 jushoテーブルのレコードが削除された後に、uriageテーブルを更新するトリガー

```
DELIMITER //
CREATE TRIGGER jushotrigger
AFTER DELETE ON jusho FOR EACH ROW
BEGIN
UPDATE uriage SET charge = 0 WHERE company = OLD.company;
END //
```

296 **Chapter 12** ストアドルーチン

▶図12-19 リスト12-23のSQLを実行しトリガーを登録

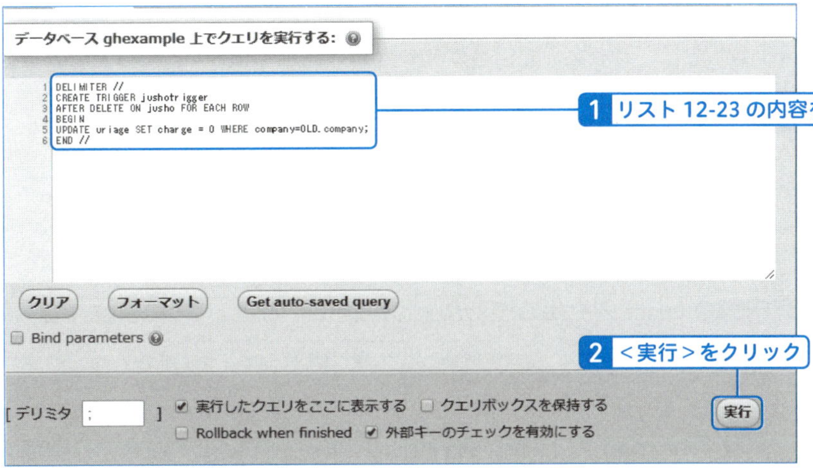

```
1  DELIMITER //
2  CREATE TRIGGER jushotrigger
3  AFTER DELETE ON jusho FOR EACH ROW
4  BEGIN
5  UPDATE uriage SET charge = 0 WHERE company=OLD.company;
6  END //
```

1 リスト12-23の内容を入力

2 <実行>をクリック

❷トリガーを実行する

　実際に、jusho（住所）テーブルのレコードを消してみます。「ベガ社」を消してみましょう。

▶リスト12-24 jushoテーブルの「ベガ社」を削除するSQL

```
DELETE FROM jusho WHERE company = 'ベガ社';
```

▶図12-20 jushoテーブルの「ベガ社」を削除

```
1  DELETE FROM jusho WHERE company='ベガ社';
```

1 リスト12-24の内容を入力

2 <実行>をクリック

12-2 トリガー　297

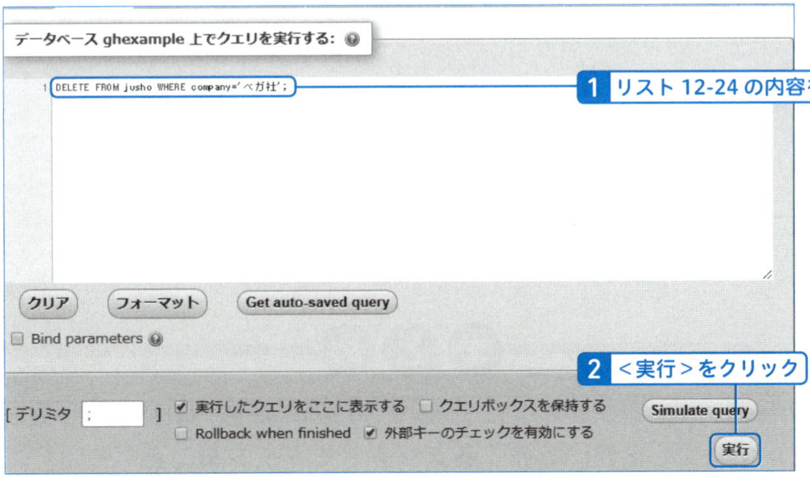

❸実行を確認する

uriage（売上）テーブルで、ベガ社のものの売上金額が0になったことを確認します。

▶**リスト12-25** uriageテーブルの「ベガ社」の売上を確認

```
SELECT * FROM uriage WHERE company = 'ベガ社';
```

▶**図12-21** uriageテーブルの「ベガ社」の売上が0になっていることを確認する

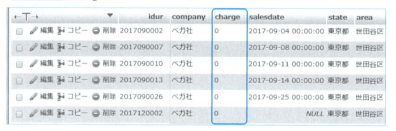

●トリガーとは、テーブルに対して特定の操作（INSERT、UPDATE、DELETE）が発生した際に動作するストアドルーチンのこと

Chapter **13**

データベースの
運用と管理

データベースはデータの塊です。部外者に操作されたりデータが流出したりしてしまうと、大きな問題につながります。そのため、データベースの運用とセキュリティは一心同体といっても過言ではありません。サーバーの操作とともに、どのように運用・管理していくのか学びましょう。

Chapter 13　データベースの運用と管理

13-1 Linuxの基本
～Linuxの基本操作について知ろう～

ここまでSQLやデータベースのオブジェクトについて学んできましたが、データベースそのものを扱う場合、サーバーの知識は不可欠です。まずはLinuxの基本操作など、サーバーの基本について押さえておきましょう。

13-1-1 LinuxとMySQLサーバーの動作の仕組み

　WordやExcelがWindows上で動いているように、MySQLもOS上で動きます。Windows系、UNIX系のどちらでも動きますが、多くのMySQLは**Linuxサーバー**の上に構築されています。

　サーバー上で動くプログラムを**サービス**と呼びます。つまりMySQLもサービスの1つです。サーバー上では「mysql.service」という名前で動いています。

▶図13-1 Linuxサーバー上でいろいろなサービスが動いている

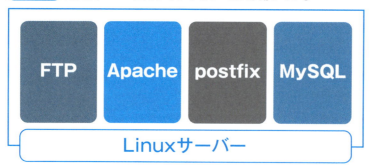

13-1-2 MySQLの操作とLinuxの操作

　MySQLを操作するには、MySQLを直接操作する場合と、Linuxサーバー上で操作する場合があります。例えば、データベース自体を操作する場合はMySQLで操作しますし、MySQLの設定ファイルを変更したり、起動・停止を操作したりする場合はLinux上で操作します。

　Linux上で操作をする場合はLinuxにログインしますが、MySQLを操作する場合は「MySQL付属のツール」を使います。ツールはコマンドとも呼ばれ、その代表的なものが、**MySQLモニタ（mysqlコマンド）**と**バックアップツール（mysqldumpコマンド）**です。この2つのツール（コマンド）を使って、データベースを操作します。

▶図13-2　MySQL付属のツールであるMySQLモニタとMySQLdumpでMySQLを操作する

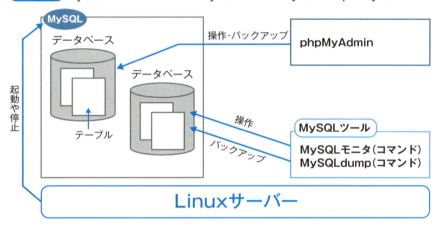

　これまでの章ではphpMyAdminを使用して学習してきましたが、MySQLモニタもほぼ同じようなものです。phpMyAdminは、ブラウザから操作する用のツールであるのに対し、MySQLモニタはサーバー上でコマンドラインを使って操作する用のツールです。本書付属のサンプルでは、phpMyAdminを使用するための環境（phpMyAdminやPHPの実行環境の設定）をすでに整えた状態で学習してきました。MySQLモニタもMySQLに付属しているので、別途インストールなどの作業は必要ありません。

●サーバー版とデスクトップ版の違い

　本書のサンプルとして提供しているVirtualBoxで動いているのは、**Ubuntu**と呼ばれるLinux OSです。Ubuntuはデスクトップ版やクラウド版などいくつかのバージョンがリリースされていますが、本書では「Ubuntu Server」というバージョンを使用しています。

　Ubuntuで有名なのはデスクトップ版です。デスクトップ版はグラフィカルな画面でマウス操作でき、オフィスソフトも使えるなど、Windows感覚で使えるLinuxです。対して、このServerエディションはサーバー向けのものです。一般的にLinux OSをサーバー用途で動作させる場合、余計な機能となるデスクトップ環境（マウスでクリックしたりドラッグアンドドロップしたりして動作させる環境）は利用しません。このUbuntu Serverエディションも、黒地に白の文字が表示されるだけで、基本操作はキーボードのみです。このような環境を**コマンドライン環境**と呼び、直接コマンドを入力してサーバー上のソフトなどを操作します。

▶**図13-3** サーバー版とデスクトップ版

デスクトップ版

サーバー版

Column　GUIとCUI

　デスクトップ環境のような、グラフィカルなアイコンを使用してユーザーとやりとりする操作画面をGUI（グラフィカルユーザーインターフェース）と呼び、文字を入力してユーザーとやりとりするコマンドライン環境をCUI（キャラクタユーザーインターフェース）と呼びます。

◉操作するにはログインが必要

Linuxを操作するには、Linuxにログインする必要があります。Linux上でMySQLを操作するためには、Linuxログイン後にさらにMySQLにもログインしなければなりません。

わかりやすくいうならば、鍵のかかった部屋の中（MySQL）で作業をしたい場合は、家（Linux）の鍵と部屋（MySQL）の鍵の両方が必要ということです。また、Linux（家の中）であっても、MySQL以外（廊下など部屋以外の場所）を操作することと、MySQL（部屋の中）で操作することがあるため、部屋を出たり入ったりする必要があります。

Linuxへのログインは、この後説明するコンソールやターミナルなどから接続するときに行います。MySQLへの操作は、MySQLモニタやバックアップツールなど、MySQLを操作するツールを起動するときに指定します。

このとき、Linuxのユーザーも、MySQLのユーザーも、すべての操作ができる特別なユーザーがいます。**rootユーザー**もしくは**管理者ユーザー**といい、Linuxのrootユーザーは、サーバーの設定変更や、MySQLのようなサーバー上で動くサービスの起動や停止、電源を切るといったコマンドを実行するときなどに使います。MySQLのrootユーザーは、データベースの作成やデータベースのユーザーの作成などに使われるほか、すべてのデータベース操作ができるため、全データベースのバックアップの際にも用いられます。

なお、本書では、サンプルとして用意しているLinuxやMySQLのユーザーとそのパスワードを次のように設定しています。

▶リスト13-1 ホスト名（サーバーの名前）

```
ghpc
```

▶表13-1 Linuxユーザー情報

ユーザー名	パスワード	用途
root	rpass	rootユーザー（管理者）
user01	pass01	一般ユーザー

▶リスト13-2 サンプルデータベース

```
ghexample
```

13-1 Linuxの基本　303

▶表13-2 データベースユーザーとパスワードの一覧

ユーザー名	パスワード	用途
root	rdbpass	データベースのrootユーザー（管理者）
dbuser	dbpass	データベースghexampleを操作できる一般ユーザー

13-1-3 Linuxの操作方法

Linuxを操作するには2つの方法があります。1つはサーバーに接続されたキーボードやディスプレイから操作する方法、もう1つはターミナルソフトを使い、別のコンピュータからネットワークで接続して操作する方法です。

●サーバーに接続されたキーボードなどから操作する

サーバーに接続されたキーボードやディスプレイから直接操作する方法です。接続されたキーボードやディスプレイのことを**コンソール**といい、VirtualBoxの場合は、VirtualBoxが動いているウィンドウで操作します。このウィンドウのことは**仮想コンソール**と呼ばれます。

●別のコンピュータからネットワークで接続して操作する

ほかのコンピュータ（パソコンやほかのサーバー）から、操作したいサーバーにネットワーク越しに接続して操作する方法です。ネットワーク接続を通じて操作することを**ターミナル**と呼び、そのときに使うソフトのことを**ターミナルソフト**といいます。ターミナルソフトとしては、TeraTerm、PuTTY、Poderosa、RLoginなどが有名です。具体的には、**TELNET**や**SSH**という方法でネットワーク越しに接続します。

Column **TELNETとSSH**

TELNETは、ネットワークを経由して遠方の端末にキー入力したり、画面の表示を受け取ったりする仕組みです。やりとりは文字情報だけで、GUIでの操作はできません。データは平文（暗号化されないもの）で送受信されるので、盗聴の恐れがあります。SSHもTELNETと同様の仕組みですが、通信網を暗号化して安全に通信します。現在ではこちらが主流です。

---

304 **Chapter 13** データベースの運用と管理

▶図13-4 直接ログインと、リモートからのログイン

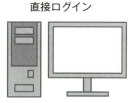

ネットワークで接続
（TELNET、SSH）

TeraTerm, PuTTY、
Poderosa, RLoginなどの
ソフトで操作

直接ログイン

サーバに接続された
キーボードやディスプレイ
から操作

13-1-4 コンソールからのログイン

　サーバーを操作するには、コンソールからの操作であっても、ターミナルソフトからの操作であっても、「ログイン」が必要です。MySQLを操作するには、さらにMySQLにもログインします。

　VirtualBoxを起動すると（起動方法については第2章を参照）、黒い画面で「login:」と表示されます。「ユーザー名」を入力して Enter キーを押します。すると、パスワードを尋ねられるので、「パスワード」を入力してさらに Enter キーを押します。なお、パスワードは入力しても画面には表示されません。ユーザー名とパスワードが正しければログインに成功し、Linuxのコマンドを入力して操作できるようになります。

　本書の構成では、ユーザー名「user01」、パスワード「pass01」という設定でログインできるようになっているので、VirtualBoxを使って、実際にログインしてみましょう。成功すると、次のようなメッセージが表示されます。

▶リスト13-3 サーバーへのログインに成功すると、このようなメッセージが表示される

```
Welcome to Ubuntu 16.04.2 LTS (GNU/Linux 4.4.0-62-generic x86_64)

 * Documentation:  https://help.ubuntu.com
 * Management:     https://landscape.canonical.com
 * Support:        https://ubuntu.com/advantage

XXX 個のパッケージがアップデート可能です。
XX 個のアップデートはセキュリティアップデートです。

Last login: XXXXXXXXXXXXXX from 192.168.56.1
user01@ghpc:~$
```

▶図13-5 VirtualBoxでログインした結果

表示されるメッセージの最後の行は、次のようになっているはずです。

▶リスト13-4 メッセージの最後の行

```
user01@ghpc:~$
```

この行はLinuxに対して命令を入れる行です。これに追記するような形で入力していきます。その際に表示される「user01@ghpc:~$」の部分を**プロンプト**と呼びます。プロンプトの意味は次のとおりです。

❶ユーザー名

「user01」は現在ログインしているユーザー名です。ここではログインするときに、ユーザー名を「user01」にしたので、このような表示となっています。

❷コンピュータ名

「@ghpc」は、現在操作しているコンピュータ名を表示しています。本書では、このUbuntuの仮想サーバーの名前を「ghpc」として設定しているため、このように表示されます。

❸現在アクセスしているディレクトリ

「~」（チルダ）は、現在アクセスしているディレクトリ（フォルダ）です。ディレクトリは「/」や「/usr」など、「/」で区切った表記をします。「~」という表記は、そのユーザーの**ホームディレクトリ**を意味します。ホームディレクトリとは、サーバー

内に作られる、各ユーザー専用領域のことです。サーバーは複数のユーザーが共有するものなので、それぞれのユーザーは自分に割り当てられたホームディレクトリを頂点として、その配下のファイルしか読み書きできないように保護されています。実際のホームディレクトリは、「/home/user01」「/home/user02」のように、「/home/ユーザー名」というディレクトリです。先に説明した「~」というのは、user01でログインしている場合、「/home/user01」を指します。

❹一般ユーザーか管理者ユーザーかの区別

Linuxのユーザーには**一般ユーザー**と**管理者ユーザー**の2種類のユーザーがいます。管理者ユーザーとは、すべての操作ができる特殊なユーザーです。管理者ユーザーは、**rootユーザー**と呼ばれることもあります。一般ユーザーの場合はプロンプトの末尾が「$」ですが、管理者ユーザーの場合は「#」となります。

上記のうち❶～❸は、どのユーザーでログインしているか、今どのディレクトリに対して操作しているのかによって異なる内容です。書籍などでは、コマンドプロンプトを示すときは❶～❸を省略し、「$」や「#」とだけ記述することがあります。

Column ログアウトするには

Linuxでの操作を終えるには、ログアウトをします。ログアウトするには、exit または logout とキー入力し、Enter キーを押します。すると、ログイン前の表示に戻ります。なお、次に説明するターミナルからログインする場合も同じです。ターミナルからのログインの場合、exit や logout というコマンドを入力すると、操作しているターミナルのウィンドウが閉じます。

13-1 Linuxの基本　307

13-1-5 ターミナルからのログイン

同様に、ネットワークを介して、ほかのコンピュータから接続してサーバーを操作することもできます。

ターミナル操作を行うにはターミナルソフトが必要です。ターミナルソフトとしてはTeraTerm、PuTTY、Poderosa、RLoginなどが有名ですが、今回は、「RLogin（バージョン2.22.5）」を用いて説明していきます。RLoginは国産のターミナルソフトのため日本語に強く、プログラムもRLogin.exeのみでシンプルであり、機能面も充実しているため初心者からベテランまで幅広く使われています。

▶リスト13-5 RLoginのWebサイト

```
http://nanno.dip.jp/softlib/man/rlogin/
```

RLoginはインストールなしで、ダウンロードして実行すると利用できます。まずは、ダウンロードサイトから適当なフォルダにダウンロードします。下記のGitHubサイトからダウンロードできます。「rlogin_x32.zip」と「rlogin_x64.zip」があるので、32ビット版Windowsを使っている場合は前者を、64ビット版Windowsを使っている場合は後者を、それぞれダウンロードしてください。

▶リスト13-6 RLoginをダウンロードできるGitHubサイト

```
https://github.com/kmiya-culti/RLogin/releases/
```

▶図13-6 RLoginのダウンロードページからダウンロードする

ダウンロードしたら、ダブルクリックして開きます。すると、「RLogin.exe」というファイルが見つかるはずです。これをデスクトップやドキュメントなど、適当なフォルダにコピーしてください。

▶**図13-7** 格納されているRLogin.exeを適当なフォルダにコピーする

コピーしたRLogin.exeをダブルクリックすると、RLoginが起動します。

▶**図13-8** RLoginが起動した

RLoginが起動したら、初期設定を行います。以下の手順で設定していきます。

❶接続先を新規追加する

RLoginを使ってサーバーにアクセスしましょう。Server Select画面で＜新規＞をクリックし、Sever New Entry画面を開きます。

▶**図13-9** 接続先を新規追加

❷接続情報を入力する

左側のメニューから＜サーバー＞をクリックすると、入力欄が表示されるので、次の内容を入力します。入力したら＜OK＞をクリックします。

▶図13-10 接続情報を入力

エントリー/コメント
設定内容を保存する場合の設定名です。任意の名前で構いません。入力欄の上が設定名、下がコメントです。設定名は必須です。本書では「ubuntu」という名前で設定しました（右側のタブ/前接続先は空欄で構いません）。

プロトコル
通信するプロトコルです。「ssh」を選択します。

オプション Server Address
本書では、仮想サーバーのIPアドレス、192.168.56.11を入力します。右側の＜Socket Port＞は「ssh」を選択します。

オプション User Name
本書の環境ではターミナル接続でのrootログインは許可されていませんので、ここには一般ユーザである「user01」というユーザアカウントを設定します。また、＜Password/phrase＞欄にはこのユーザアカウントのパスワードである「pass01」を入力します（その横の＜Terminal＞欄のxtermは変更不要です）。

❸追加した接続先に接続する

最初のServer Select画面が表示され、今度は＜Entry＞に先ほど設定したエントリーが表示されています。登録した接続先をクリックして選択し、＜OK＞をクリックします。初回に限り、相手先が正しいかどうかを確認する画面が表示されるので＜接続する＞をクリックします。

▶図13-11 新しい接続先に接続

1 ＜OK＞をクリック

▶図13-12 初回のみ確認ダイアログが表示される

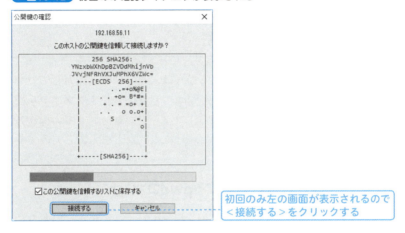

初回のみ左の画面が表示されるので
＜接続する＞をクリックする

1 ＜はい＞をクリック

❹接続が完了した

接続が完了すると、ターミナルが起動します。

13-1 Linuxの基本 311

▶図13-13 RLoginから仮想マシンに接続ができた

13-1-6 Linuxの基本的な操作

　コマンドプロンプトが表示されている場合は、そこにキー入力してコマンドを実行できます。Linuxでよく必要とされる操作は、ディレクトリやファイル操作です。ディレクトリやファイル操作を学びながら、コマンドプロンプトでの操作方法を習得していきましょう。表示されているものに続けてコマンドを入力してみてください。

●カレントディレクトリを確認するpwdコマンド

　プロンプトに表示されている「~」は「ホームディレクトリ」であることを説明しました。これを実際にコマンドで見てみましょう。ログインした直後の場合、プロンプトの表示は「user01@ghpc:~$ 」となっているはずです。この右側に「pwd」と入力して Enter キーを押してください。すると「/home/user01」の行と、プロンプトが返ってきます。

▶リスト13-7 pwdコマンドを実行すると現在のディレクトリが表示される

```
user01@ghpc:~$ pwd        ←命令
/home/user01              ←サーバーからの答え
user01@ghpc:~$            ←プロンプト
```

　pwdは「現在アクセスしているディレクトリパスを表示しなさい」という命令で、それに対する答えとして「/home/user01」を返しています。なお、現在アクセスしているディレクトリのことを**カレントディレクトリ**といいます。
　このようにサーバーにコマンドで命令を送ると、サーバーはその結果を返し、次の命令を受けられるようにプロンプトを表示します。ほかのコマンドも見ていきましょう。

▶図13-14 コマンドで命令をサーバーに送り、サーバーがその結果を返す

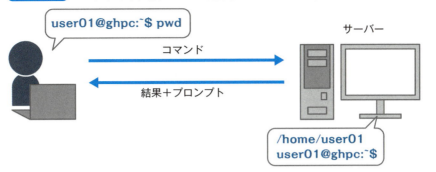

●ディレクトリを移動するcdコマンド

　cd（チェンジディレクトリ）コマンドはLinuxでもっともよく使用するコマンドの1つです。今いるディレクトリ（カレントディレクトリ）を移動するのに使用します。「cd」の後に半角スペースを挟んで移動先のディレクトリを指定します。実際に「cd /home」と入力してみましょう。

▶リスト13-8 ディレクトリの移動コマンドを実行する

```
user01@ghpc:~$ cd /home
```

　下のように表示されたはずです。これは、今までいた/home/user01ディレクトリから、/homeのディレクトリに移動したことを表しています。

▶リスト13-9 カレントディレクトリがホームディレクトリに移動した

```
user01@ghpc:/home$
```

　基本的に、同じ階層より下に対してしか命令はできません。そのため、プロンプトに「今どの階層にいるのか」がはっきり示されるのです。

13-1 Linuxの基本　313

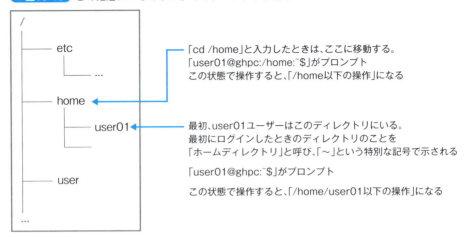

▶図13-15 どの階層にいるのかによってプロンプトが違う

cdの命令では「cd」の後に半角スペースを入れて「/home」を指定しました。このようにLinuxに対する命令は、「pwd」や「cd」のような命令本体と、「/home」のような追加情報で構成されています。「pwd」や「cd」のような命令部分を**コマンド**といい、「/home」のような追加情報を**引数（ひきすう）**と呼びます。Ubuntuを始め、Linuxのコマンドライン環境で命令を出す場合は、基本的に1つのコマンドと、0もしくは1つ以上の引数を設定して行います。

◉自分自身の階層と1つ上の階層を指定する「./」と「../」

ディレクトリを扱うときは、最低限覚えておきたい特別なパスがあります。それは **./**（ドットスラッシュ）と **../**（ドットドットスラッシュ）です。**./** は現在のディレクトリを意味し、**../** は現在の1つ上のディレクトリを意味します。1つ上のディレクトリは**親ディレクトリ**とも呼ばれます。

実際に使ってみましょう。カレントディレクトリが「home」の状態で、下のように **cd ../** を入力してみてください。1つ上の階層に移動できるはずです。元の階層に戻るには、**cd ./home** を使います。

▶リスト13-10 1つ上の階層に移動し、元の階層に戻る

このように「../」などを使って、カレントディレクトリを基準に、上をたどっていくディレクトリ名の指定方法を**相対パス**といいます。そうではなく、先頭が「/」から

始まる指定（/home/user01など）でディレクトリを指定することを**絶対パス**といいます。この **../** と **./** はよく使うので今のうちに覚えておきましょう。

なお、cdコマンドの場合、相対パスを入力するときは **cd user01**、**cd ./user01** のどちらも同じ動作をします。皆さんが入力する場合には **./** を書かなくても問題ありませんが、運用手順書や市販のLinuxソフトウェアインストールマニュアルなどでは **./** を含んだファイルパスやディレクトリパスが記載されることも多いので **./** がカレントディレクトリであることは覚えておきましょう。

13-1-7 ファイルやディレクトリの操作コマンド

ファイルやディレクトリの操作に関わるコマンドをいくつか紹介していきます。実際に触って確認してみてください。結果がわかりやすいように、本書ではあらかじめいくつかのファイルを用意してあります。

●ファイルの内容を確認するcatコマンド

cat コマンドは、ファイルの内容を表示するコマンドです。例えば、Ubuntuでは「/etc/lsb-release」というファイルに、バージョン番号などが記載されています。cat コマンドで、その中身を見てみましょう。次のように表示されれば成功です。

▶**リスト13-11** cat コマンドでファイルの中身を確認する

```
user01@ghpc:~$ cat /etc/lsb-release ········ 実行するコマンド
DISTRIB_ID=Ubuntu
DISTRIB_RELEASE=XX.XX
DISTRIB_CODENAME=XXXXXXXX
DISTRIB_DESCRIPTION="Ubuntu XX.XX.X.X LTS"
```

●ファイル名の変更やファイルの移動をするmvコマンド

ファイル名の変更やファイルの移動をしたい場合は**mv コマンド**を使用します。「変更後のファイル名」をパスも含めて指定することで、ファイルを移動できます。

▶**リスト13-12** mv コマンドでファイル名を変更する

```
mv［現在のファイル名］［変更後のファイル名］
```

13-1 Linuxの基本　315

●ファイルをコピーするcpコマンド

ファイルをコピーする**cpコマンド**もmvコマンドと同じような形をとります。「コピー先ファイル名」のところに保存したいディレクトリのパスを含めた形で記載すると、ファイルがコピーされます。ファイルを1つコピーして確認してみてください。

▶**リスト13-13** cpコマンドでファイルをコピーする

```
cp [コピー元ファイル名] [コピー先ファイル名]
```

●ファイルを消去するrmコマンド

ファイルを消去するには**rmコマンド**を使います。これを実行すると、ファイルが消えてしまうので、実験する場合も慎重に行ってください。cpコマンドでコピーしたものを消去してみましょう。

▶**リスト13-14** rmコマンドでファイルを消去する

```
rm [ファイル1]
```

●ディレクトリの中身を確認するlsコマンド

lsコマンドは、ディレクトリ内のファイルやディレクトリをリストアップするコマンドです。ディレクトリの中身を見ることができます。下記の例では cd ~ でホームディレクトリに戻った後にlsコマンドを実行しています。学習環境では「public_html」というディレクトリを作っているので、「public_html」と帰ってきたら成功です。

▶**リスト13-15** lsコマンドでディレクトリの中身を確認する

```
user01@ghpc:~$ cd ~ -------------- ホームディレクトリに移動
user01@ghpc:~$ ls -------------- ディレクトリの中身を確認
```

●ディレクトリを作成するmkdirコマンド

mkdirコマンドは、新たにディレクトリを作るコマンドです。mkdir **[ディレクトリ名]** と記述します。今回は「Work」というディレクトリを作ってみましょう。実行後にlsコマンドで、「public_html　Work」と表示されれば成功です。

316　**Chapter 13** データベースの運用と管理

▶**リスト13-16** mkdirコマンドでディレクトリを作成する

```
user01@ghpc:~$ mkdir Work
```

◉ディレクトリを削除するrmdirコマンド

rmdirコマンドは、ディレクトリを削除するコマンドです。rmdirで削除する場合、ディレクトリが空でないと、「ディレクトリは空ではありません」と表示されて削除されません。空でないディレクトリを削除したいときは、**-r**というオプションを指定します。

▶**リスト13-17** rmdirコマンドでディレクトリを削除する

```
rmdir [ディレクトリ] ············ ディレクトリを削除
rmdir -r [ディレクトリ] ·····      空でないディレクトリを削除
```

◉ディレクトリの詳細を表示する -l オプション

lsコマンドだけではディレクトリの詳細な情報がわかりづらいので、lsコマンドを使用する際には **-l**（小文字のL）というオプションを付けます。1ファイル（1ディレクトリ）あたり1行で、詳細情報とともに表示する使い方が一般的です。

▶**リスト13-18** -lオプションでディレクトリの詳細を表示する

```
user01@ghpc:~$ ls -l
```

以下のように表示されれば成功です（X月 XX XX:XXは更新日時を指す）。

▶**リスト13-19** lsコマンドを-lオプション付きで実行すると次のような結果が表示される

```
drwxrwxr-x 2 user01 user01   4096  X月 XX XX:XX Work
drwxrwxrwx 3 user01 user01   4096  X月 XX XX:XX public_html
```

13-1-8 ディレクトリ情報の見方

ディレクトリの情報はわかりづらい文字列ですが、以下のような意味があります。

▶図13-16 ディレクトリの文字列は次のように分類できる

❶ファイルやディレクトリの情報

最初の「d」は、ディレクトリであることを示します。ファイルの場合は「-」、シンボリック・リンク（Windowsの「ショートカット」やmacOSの「エイリアス」のUNIXでの呼び方）の場合は「l」と表示されます。

❷パーミッション（アクセス権限）

「rwxrwxr-x」はパーミッション（ファイルやディレクトリに対するアクセス権）であり、3文字で一塊で、それぞれ「所有者」「所有グループ」「その他」に関する情報を表します。

▶図13-17 パーミッションの例

この「rwx」はそれぞれRead（読み取り権限）、Write（書き込み権限）、eXecute（実行権限）の3つの権限であり、権限があればおのおのの記号が表示され、権限がない場合は「-」で表示されます。つまり、「rwx」と表記されていれば、読み取り、書き込み、実行すべての権限が与えられているということで、「r-x」であれば、読み取りと実行権限はありますが、書き込み権限はないということになります。

❸ハード・リンク数

ハード・リンク数を示します。特に設定がなければそのファイル名のみという意味の「1」となります。

❹❺所有者と所有グループ

最初の「user01」はファイルやディレクトリの所有者を、2番目の「user01」は所有グループを示します。

❻ファイルサイズ

ファイルサイズを表します。単位はバイトです。ディレクトリにおけるファイルサイズは、総データ量ではなく、管理しているファイル情報になるため、ファイル数が多くなれば増えますが、基本的には4096であることが多いです。

❼更新日時

最終更新日時を示します。

❽ファイル名／ディレクトリ名

ファイル名またはディレクトリ名を表します。

13-1-9 サーバーのシャットダウンと再起動

最後にサーバーの電源を切る方法を説明します。

◉電源はコマンドで切る

サーバーは複数のユーザーで共有するものです。また、電源を切ろうとしたときに何かプログラムが実行されている可能性もあるので、いきなり電源を切ってはいけません。電源を切るには、専用のコマンドを使います。そのためのコマンドが**shutdownコマンド**です。コンソールなどから sudo shutdown -h now と入力してください。

▶リスト13-20 サーバーの電源を切る

```
user01@ghpc:~$ sudo shutdown -h now
```

すると、以下のように応答が返ってきます。

13-1 Linuxの基本　319

▶リスト13-21　電源を切るにはログインユーザーのパスワードを入力する必要がある

```
[sudo] user01 のパスワード：
```

ここで、「user01」アカウントのパスワード「pass01」を入力してください。

▶リスト13-22　ログインしたユーザーのパスワードを入力する

```
[sudo] user01 のパスワード： pass01
```

すると、ターミナルソフトの接続が切れ、VirtualBox上では仮想サーバー「Ubuntu」の状態表示が「電源オフ」になっています。これでシャットダウンは完了です。

●root権限を必要とするコマンドを実行するsudoコマンド

シャットダウンコマンドでは、「sudo」という表記が出てきました。これは「代理人（"S"ubstitute "U"ser）として実行（"DO"）しなさい」という意味になります。ここでの代理人とは管理者のことです。shutdownコマンドは管理者権限でなければ実行できません。現在ログインしているのは、一般ユーザーなので、sudoコマンドを付けて管理者の代理として実行するのです。このsudoコマンドによる管理者権限の実行はsudoグループに登録されたユーザーのみ使用できます。

● MySQLはLinuxサーバー上で動作していることが多いため、まずはLinuxの操作方法を覚える

Column suコマンドでrootユーザーになる

　管理者権限でコマンドを実行するもう1つの方法については、su - コマンドを入力して管理者そのものになることです。コマンドを入力するとパスワードを聞いてくるので、管理者のパスワードを入力します。

▶ **リスト13-23** su コマンドを実行すると管理者の権限が付与される

```
user01@ghpc:~$ su -
```

　なお、Linuxでは管理者のことをルートユーザーと呼び、管理者権限のことをルート権限と呼びます。suコマンドは、sudoコマンドでも紹介した代理人 ("S"ubstitute "U"ser) の略です。その後ろのオプション「-」を付けると、コマンド環境そのものもルートユーザー権限になります。su - を行い、管理者となった場合のホームディレクトリは /root となります。ルート権限から元の一般ユーザー権限に戻したい場合にはexit と入力します。

　なお、suコマンドを利用してルートユーザーとなった場合、コマンドプロンプトが「root@ghpc:~#」となります。ユーザー名が「root」に変わっていることと、本章の冒頭でも説明した末尾の「$」が「#」になっていることがポイントです。今は記号の違いのみでなんとなく覚えているだけで十分ですが、将来皆さんがLinuxのサーバーを操作することになったときに、こうした概念が身に付いていると作業がしやすくなります。特に、Linuxではインストールマニュアルが英文というのも多々あるので、語学力に不安がある場合にはこうしたプロンプトの記号も参考にしながらインストールするとよいでしょう。

　また、本書のUbuntuではLinux学習も兼ねてルートユーザーが使用できるようにしていますが、Ubuntuを標準インストールした段階ではルートユーザーは使用できない状態となっています。これは、Ubuntuでは管理者権限は基本的にsudoコマンドから行使してほしいというUbuntuのコンセプトに基づくものです。ただ、Red Hatやほかのリ Linuxディストリビューションでは必ずしもそうではないですし、Linuxサーバーを管理・運用する上で、大量のルート権限を要するコマンドを発行しなければならないケースではルートユーザーで構築したい場面もあります。セキュリティを考えながら、sudoコマンドとルートユーザーでの行動を使い分けるとよいでしょう。

13-1 Linuxの基本　321

Chapter 13 | データベースの運用と管理

13-2

MySQLの管理
～MySQLの開始と停止～

Linuxの操作がわかったところで、本題のMySQLの話に戻ります。MySQLも、サーバー上ではサービスの1つとして動きます。ここでは、まずはサービスの動作状態の確認、起動、停止の方法を説明します。

13-2-1 MySQLサービスの動作状態を確認する

サーバーの上で何か機能を提供するプログラムのことを**サービス**といいます。通常では、1つのLinuxサーバーの上で、WebやFTPなどさまざまなサービスが動いており、そのうちの1つがMySQLサービスです。少しややこしいですが、サービスを提供するものを「サーバー」というため、MySQLサービスを提供するものを**データベースサーバー**と呼ぶこともあります。

サービスは、Linux起動時から終了時まで常駐してユーザーに機能を提供します。つまり、OSの起動と同時に自動的にプログラムも起動するため、特に意識しなくてもVirtualBox上でUbuntuを起動すればデータベースが使える状態になっているのです。

しかし、何らかの理由で突然エラーが発生し、データベースが使えなくなることも実際の運用上では珍しくありません。トラブル発生時のアプローチの方法はいくつかありますが、まず確認すべきことの1つが「サービスが動いているのかどうか」です。

● サービス状態を確認する（systemctlコマンド）

Linuxのサービスを制御するコマンドは、「systemctl」です。このコマンドは、Red Hatなどのほかの Linux ディストリビューションでも使用されています。

▶ **リスト13-24** Linuxのサービスを制御する

```
systemctl 行いたいこと サービス名
```

今回は、MySQLサービスが動作しているかどうか確認してみます。コンソール、ま

322 Chapter 13 データベースの運用と管理

たはターミナルに次のコマンドを入力してみてください。

▶リスト13-25 MySQLサービスの動作確認のコマンド

```
systemctl status mysql.service
```

「行いたいこと」には「status」、「サービス名」は「mysql.service」を入れています。「status」はステータスを確認という意味で、「mysql.service」というのはMySQLのサービス名です。打ち込むのが面倒な場合は、「mys…」くらいまで入力して TAB キーを押すと自動で補完されるので活用するとよいでしょう。コマンドを入力すると以下のようなメッセージが表示されるはずです。

▶リスト13-26 MySQLサービスの動作確認の結果

```
● mysql.service - MySQL Community Server
    Loaded: loaded (/lib/systemd/system/mysql.service; enabled; vendor preset:
enabled)
    Active: active (running) since X 201X-XX-XX XX:XX:XX JST; X ago
  Process: 1286 ExecStartPost=/usr/share/mysql/mysql-systemd-start post (code=exited,
status=0/SUCCESS)
   Process: 1178 ExecStartPre=/usr/share/mysql/mysql-systemd-start pre (code=exited,
status=0/SUCCESS)
 Main PID: 1285 (mysqld)
    Tasks: 28
   Memory: 173.6M
      CPU: 996ms
   CGroup: /system.slice/mysql.service
           └─1285 /usr/sbin/mysqld
```

この中で一番重要なのが Active： の行です。ここにはサービスの稼働状態が示されており、**active(running)** であれば「稼働中」となり、サービスが実行されていることになります。Q キーを押すと次からのコマンドが入力できるようになります。

◉サービスの停止

サービスの停止・起動については管理者権限が必要になります。そこで、管理者権限（sudoコマンド）を使用しながら停止を行います。リスト13-25では **status** と入れましたが、サービスを停止するには同じ箇所に **stop** と入れます。なお、再起動の場合は **restart** です。

▶リスト13-27 MySQLサービスの停止コマンド

```
sudo systemctl stop mysql.service
```

sudoコマンドを使用したので、user01のパスワードを聞かれたら「pass01」と答えます（sudoコマンドは一度入力すれば数分間有効状態が続くので、聞かれないこともあります）。コマンドを入力し、無事サービスが停止すると特にメッセージもなくそのままプロンプトが返ってきます。`systemctl status mysql.service` を実行してステータスを確認してみてください。3行目の「Active:」行が、`inactive(dead)` となっていれば成功です。これはサービスが「停止状態（応答なし）」という意味です。その後ろに続く時間はサービスが停止してからの経過時間を示しています。

●サービスの起動

　サービスを起動させてみましょう。`stop` の代わりに `start` と入力します。

▶リスト13-28　MySQLサービスの起動コマンド

```
sudo systemctl start mysql.service
```

　特に問題がなければそのままプロンプトが返ってきます。そしてサービスのステータスを確認すると「Active: active (running)」となっているのが確認できます。

Column　エラーメッセージ

　もし、起動しない場合にはその原因を探ります。エラーメッセージを確認しますが、もっと詳しい情報が欲しいときには、以下のコマンドを入力します。

▶リスト13-29　エラーの詳細を確認するためのjournalctlコマンド

```
journalctl -u mysql.service
```

　なお、このjournalctlコマンドもsystemdによるものなので、Linuxのバージョンが古かったり、ディストリビューションによって対応していなかったりすることもあります。

- ●MySQLの起動や停止の操作は管理者権限のユーザーからできる

13-3

Chapter 13 データベースの運用と管理

MySQLの管理ツール
～MySQLモニタでの操作～

管理ツールからサーバー上の **MySQL** を操作してみましょう。本書ではサーバー上の **MySQL** を管理するツールとして、「**MySQL モニタ**」を使用します。ここで行えることのいくつかは、**phpMyAdmin** からでも行うことができます。

13-3-1 MySQLモニタの起動と終了

サーバー上でデータベースを管理するものとして、MySQL モニタというツールを使用します。MySQL モニタはコマンドライン（黒い画面）からの操作であり、少しとっつきにくいかもしれません。内容が難しいなと感じたら phpMyAdmin を動かし、MySQL モニタの CUI でコマンド入力、phpMyAdmin の GUI で結果確認といった感じで相互のツールで確認しながら進めるのもよいでしょう。

●MySQLモニタの起動

MySQL モニタを起動してみましょう。本書の環境では、MySQL のユーザー情報として「root」がすでに登録されているので、以下のように入力します。

▶リスト13-30 rootユーザーとしてMySQLモニタを起動

```
mysql -u root  -p
```

パスワードを聞かれるので、`rdbpass` と入力してください。ここで注意するのは、「-u」と「ユーザー名」の間は半角スペースが空いているということです。

MySQL モニタが起動すると、ウェルカムメッセージに続き、プロンプトが `user01@ghpc:~$` ではなく `mysql>` という形に変わります。なお、`mysql>`のプロンプトが表示されている間は、MySQLへのコマンドの受け付け状態となっており、通常のLinuxのコマンドが使用できませんので注意してください。

13-3 MySQLの管理ツール　325

●MySQLモニタの終了

MySQLモニタを終了するには exit もしくは quit のどちらかを入力すればよいです。どちらも動作は同じですから、入力しやすいほうで入力してください。終了するとプロンプトが user01@ghpc:~$ に戻ります。

13-3-2 データベースの参照

MySQL上にあるデータベースを参照するには、show databases; を使います。「database」ではなく「database"s"」である点に注意してください。

▶リスト13-31 データベースを参照

```
mysql>show databeses;
```

すると以下のような応答があります。

▶リスト13-32 データベースの一覧が表示された

show databasesコマンドを入力すると存在するデータベース名の一覧が表示されます。本書の例では上記5つのデータベースが表示されています。

▶図13-18 show databasesコマンドで表示されたデータベース

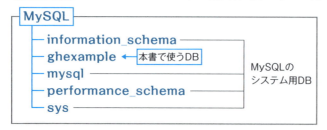

このうち「ghexample」を除く4つのデータベースについては、MySQLサーバー自身によるシステム用データベースです。例えばmysqlデータベースのuserテーブルには、MySQLサーバーにアクセスするユーザー情報が入っています。誤って削除しないようにしましょう。

13-3-3 コマンドラインからのデータベース接続

さて、次に「ghexample」というデータベースに接続してみましょう。このデータベースは著者が作成した練習用データベースです。use ghexample と入力して接続してください。「Database changed」と表示されていれば変更完了です。

▶ リスト13-33 ghexampleデータベースに接続

```
mysql>use ghexample
```

次に確認用コマンドである select database(); と入力し、以下のように表示されることを確認しましょう。

▶ リスト13-34 データベースを選択する

```
mysql>select database();
```

▶ リスト13-35 select database();の実行結果

```
+------------+
| database() |
+------------+
| ghexample  |
+------------+
```

これで「ghexample」というデータベースが選択されました。

13-3 MySQLの管理ツール　327

| Column | 区切り記号(;) |

　さて、コマンドをいくつか実行しましたが、文末に;のあるものとないものがあります。;はいったい何なのでしょうか。;は文字としての呼び名はセミコロンですが、MySQLモニタでは「デリミタ」といい、「区切り記号」という意味があります。必要なときとそうでないときの違いは、「入力するものがデータベースを処理するためのSQL文」か「MySQLモニタに働きかけるコマンドか」の違いです。とはいうものの、この両者の違いはある程度SQL文を書き慣れていかないと難しいかもしれません。しかし、安心してください。実はMySQLモニタのコマンドは基本的にデリミタを付けても動作します。つまり、`use ghexample` や `exit` も `use ghexample;`、`exit;` としても動作します。デリミタを付けるか迷ったらとりあえず付けてみるとよいでしょう。

13-3-4 データベースへのSQLコマンド

　データベース「ghexample」に接続できれば、後は通常のSQL操作でデータベースが操作できます。SQL文はここまでの章で学んでいますので、各SQL文の学習は行いませんが、操作の実例を兼ねて1つだけSELECT文で操作を体験しましょう。
　まず、このデータベースのテーブルを確認します。今接続している「ghexample」データベースのテーブルを確認する方法は「show tables;」です。このデータベースには「jusho」というテーブルがあることが確認できます。存在が確認できたので、SELECT * FROM jusho; を入力すると、jushoテーブルの中身が確認できます。

▶ リスト13-36　SQLコマンドを実行する

```
mysql>SELECT * FROM jusho;
```

　これまでの章の内容をMySQLモニタを使用して実践し、慣れていきましょう。なお、MySQLモニタを終了するにはexitコマンドを入力します。

● MySQLモニタを使用すると、SQLを実行してデータベースを操作できる

Chapter 13 データベースの運用と管理

13-4 バックアップとリストア

データベースを扱う場合、バックアップとリストアの知識は欠かせません。どちらも実際の運用では頻繁に実行する処理になります。実際の運用の前に身に付けておきましょう。

13-4-1 バックアップ

バックアップは、データベースが壊れたときや、誤操作によってデータベース内のデータを消してしまったときなどに、復旧するために使います。バックアップをとっておけば、**リストア**と呼ばれる復旧作業をすることでその時点の状態まで戻すことができます。重要なデータベースを運用するときは日々のバックアップが欠かせません。実際の運用では、大規模災害に備えてバックアップを地理的に遠い場所にコピーして置いておき災害に備えるという使い方もされます。

▶図13-19 バックアップとリストア

データベースが壊れてしまっても、
バックアップを作っていれば、その時点まで戻せる

今回学ぶバックアップは、全データベースをバックアップする方法とデータベースを指定してバックアップする方法の2種類です。

13-4-2 データベースのバックアップ

「MySQLサーバーをバックアップする」とは、MySQLサーバーの全データベースデータをローカルファイルにしてバックアップすることです。

前節のリスト13-32でMySQLサーバーの中を見たとき、5つのデータベースがあったことを覚えているでしょうか。自分が1つしかデータベースを作成していない場合でも、MySQLがシステムを運用するのに使用するデータベースがほかに4つあったはずです。つまり、自分のデータベースだけではなく、全体のバックアップをとっておかないと、環境は再現できないということです。データの復旧だけであれば自分の作ったデータベースのリストアのみで問題ありませんが、サーバーが何らかの事情で使用不能になり、MySQLサーバーを新しく構築するような場合には、丸ごとリストアして、設定ファイルも戻す必要があります。ただ、当然その分だけデータも大きくなりますし、時間もかかります。部分的なバックアップと全バックアップを上手に使い分けるとよいでしょう。

MySQLデータベースのバックアップを行うには、**mysqldumpツール（コマンド）**を使用します。これは、MySQLモニタとはまた別のツールで、Linux上で実行します。mysqldumpツールは、MySQLデータベースの内容を**dump（ダンプ）**するものです。dumpというのは、メモリ上にあるデータを一度すべて何かにアウトプットすることをいいます。特にハードディスクにファイルとして保存する場合、そのファイルを**dump file（ダンプファイル）**と呼びます。

13-4-3 全データベースをバックアップする

データベースをバックアップするにはmysqldumpツールを使うため、一度MySQLモニタを **exit** で終了し、Linux操作に戻ります。

❶cdコマンドでホームディレクトリに移動する

cdコマンドを入力して、ホームディレクトリに移動します。

▶**リスト13-37** ホームディレクトリに移動

```
user01@ghpc:~$ cd ~
```

330 **Chapter 13** データベースの運用と管理

❷mkdirコマンドでバックアップ用ディレクトリを作る

今回は新しく「MySQL_Backup」というディレクトリを用意しましょう。作成位置を間違えないように、今回はプロンプトも含めてコマンドを例示しますので、例示通りになっているのか確認した上でmkdirコマンドを入力してください。

▶リスト13-38 バックアップ用のディレクトリを作成

```
user01@ghpc:~$ mkdir MySQL_Backup
```

❸バックアップ用ディレクトリに移動する

「MySQL_Backup」ディレクトリができたら、そこへ移動します。

▶リスト13-39 バックアップ用ディレクトリに移動

```
user01@ghpc:~$ cd MySQL_Backup
```

❹バックアップを実行する

mysqldumpコマンドでバックアップを実行します。

▶リスト13-40 すべてをバックアップするコマンド構文

```
mysqldump -u ユーザー名 -p --all-databases --lock-all-tables > BAKファイル名
```

指定するのはMySQLのユーザー名です。Linuxのユーザー名ではないので注意してください。ここではrootユーザーで操作したいので、ユーザー名は「root」、パスワードはrootのパスワード「rdbpass」とします。バックアップファイル名任意なので、「mydump.sql」とします。

▶リスト13-41 バックアップを実行

```
user01@ghpc:~$ mysqldump -u root -p  --all-databases --lock-all-tables >mydump.sql
```

-u root はMySQLモニタと同じく、rootユーザーで接続するという意味です。**-p** はパスワード入力することを示します。**--all-databases** は、全データベースをバッ

13-4 バックアップとリストア　331

クアップするためのオプションです。--lock-all-tables はバックアップの開始から終了までテーブルをロック（変更不可）とするものです。特に実環境のデータベースでは常に不特定多数からアクセスされるため、バックアップしている最中にデータがどんどん変わってしまうと整合性が保てなくなります。そのため、バックアップ開始時にテーブルをロックし、一時的に凍結した状態にしてバックアップを行います。そのオプションが --lock-all-tables です。記号 > はこの記号の左辺の結果を、右辺のファイル名で書き出すというものです。なお、出力ディレクトリはカレントディレクトリ（現在いるディレクトリ）になりますが、ここをフルパス（例：/home/user01/mysqldump.sql）にすることでディレクトリ指定して書き出すことも可能です。

さて、今回用いたオプションの --all-databases と --lock-all-tables ですが、それぞれ -A と -x という省略形の表記があります。さらに -A -x をまとめて -Ax とすることもできます。

Column　パスワードを直接記述する

　-pオプションを指定した場合、パスワードの入力が要求されますが、パスワードをキー入力するのではなくて、ファイルに記述してしまいたいこともあります。そのようなときは -p パスワード（例えばパスワードがrdbpassなら -p rdbpass）のように記述して、パスワードをそのまま記載できます。その場合パスワードを他人に見られるおそれがあるため下記のメッセージが表示されますが、特に問題はありません。

▶リスト13-42　セキュリティ上の警告メッセージが表示される

```
mysql: [Warning] Using a password on the command line interface can be
insecure.
```

　これはコマンドライン上でパスワードを入力すると（画面に表示されるので）セキュリティ的に安全ではありませんという意味です。

13-4-4　データベースを指定してバックアップ

　MySQLサーバーのデータベースを指定してバックアップしたい場合には以下のように入力します。

▶リスト13-43 データベースを指定してバックアップするコマンド構文

```
mysqldump -u ユーザー名 -p --databases DB名 --lock-all-tables > BAKファイル名
```

例えばghexampleデータベースをバックアップする場合には以下のように入力します。ユーザー名は「root」、バックアップファイル名は「mydump.sql」です。ここでもパスワードを聞かれるので、「rdbpass」と答えてください。

▶リスト13-44 データベースを指定してバックアップを実行

```
mysqldump -u root -p  --databases ghexample --lock-all-tables > mydump.sql
```

なお、データベースを単独でバックアップする場合には「--databases」を省略して次のように入力しても動作します。「--lock-all-tables」も「-x」に省略可能です。

▶リスト13-45 「--databases」は省略可能

```
mysqldump -u root -p ghexample --lock-all-tables > mysqldump.sql
```

13-4-5 データベースのリストア

リストアは、何らかの理由でデータベースの状態を元に戻したいときに使います。例えば、操作ミスなどで間違って削除してしまったり、上書きしてしまったりしたものを戻したいときに、バックアップをとっていればそこからリストアできます。またほかの用途として、データベースの複製を作りたいときに、別のデータベースシステムにリストアするといった使われ方があります。本書では2種類のリストア方法について説明していきます。

◉バックアップファイルの内容すべてをリストアする方法

この方法はバックアップしたファイルをそのまま戻すという、もっとも一般的なリストア方法です。MySQLを丸ごとバックアップした場合も、一部のデータベースをバックアップした場合も、どちらもファイルの中身をすべてリストアします。

バックアップをとるのに使ったのはmysqldumpツールですが、リストアで使用するのはmysqlモニタです。間違えないようにしましょう。

13-4 バックアップとリストア 333

▶リスト13-46 バックアップ内容をリストアするコマンド構文

```
mysql -u ユーザー名 -p < BAKファイル名
```

　バックアップと同じように、ユーザー名は「root」、バックアップファイル名は「mydump.sql」、ルートのパスワードは「rpdbass」です。

　上記のリストア操作を実行すると、操作しているユーザーが普段使っているデータベースに対してリストアされます。バックアップファイルに含まれているデータで上書きされるので注意してください。特定のデータベースにリストアしたいのなら、**-D データベース** というオプションでリストア先のデータベースを指定してください。

▶リスト13-47 バックアップ内容をリストアするコマンド構文

```
mysql -D データベース名 -u ユーザー名 -p < BAKファイル名
```

　なお、リストアを行うと、バックアップファイルに含まれるデータでデータベースの状態が上書きされます。つまり、現在のデータはすべて消され、バックアップファイルを作った時点のデータに戻るので注意してください。

▶リスト13-48 mydump.sqlの内容をリストア

```
user01@ghpc:~$ mysql -u root -p < mydump.sql
```

　MySQLモニタのログインと同じですが、右側に「<」の記号およびバックアップファイルを指定している文言が追加されています。記号は「<」となり、バックアップ時（リスト13-44）の「>」とは反対向きですから気を付けてください。リストアが完了すると user01@ghpc:~$ のプロンプトが返ってきます。

　このコマンドに **-v** のオプションもあわせて付ければ、画面に進捗状況が表示されます。あまりに容量の大きなバックアップの場合は止まってしまうことも考えられるので、監視しておくとよいでしょう。

▶リスト13-49 -vオプションを付与すると進捗状況を監視しながらリストアされる

```
user01@ghpc:~$ mysql -u root -p -v < mydump.sql
```

●リストアするデータベースを指定する方法

バックアップファイルから、指定したデータベースだけをリストアすることもできます。バックアップファイル名とともに戻したいデータベース名も指定します。

▶リスト13-50　データベースを指定してmydump.sqlの内容をリストア

```
mysql -u ユーザー名 -p データベース名 < BAKファイル名
```

ユーザー名は「root」、データベース名は「ghexample」、バックアップファイル名は「mydump.sql」、パスワードは「rdbpass」です。

▶リスト13-51　データベースを指定してmydump.sqlの内容をリストア

```
user01@ghpc:~$ mysql -u root -p ghexample < mydump.sql
```

なお、データベースを指定してリストアする場合、リストア前にそのデータベースが存在していないと下記のように不明なデータベース扱いされてしまいます。

▶リスト13-52　データベースが存在しない場合はエラーになる

```
ERROR 1049 (42000): Unknown database 'ghexample'
```

検証サーバーなど、ほかのサーバーにMySQL環境を作ってデータを移すときにはデータベースの作成を忘れがちです。この場合、MySQLモニタ上から **CREATE DATABASE ghexample;** でデータベースを作成してからリストアします。データベースさえあれば、中にテーブルなどがなくてもリストアできます。

● 現在のデータベースの状態をファイルに保管することをバックアップ、そのファイルを使用してデータベースを復旧させることをリストアという

Chapter 13　データベースの運用と管理

13-5

ログ監視

ログとは、コンピュータを操作して処理を行った場合や何かトラブルが発生した場合などに、コンピュータ上で発生したできごとを記録したものです。ログを監視することでトラブルが発生したときなどに対処しやすくなります。

13-5-1　ログとは

　　ログは「このアプリケーションは○○時△△分に起動しました」という当たり障りのないものから、「××時□□分にIPアドレスXX.XX.XX.XXからアクセスがあり、このファイルを閲覧しました」という日常的な運用記録、「○×時△□分にディスクエラーを検知しました」という異常発生時の記録など、さまざまなものが記録されています。これらログについては、コンピュータが正しく動作しているかの確認や、異常が発生したときには原因を探るための診断材料になるなど、運用の現場では非常に重要なデータとなります。そのため、OSはもちろんのこと、ApacheやMySQLサーバーなどいろいろなアプリケーションでログが作成されています。ここでは、Linuxのログがどこに保存されているのかをはじめとして、どうやってログを見るのかを説明していきます。

▶表13-3 データベースサーバー上のログファイル

ログファイル	記録する内容
apache2	Apache Webサーバのログ
apt	aptコマンドで操作したときのログ
auth.log	認証のログ
dmesg	日々のコンソールに表示されるログ
fsck	ディスク検査のログ
kern.log	Linuxカーネルに関するログ
mysql	MySQLサーバのログ
syslog	システムログ

13-5-2 ログは/var/logディレクトリに入っている

Linuxのログファイルは多くの場合「/var/log」ディレクトリ内にアプリケーションごとに保存されています。つまり、LinuxもApacheもMySQLもログはすべて1カ所にあるということです。

実際にどのように保存されているか、`cd /var/log`でログの一覧を見てみましょう。

▶リスト13-53　ログの一覧を表示

```
cd /var/log
ls -l
```

実行すると多くのディレクトリやファイルが表示されていますね。もちろんMySQLのログもあります。

▶図13-20　ログの一覧

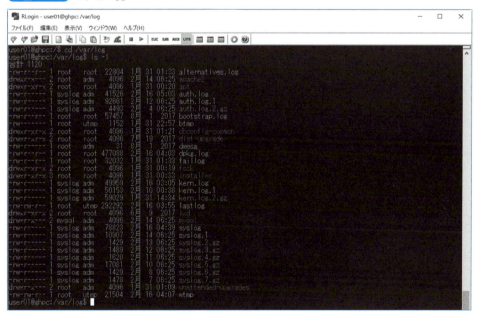

まず、/var/logの中にはファイルとディレクトリがあります。ファイルは主にOSが出力しているものが多く、OS自身のログである**syslog（シスログ）**やOSのさらに中核の**kern.log（カーネルログ）**などが代表です。Ubuntuでは初期状態では出力設定されていませんが、Red Hat系などのほかのディストリビューションでは「messages」というファイルがこのディレクトリ内に作成されます。また、1種類のログだけで完

結する小規模のソフトウェアが「[自身のソフトウェア名]+.log」という形で出力することもあります（例：vsftpd.log -「vsftpd」というFTPソフトウェアのログ）。

13-5-3 ログを開く

　Linuxでファイルを開くときは、コマンドで開くケースがほとんどです。しかしサーバー運用が主体であるLinuxではログファイルがギガバイト以上になるものもあり、単純に開くと画面がログで延々と埋め尽くされてしまうので注意が必要です。

　実際にOSのログを見てみましょう。OSのログは、「/var/log/syslog」です。ログはrootユーザーでないと読むことができないことがほとんどです。そのため、ログを見るコマンドの前に sudo を記述してrootユーザーでの操作とします。

　なお、以下のコマンドはLinuxのコマンドであり、MySQLモニタ（mysqlコマンド）のコマンドではありません。もしMySQLモニタを起動しているのであれば、**exit** もしくは **quit** と入力して、MySQLモニタを終了してから入力してください。

❶「/var/log」に移動する

「/var/log」に移動します。cdコマンドを使います。

▶ **リスト13-54** /var/logに移動する

```
cd /var/log
```

❷syslogを開く

　次にsyslogを開きますが、ログファイルを開くときには決してcatコマンドは使用しないでください。このcatコマンドは対象のファイルをすべて画面上に出力するというコマンドです。ですので、ログファイルのように膨大なテキスト量を持つテキストファイルをcatで開くと、画面がログで埋め尽くされてしまうことになります。

　その代わりに、lessコマンドを使用します。

▶ **リスト13-55** ファイルを開くlessコマンド

```
less ファイル名
```

　ログを開くには管理者権限が必要です。**sudo** を先頭に付け、ファイル名は「syslog」

338 Chapter 13 データベースの運用と管理

を指定してください。パスワード入力を求められるので、「pass01」と入力します。

▶リスト13-56　ログファイルsyslogを開く

```
sudo less syslog
```

もしcatコマンドで開いてしまった場合は、Ctrl+Cキーで強制終了できることもセットで覚えておきましょう。特にApacheのアクセスログでは何分も出力が止まらず何もできなくなります。

❸ログを見る

1画面分のログとともに一番下の行に反転された文字で「syslog」と表示されたはずです。Spaceキーで1画面分スクロール、Enterキーで1行だけスクロールします。基本的にはそれらのキーを押して順次ログを見ていく形になります。元の画面に戻るにはQキーを押します。

▶図13-21　syslogが表示された

13-5-4 ログを監視する（tailコマンドを学ぶ）

tailコマンドは「tail(尾)」の名前の通りテキストファイルの後ろを見るコマンドです。tailコマンドもlessコマンドのように tail [ファイル名] で表示できます。ただし、このまま入力すると10行程度出力されるのみであり、lessのように表示後にログをさかのぼってみるなどの操作もできませんので、オプションを使用して出力をコントロールします。オプション -n [数字] を入力すると、後ろから数字の行数だけ出力することができます。

❶syslogを開く

「cd /var/log」で、「/var/log」に移動し、syslogを開きます。

▶リスト13-57　ファイルの末尾から指定行数分開くコマンド

```
tail -n 行数 ファイル名
```

100行取り出したいので、オプションで -n 100 と付けることにします。ここでも管理者権限が必要なので、先頭にsudoを付けます。ファイル名は「syslog」を指定します。

▶リスト13-58　tailコマンドでsyslogを末尾から100行開く

```
sudo tail -n 100 syslog
```

❷ログを見る

lessに比べると見ることができる範囲は限定的です。しかし、簡単なコマンドなので、ログ解析の最初の一手としては有効です。閲覧の仕方は、lessと同じように Space キーで1画面分スクロール、Enter キーで1行だけスクロールします。

また、tailコマンドには少し特殊な機能があります。それは対象ファイルの更新監視機能です。オプションで -f を付けると、そのファイルを表示し続け、変化があれば都度画面に表示されます。監視をやめるには、Ctrl+C キーを押します。

▶リスト13-59　-f オプションで常時監視する

```
sudo tail -f 〔ファイル名〕
```

- ログは、データベースの操作や発生したエラーなどを記録するためのもの
- ログはless コマンドで表示、tailコマンドで監視できる

Chapter 14

プログラムからの接続

データベースは単独で使用することは稀です。基本的には何らかのプログラムとセットになります。こうしたときにプログラムからの接続を実現するのが、ドライバ類です。この章では、主要な言語ごとの接続方法について学びます。

Chapter 14 プログラムからの接続

14-1 プログラムからMySQLに接続する〜ドライバとライブラリ〜

MySQLのデータベースには、さまざまなプログラムから接続できます。その接続を可能とするのが、「ドライバ」や「ライブラリ」と呼ばれるプログラムです。ここからは、プログラムからMySQLに接続する方法を学んでいきましょう。

14-1-1 プログラムからMySQLに接続する仕組み

　MySQLはあくまで「データベースを操作するもの」であり、文字入力の機能や画面への表示機能は持っていません。送られてきたコマンドを実行して結果を返すという処理をしています。そのため、MySQLパッケージ付属のツールで入力したり結果を確認したりするわけですが、これらのツールは必要最低限の機能しか持っておらず、初心者にとって使い勝手がいいとはいえません。そのため、本書では「phpMyAdmin」を使って学習を進めています。

▶図14-1 ここまではphpMyAdminを使ってMySQLに対して命令を送り、結果を表示していた

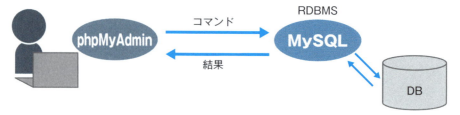

　MySQLにコマンドを送るのは、「phpMyAdmin」の専売特許ではありません。「データのやりとりの方法」が合っているなら、どのようなプログラムからでも接続できます。この「データのやりとりの方法」を合わせたり、実際に通信したりするのが、「ドライバ」や「ライブラリ」と呼ばれるものです。

　各種プログラミング言語と「ドライバ」や「ライブラリ」を組み合わせると、自作のプログラムからMySQLに接続できるようになります。MySQLに接続できるのは、Linuxサーバー上のプログラムに限りません。Windows上で動いているExcelやAccessなどからも、同様に接続できます。

▶図14-2 ドライバやライブラリを組み合わせれば、プログラムからMySQLに接続できる

> **Column　ドライバとライブラリの違い**
>
> 　データベースに接続するものを「ドライバ」と呼ぶか「ライブラリ」と呼ぶかは、言語によって違うものなので、明確な違いはありません。「付け替えたり取り外したりできる形式のもの」をドライバ、プログラムと一体化して取り外せないものを「ライブラリ」と呼ぶ傾向があります。

14-1-2　MySQLコネクタ

　どのようなドライバが必要なのか、どのようなライブラリが必要なのかは、利用するプログラミング言語によって異なります。共通のものもありますが、プログラム言語ごとに専用のものが用意されていることが多いです。

　このような、プログラミング言語から接続するためのドライバやライブラリは、以前はプログラミング言語側で用意していましたが、現在ではMySQL側がサポートしていることが多くなっています。このようなドライバやライブラリのことを**MySQLコネクタ**といいます。MySQLコネクタは、下記のMySQLの公式サイトで入手できます。MySQLコネクタが提供されているプログラミング言語については、MySQLコネクタを使うのがよいでしょう。

MySQLコネクタ（MySQL公式サイト）

- https://www.mysql.com/jp/products/connector/

　なお、プログラムからMySQLを扱うとなると難しい気もしますが、新しいコマンドを覚える必要はありません。なぜなら、送信するコマンドは今まで学習してきたSQL文そのものだからです。データベースからデータを取り出したいのなら「SELECT文」を送り込めばよく、更新したいなら「UPDATE文」を送り込みます。新しく知らなければならないのは、「SQL文を送信する方法」と「結果の受け取り方」だけです。

14-1 プログラムからMySQLに接続する　343

14-1-3 UNIXソケットとTCP/IP

MySQLがほかのプログラムからの接続を受け入れる方法として、**UNIXソケット**を使用する方法と、**TCP/IPポート**を使用する方法があります。それぞれ複数のプログラムが同時に接続できるため、UNIXソケットに10台同時接続し、かつTCP/IPポートに20台同時接続させるといった利用方法も可能です。

●UNIXソケット

同じサーバー上にプログラムファイルとMySQLを置いて接続します。サーバー内部で完結するため安全です。LinuxなどUNIXシステムでのみ利用できる仕組みです。

●TCP/IPポート

TCP/IPポートを使い、ネットワークで通信する仕組みです。インターネットにつながっている端末やサーバー同士であれば、通信できます。自宅のパソコンから会社のサーバー上にあるMySQLに接続するということも可能です。ただし、インターネットからデータベースの操作ができるということは、不正にアクセスされてデータが漏えいしたり改ざんされたりする可能性があるということでもあります。そのため、デフォルトでは利用できないように構成されています。使用する場合には、セキュリティに十分配慮しましょう。なお、どうしてもインターネット越しにMySQLを使いたい場合は、VPNを構成して、暗号化した通信網で通信する方法が一般的です。

14-1-4 リモートからアクセスできるようにする設定

インターネットからMySQLへの接続は、デフォルトではできないように構成されています。この設定を緩和するには、次の2つの設定が必要です。

❶外部ホストから接続できるようにする

外部からTCP/IPでの接続を受け付けない設定は、/etc/mysql/mysql.conf.d/mysqld.cnfにあります（旧バージョンでは、/etc/mysql/my.cnfであることもあります）。

コンソールやSSHなどでMySQLが稼働しているサーバーにログインし、設定ファイルを操作します（ログインや操作の方法については、第13章を参照してください）。

この設定ファイルをviエディタで開き、「bind-address=127.0.0.1」という行で[I]キーを押して、先頭に「#」を記述します。これは、先頭に「#」を付けた行をコメントアウトして無効にするという意味です。[Esc]キーを押し、「:wq」を入力して[Enter]キーを押すと設定が保存されます。

▶リスト14-1 設定ファイルをviエディタで開くコマンド

```
sudo vi /etc/mysql/mysql.conf.d/mysqld.cnf
```

▶図14-3 bind-address=127.0.0.1の行をコメントアウトする

```
# Instead of skip-networking the default is now to listen only on
# localhost which is more compatible and is not less secure.
bind-address            = 127.0.0.1
#
```

```
# Instead of skip-networking the default is now to listen only on
# localhost which is more compatible and is not less secure.
#bind-address            = 127.0.0.1
#
```

設定変更したら、MySQLサービスを再起動します。以下のコマンドを入力します。

▶リスト14-2 MySQLサービスを再起動するコマンド

```
sudo systemctl restart mysql.service
```

これで、TCP/IPでの制限が解除されました。

❷リモートからのアクセス権を付与する

　現在のMySQLでは、外部からのアクセスを制御するにあたり、「bind-address」によるIP制限だけではなく、ユーザー単位で接続可能なIPアドレスを指定するという方法が推奨されています。つまり、TCP/IPでの接続制限を解除しても、まだアクセスする権利がない状態です。アクセス権を設定しましょう。
　まず、❶と同じように、コンソールやSSHなどでMySQLが稼働しているサーバーにログインします。❶の操作がすでに終わっている場合は、phpMyAdminで操作することも可能です。サーバーにログインしたら、さらにMySQLにもrootユーザーでログインします（ログイン方法は第13章を参照）。ログインしたら、以下のコマンドで

ユーザー情報を確認してください。

▶**リスト14-3** MySQLのユーザー情報を確認する

```
mysql > select host , user from mysql.user;
```

このコマンドによりMySQLユーザーの一覧が表示されます。「user」の隣に「host」という列がありますが、これは、各ユーザーが「どこからアクセスできるか」という設定です。どのユーザーも「localhost」となっているため、ローカルホスト（同じサーバー内）からしか接続できない設定になっていることがわかります。

▶**図14-4** すべてのサーバーのhostがlocalhostになっている

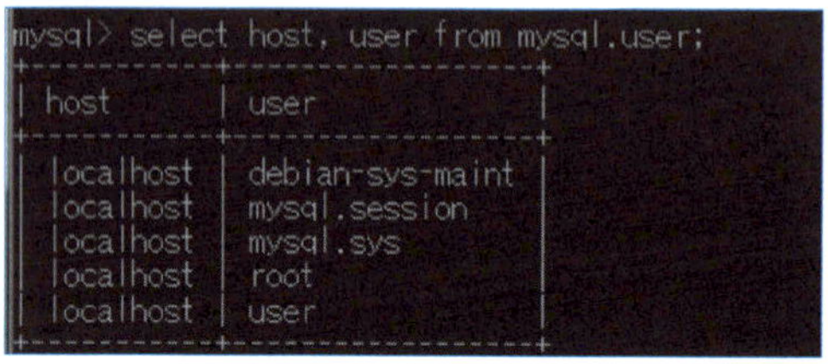

今回は新たにこのサーバー上のすべてのデータベースに対し、すべてのIPアドレスからの外部接続が可能な新たなユーザー「user」を設定することにします。mysql上で以下のコマンドを入力してください。

▶**リスト14-4** すべてのデータベースにすべてのIPアドレスから接続できる「user」を設定

```
mysql > grant all privileges on *.* to 'user'@'%' identified by 'pass' with grant option;
```

▶**図14-5** 新ユーザー「user」が設定された

このコマンドを実行すればhost列が「%」となっているユーザー「user」が追加されているのがわかります。なお、既存のローカルの「user」とは別扱いになります。

▶リスト14-5 ユーザー設定のコマンド構文

```
grant all privileges on データベースの名前.*
to 'ユーザー名'
@'アクセスを許可するIPアドレス'
identified by 'pass' with grant option;
```

今回はすべてのデータベースを参照可能とするためデータベースの名前とアクセスを許可するIPアドレスにワイルドカードの「*」や「%」を使用していますが、例えば「ghexample」データベースに「192.168.0.1」からのみアクセスを許可する場合には以下のように記述します。

▶リスト14-6 「ghexample」データベースに「192.168.0.1」からのみアクセスを許可する場合

```
grant all privileges on ghexample.* to 'user'@'192.168.0.1' identified by 'pass' with grant option;
```

Column　ファイアウォール

インターネットにサーバーやパソコンを接続するときには、安全のため、特定の通信しか通らないようにファイアウォールを構成していることがあります。その場合、ポートがふさがれてMySQLにアクセスできないことがあります。MySQLはデフォルトでTCPのポート「3306番」を使って通信します。ファイアウォールを構成しているときは、サーバーのこのポートが通信可能であるように設定する必要があります。

- プログラムからMySQLを操作するには、専用のドライバやライブラリを使用する
- MySQLはUNIXソケット、またはTCP/IPポートを使用して外部ホストから接続を受け入れる

Chapter 14 プログラムからの接続

14-2

PHPからの
データベース接続

PHPはWebアプリケーションの作成に使われるプログラミング言語です。文法が
簡単で、PHPを有効にしたWebサーバーに拡張子.phpのファイルを置くとすぐに
動かすことができます。

14-2-1 必要なドライバや構成

　Linuxの場合、PHPからMySQLを使うためのドライバはOSのパッケージとして提
供されており、apt-getコマンドやyumコマンドを使ってインストールします。インス
トール方法はOSのディストリビューションによって違うので、それぞれのディスト
リビューションに関するドキュメントを参照してください。たとえばUbuntuの場合
は、apt-getコマンドを使って、php7.0-mysqlをインストールします。なお、本書の学
習環境にはすでにphp7.0-mysqlがインストールされているので、リスト14-7、リスト
14-8のコマンドの実行は不要です。

▶リスト14-7 Ubuntuでphp7.0-mysqlをインストールする

```
user01@ghpc:~$ sudo apt-get -y install php7.0-mysql
```

　Apache環境で動いているPHPの場合には、Apacheの再起動が必要です。再起動に
はrestartを使用します。

▶リスト14-8 Apacheを再起動する

```
user01@ghpc:~$ sudo systemctl restart apache2
```

Chapter 14 プログラムからの接続

本節や第15章ではUbuntu上でPHPを動作させますが、WindowsでPHPを使用する場合、PHPにおけるMySQLのドライバは「php_mysqli.dll」です。デフォルトでは無効状態になっているので、次のようにして有効化して再起動します。

❶php.iniファイルを開く

php.iniをテキストエディタなどで開きます（php.iniは、C:¥phpフォルダなどにありますが、環境によって違うので検索して探してください）。

❷mysqli.dllを有効化する

「;extension=php_mysqli.dll」という行の先頭の;（セミコロン）を削除して、「extension=php_mysqli.dll」のようにして保存します。

▶ **図14-6** mysqli.dllを有効化

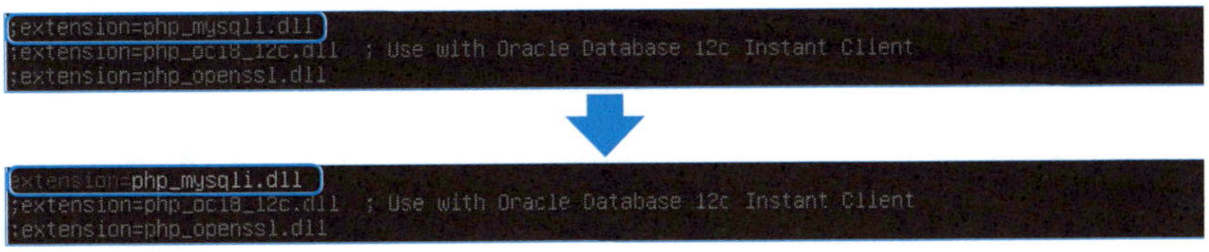

```
;extension=php_mysqli.dll
;extension=php_oci8_12c.dll  ; Use with Oracle Database 12c Instant Client
;extension=php_openssl.dll
```
⬇
```
extension=php_mysqli.dll
;extension=php_oci8_12c.dll  ; Use with Oracle Database 12c Instant Client
;extension=php_openssl.dll
```

14-2-2 プログラムの例

SELECT文を実行して、その結果を表示する例を示します。

▶ **リスト14-9** プログラム例

```php
<?php
// MySQLに接続する・・・・・・・・・・・・・・・・・❶
$link = mysqli_connect("localhost", "user", "pass");
// データベースを選択する・・・・・・・・❷
$db_selected = mysqli_select_db($link ,"ghexample");
// SELECT文を送信する・・・・・・・・・・・・❸
$result = mysqli_query($link ,"SELECT * FROM jusho");
// データを取得する・・・・・・・・・・・・・・・❹
while ($row = mysqli_fetch_assoc($result)) {
    print($row["idju"]);
    print($row["company"]);
    print($row["state"]);
    print($row["address"]);
    print($row["zip"]);
    print($row["tel"]);
}
// MySQLとの接続を切断する・・・・・・・・❺
mysqli_close($link);
```

❶MySQLに接続する

mysqli_connect関数を使います。引数は先頭から順に、「接続先ホスト名」「ユーザー名」「パスワード」です。ユーザー名とパスワードはP.346で作成したものを設定します。

❷データベースを選択する

操作するデータベースを選択するためmysqli_select_db関数を実行します。

❸SELECT文を送信する

mysqli_query関数を使うと、データベースにSELECT文を送信し、その結果が得られます。

❹データの取得

取得したデータは、mysql_fetch_assoc関数を呼び出すと、1行ずつ取得できます。

❺MySQLとの通信を切断する

操作が終わったら、mysql_close関数を実行して切断します。

> **Column　LAMPを使ったサーバー構成**
>
> 「Linux」に、Webサーバーである「Apache」、データベースソフトである「MySQL」、そして、プログラミング言語の「PHP」という組み合わせは、Webアプリケーションの構築においてよく使われます。この構成は、それぞれの頭文字をとって、LAMP（らんぷ）と呼ばれます。

● PHPの設定ファイルでMySQLドライバを有効化すると、MySQLに対してSQLが発行可能になる

Chapter 14 プログラムからの接続

14-3

Pythonからの
データベース接続

Pythonは短いプログラムで高度なことが実現できるプログラミング言語で、さまざまな用途で使われています。**Python**からデータベースに接続するにはいくつか方法がありますが、今回は**pip**コマンドを使用します。

14-3-1 コネクタのインストール

　PythonからMySQLに接続するにはいくつかの方法がありますが、今回はpipコマンド（pip3コマンド）を使います。なお、本書ではPython環境の構築については割愛しているので、Python環境は別途用意してください。

❶pipコマンドでMySQLコネクタをインストールする

　仮想マシン側ではなく、ホストマシン（Pythonを実行するマシン）のコンソールに次のpipコマンドを入力します。本章で紹介するサンプルはPython 3での動作を想定しています。Python 2とPython 3の両方がインストールされている場合は、pip部分をpip3に置き換えて実行してください。

▶**リスト14-10** pipコマンドを実行する

```
pip install mysql-connector-python
```

14-3 Pythonからのデータベース接続　351

14-3-2 プログラムの例

SELECT文を実行し、その結果を表示する例を示します。

▶リスト14-11 プログラム例

```
import mysql.connector

# MySQLに接続し、データベースを選択する ……①
conn = mysql.connector.connect(user='user',
 password='pass',
 host='192.168.56.11',
 database='ghexample'
)
# 接続カーソルを取得する……………………………②
cur = conn.cursor()
# SELECT文を送信する……………………………③
cur.execute("select * from jusho;")
# データを取得する……………………………………④
for row in cur.fetchall():
    print(row[0],row[1])
# MySQLとの接続を切断する ………………………⑤
cur.close
conn.close
```

❶MySQLに接続する

mysql.connector.connect関数を使います。引数には「ユーザー名」「パスワード」「接続先ホスト名」「データベース名」を指定します。ユーザー名とパスワードはP.346で設定したものを入力します。

❷接続カーソルを取得する

Pythonでは接続カーソルと呼ばれる仕組みを使いデータベースにアクセスします。ここではcursorメソッドを実行し、データベース操作できるカーソルを取得します。

❸SELECT文を送信する

executeメソッドを使うと、データベースにSELECT文を送信し、その結果が得られます。

❹データの取得

取得したデータは、fetchallメソッドを呼び出すことで1行ずつ取得できます。

❺MySQLとの通信を切断する

操作が終わったら、closeメソッドを実行して切断します。

▶図14-7 実行結果

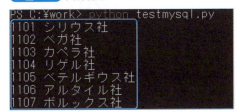

| Column | PyMySQLやmysqlclient |

　Pythonには、本文で説明している「Python Driver for MySQL (Connector/Python)」以外にも、「PyMySQL」と「mysqlclient」というデータベースドライバもあります。前者はPythonだけで作られている（C言語などほかの言語で作られたものを使っていない）もの、後者は昔からあるドライバです。ほとんどの場合、公式の「Python Driver for MySQL (Connector/Python)」を使えばよいはずですが、昔から作られたプログラムとの互換性を保ちたい場合や、セキュリティや権限などの理由で、Python以外で作られたデータベースドライバをインストールできない場合には、これらのドライバを使うとよいでしょう。

● WindowsやmacOSでPythonからMySQLにアクセスするには専用のMySQLコネクタをインストールする必要がある

14-4 Javaからの データベース接続

Chapter 14 プログラムからの接続

Javaは、Sun Microsystems社（現オラクル社）が考案したプログラミング言語です。WindowsやmacOS、Linux、Androidなど、幅広いOSで利用できるのが特徴です。データベース接続には、専用のコネクタとJDBCドライバを使用します。

14-4-1 必要なドライバや構成

JavaからMySQLに接続するには、Java版のMySQLコネクタである「JDBC Driver for MySQL（Connector/J）」に加えて**JDBCドライバ**を使います。JDBCドライバはJavaでデータベース操作に使う基本的な機能を提供するドライバです。これはすでにインストールされているので、ここでは「JDBC Driver for MySQL（Connector/J）」のみインストールします。なお、Javaの環境は別途用意してください。

❶MySQLコネクタをダウンロードする

まずはMySQL公式サイトのMySQLコネクタのページ（http://www.mysql.com/jp/products/connector/）から「JDBC Driver for MySQL（Connector/J）」をダウンロードします。

▶図14-8 MySQL公式サイトのMySQLコネクタページ

Java用のMySQLコネクタはtar.gz形式とzip形式があり、どちらも内容は同じですが、Windowsで使うのならzip形式が便利です。ダウンロードの前にOracle社のアカウントの登録について聞かれますが、不要な場合は下端の＜No,thanks,just start my download＞のリンクをクリックします。

▶**図14-9** JDBC Driver for MySQL（Connector/J）をダウンロードする

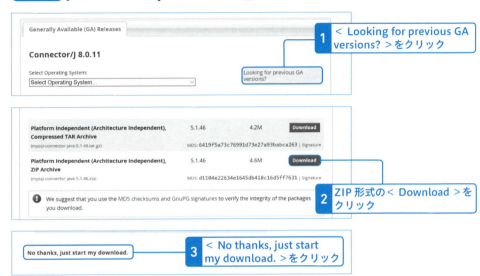

❷ドライバファイルの展開と配置

　❶でダウンロードしたファイルを展開すると、「mysql-connector-java-X.XX.XX-bin.jar」というファイルが出てきます。このファイルを自分で最適な場所に置く必要があります。本書では「C:¥JavaWork」というディレクトリを作成して保存しています。

❸CLASSPATHを設定する

　Javaでは、ライブラリやドライバを「CLASSPATH環境変数」で設定された場所から探します。そのため、MySQLコネクタを使うには❷で配置したファイルをCLASSPATHに設定しなければなりません。CLASSPATHを設定する方法には、OS上の環境変数から設定する方法や、Javaのコマンド `-classpath` から設定する方法などがありますが、今回はコマンドプロンプト上から `set` コマンドで一時的にセットする方法で説明します。❷で配置したファイルを「C:¥JavaWork」というフォルダに「mysql-connector-java-5.1.44-bin.jar」というファイル名で置いた場合（5.1.44はバージョン番号）は、以下のコマンドで登録します。

▶リスト14-12 ドライバをCLASSPATHに設定

```
set CLASSPATH=.; C:¥JavaWork¥mysql-connector-java-5.1.44¥mysql-connector-java-5.1.44-
bin.jar;
```

　CLASSPATHには、利用したいフォルダやjarファイルを ;（セミコロン）で区切って設定します。この例では、.（ピリオド）と「C:¥JavaWork¥mysql-connector-java-5.1.44¥mysql-connector-java-5.1.44-bin.jar」2つを指定しているという意味になります。後者はMySQLコネクタ本体ですが、前者はカレントフォルダです。

14-4-2 プログラムの例

　SELECT文を実行し、その結果を表示する例を示します。

▶リスト14-13 プログラム例（MySQLJavaConnection.java）

```
import java.sql.*;
public class MySQLJavaConnection
{
    public static void main(String[] args) throws Exception
    {
        try{
            int no;
            String jusho;
            //ドライバを読み込む……………………………………❶
            Class.forName("com.mysql.jdbc.Driver");
            // MySQLに接続し、データベースを選択する………❷
            Connection conn = DriverManager.getConnection
              ("jdbc:mysql://192.168.56.11/ghexample", "user","pass");
            // SELECT文を送信する ……………………………❸
            Statement st = conn.createStatement();
            String sql = "SELECT * From jusho";
            // データを取得する ……………………………………❹
            ResultSet rs = st.executeQuery (sql);
            while(rs.next()){
                no = rs.getInt("idju");
                jusho = rs.getString("address");
                System.out.println("No：" + no);
                System.out.println("住所：" + jusho);
            }
            // MySQLとの接続を切断する………………………❺
            rs.close();
            st.close();
            conn.close();
        }
        catch (Exception e) {
            e.printStackTrace();
        }
    }
}
```

❶ドライバを読み込む

Class.forNameメソッドを使って、「JDBC Driver for MySQL（Connect/J）」を読み込みます。CLASSPATHとして指定したフォルダからしか探されないので、JDBC Driver for MySQL（Connect/J）を配置した場所をCLASSPATHに設定しておく必要があります。

❷MySQLに接続し、データベースを選択する

DriveManaer.getConnectionメソッドを使って、データベースと実際に接続します。書式は次のとおりです。ユーザー名とパスワードはP.346で設定したものを使います。

▶リスト14-14 DriveManaer.getConnectionメソッドでデータベース接続する書式

```
"jdbc:mysql://[IPアドレス]/[データベース名]","[ユーザー名]","[パスワード]"
```

❸SELECT文を送信する

SELECT文を送信するには、createStatementメソッドを実行してStatementオブジェクトを取得します。そして、そのオブジェクトのexecuteQueryメソッドを実行することで、1つずつデータを取り出せます。

❹データを取得する

データを取得するには、nextメソッドで次々と結果をたどって表示するという流れになります。

❺MySQLとの通信を切断する

操作が終わったら、closeメソッドを呼び出して、接続を切ります。

実行にはコンパイルが必要です。次のようにコンパイルします。

▶リスト14-15 JAVAプログラムをコンパイル

```
javac -encoding UTF-8 MySQLJavaConnection.java
```

コンパイルが終了したら、次のように実行します。

▶リスト14-16 JAVAプログラムを実行

```
java MySQLJavaConnection
```

▶図14-10 実行結果

Column どのデータベースでも操作は同じ

　JavaはさまざまなOSで動作するソフトウェアです。そのため随所で汎用的に動く構造になっています。データベース操作もその一例です。データベース操作には、どのデータベースを操作する場合も、まずJDBCドライバというドライバを経由し、そこから先に、データベースごとの独自にドライバがつながっています。つまり、どのデータベースであっても、Javaからデータベースを操作するときはJDBCドライバが見えるので、どのようなデータベース製品であっても、接続の方法が違うだけでデータベース操作はどれでも同じという特徴があります。

- JAVAでMySQLに接続するには専用のコネクタとJDBCドライバを使用する
- ドライバファイルのパスをCLASSPATHに設定する必要がある

Chapter 14　プログラムからの接続

14-5 ExcelやAccessからのデータベース接続

Microsoft Officeの製品であるExcelやAccessからもMySQLに接続することができます。接続にはODBCという仕組みを利用します。ODBCを設定して、ExcelやAccessからデータベースに接続してみましょう。

14-5-1 必要なドライバや構成

　Windows環境でExcelやAccessからMySQLサーバーに接続する場合は、Windowsにおいて汎用的なデータベース接続をするODBCという仕組みを使います。ODBCでMySQLに接続するのに必要なのが、MySQLコネクタの「ODBC Driver for MySQL(Connector/ODBC)」です。

❶MySQLコネクタをダウンロードする

公式サイトのMySQLコネクタのページ（http://www.mysql.com/jp/products/connector/）にあるMySQLコネクタのうち「ODBC Driver for MySQL (Connector/ODBC)」をダウンロードします。「ODBC Driver for MySQL (Connector/ODBC)」の＜ダウンロード＞をクリックします。

▶図14-11　MySQL公式サイトのMySQLコネクタのページにアクセスする

すると、以下の画面が表示されるので、OSとビット数を選択します。

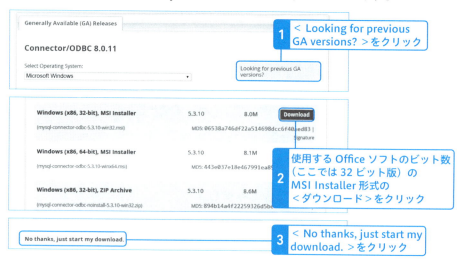

▶図14-12 ODBC Driver for MySQL（Connector/ODBC）をダウンロードする

このとき注意したいのが、ビット数です。ここではOSのビット数と合わせるのではなく、使用する予定のExcelやAccessのビット数と合わせてください。なお1つのPC内で32ビット版と64ビット版は共存できるので、よくわからない場合は両方入れてしまっても構いません。上記を選択すると、ファイル一覧が表示されます。ファイルには「MSI Installer」と「Zip Archive」の2種類がありますが、どちらも同じものです。今回は、実行するだけでインストールできる「MSI Installer」を使用します。ダブルクリックでインストールしてください。

14-5-2 データベース接続を作る

実際にデータベースに接続する前にDSN登録をします。DSNはアプリケーションがほかのデータベースに接続する際に必要となる情報をセットにしたもので、使用するドライバ、接続先（IPアドレス・ポート）、使用するユーザー名・パスワード・データベースなどをまとめたものです。これにより、アプリケーションがデータベースに接続する際、DSNを指定するだけで接続ができるようになります。システムDSNを登録する際、32ビット版と64ビット版で登録先が異なるので、注意してください。

❶ODBCアドミニストレータを起動する

32ビット版の場合は、「C:\Windows\SysWOW64」にある「odbcad32.exe」をダブルクリックして、ODBCアドミニストレータを起動します。64ビット版の場合は、コ

ントロールパネルの管理ツールよりデータソース（ODBC）をダブルクリックし、ODBCデータソースアドミニストレータを起動します。

❷システムDSNを登録する

ODBCデータソースアドミニストレータ画面のタブから＜システム DSN ＞をクリックし、＜追加＞ボタンをクリックします。

▶図14-13 ODBCデータソースアドミニストレータ画面

次にデータソースの新規作成画面が表示されます。今回、文字コード環境はすべてUTF-8でそろえているので、「MySQL ODBC X.X Unicode Driver」（「X.X」はMySQLのバージョン）を選択して＜完了＞ボタンをクリックします。

▶図14-14 データソースを新規作成する

❸データソースの情報を登録する

データソース登録画面が出てくるので、下記を参考に登録します。＜ Data Source Name ＞にはわかりやすい名前を付けます。本書では、「MySQL-Ubuntu」とします。＜ TCP/IP Server ＞には仮想UbuntuサーバーのIPアドレス（192.168.56.11）とMySQLサーバー標準のポート番号（3306）を設定し、＜ User ＞＜ Password ＞にはデータベースのユーザー名とそのパスワードを登録します。ここではP.346で作成したものを入力します。＜ Database ＞にはMySQL サーバー上で利用したいデータベースを登録します。ここでは「ghexample」としました。登録情報を入力したら一度「Database：」の横にある＜ Test ＞ボタンをクリックして接続テストをします。

▶図14-15 データソースを入力し接続をテスト

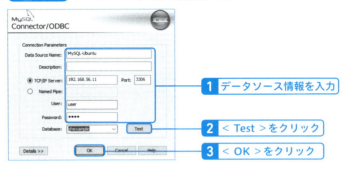

「Connection Successful」と表示されれば、正しく設定できています。登録後、ODBCデータソースアドミニストレータのシステムDSNに登録情報が反映されます。

14-5-3 Excelからデータベースに接続する

ODBCデータソースアドミニストレータを登録すれば、Officeからの接続は簡単です。まずはExcelからMySQLに接続してみます。Excelを開き、メニューバーの＜データ＞タブから＜データの取得＞をクリックし、＜その他のデータソースから＞の＜ODBCから＞をクリックします。

▶図14-16 ODBCからデータを取得する

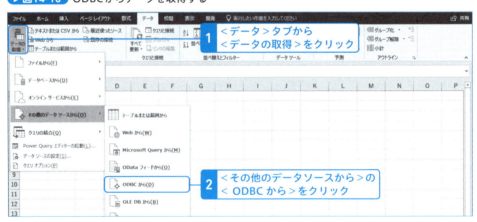

ODBCからインポート画面でデータソース名（ここでは「MySQL-Ubuntu」）を選択して、＜OK＞ボタンをクリックします。

▶図14-17 ODBCからインポート画面

ログイン画面が表示されるので、P.346で作成したユーザー名とパスワードを入力し、＜接続＞をクリックします。

▶図14-18 ODBCからインポート画面

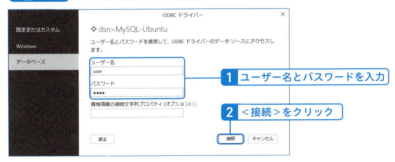

接続するデータベースとテーブルを選択する画面が出てくるので、接続するテーブルを選んで＜読み込み＞をクリックします。

▶図14-19 接続するデータベース、テーブルを選択

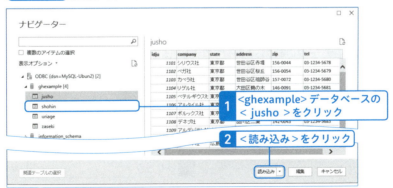

データを読み込むとExcelの画面に選択したテーブルのデータが表示されます。

▶図14-20 データのインポート画面でテーブルの表示方法を選択

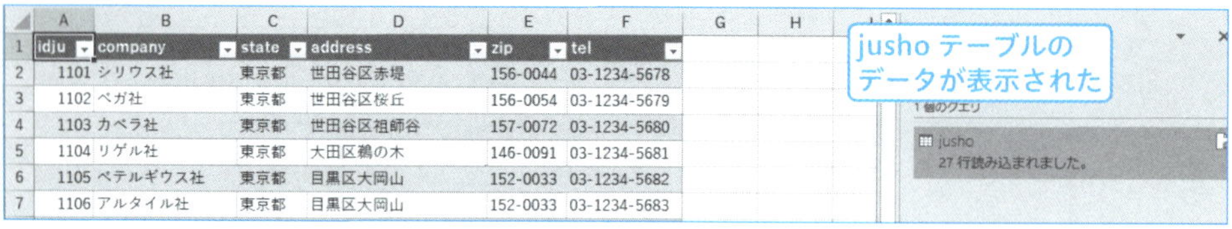

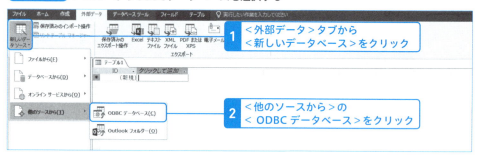

jusho テーブルの
データが表示された

14-5-4 Accessからデータベースに接続

　Microsoft Officeのデータベースソフトである AccessからもMySQLに接続できます。Accessを開き、メニューバーから＜外部データ＞タブの＜ODBCデータベース＞をクリックします。

▶図14-21 メニューからODBCデータベースを選択する

1 ＜外部データ＞タブから
＜新しいデータベース＞をクリック

2 ＜他のソースから＞の
＜ODBCデータベース＞をクリック

外部データの取り込み画面が表示されるので、接続方法を選択します。

▶図14-22 外部データの取り込み画面で接続方法を設定する

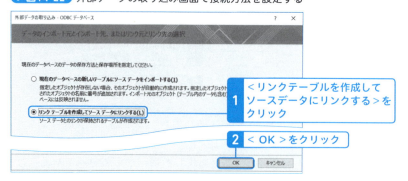

1 ＜リンクテーブルを作成して
ソースデータにリンクする＞を
クリック

2 ＜OK＞をクリック

接続方法は、次のいずれかから指定できます。

●現在のデータベースの新しいテーブルにインポートする

　データベースの内容をAccessファイル内にコピーしてテーブルとして保持します。このAccess内のテーブルはコピーされたものなので、MySQL側のデータベースの内容が変わってもAccess側のテーブルはコピー時のままです。

●リンクテーブルを作成してソースデータにリンクする

　データベースに対してリンクを作成します。Accessの画面を通してMySQLサーバーのデータを直接参照するので、MySQL側のデータが変わるとリンクテーブルの内容も変わり、Access側のリンクテーブルを書き換えるとMySQL側のテーブルも書き換わります。

　ここでは、「リンクテーブルを作成してソースデータにリンクする」を選択します。接続方法を選択すると「データソースの選択」画面が表示されます。ここで先ほど登録したDSN情報を選択して＜OK＞ボタンをクリックします。DSNへの登録が成功しているのにここに出てこない場合はOfficeのバージョンと異なるODBCデータソースアドミニストレータで登録されている可能性があります。ODBCコネクタのインストール（P.360参照）から見直してください。

▶図14-23　データソースを選択

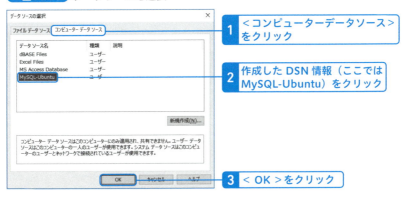

　接続するテーブルを確認する画面が表示されるので、接続先のテーブルを選択します（本書では1テーブルのみですが、テーブルは複数選択可能です）。＜OK＞をクリックすると作成完了です。

▶図14-24 テーブルを選択

 選択したテーブルデータのインポートが完了すると、次のようなダイアログが開きます。<閉じる>をクリックします。

▶図14-25 インポート操作の保存ダイアログが表示される

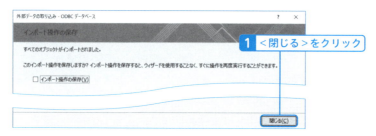

 Accessのテーブルオブジェクト欄にテーブル名が表示され、テーブル情報を見ることができるようになりました。

▶図14-26 テーブルの情報がAccessで確認できた

● ExcelやAccessからMySQLに接続するには、ODBCドライバを使用する

Chapter 15

Webアプリケーションの作成

最終章では、データベースを使用する代表的なものの1つであるWebアプリケーションを例にして、プログラムとデータベースがどのように関係し、どのように使われるのか解説します。難しいところは飛ばしてもよいので、上手くイメージを掴んでください。

Chapter 15 | Webアプリケーションの作成

15-1 Webアプリとデータベース
～ブラウザ、サーバーとデータベースの関係～

本章ではPHPでMySQLにアクセスし、データをやりとりするWebアプリケーションを作成します。Webアプリケーションは、Webブラウザを使って操作するアプリケーションの総称です。

15-1-1 Webアプリケーションの仕組み

この章ではPHPとの連携を学びます。紙面の関係上、PHPやHTMLについて深く説明できないので、わかりづらい場合は関連書籍などを併用してください。

Webアプリケーションとは、Web技術を使ってアプリケーションを構築するもので、**Webブラウザ**と**Webサーバー**で構成されます。Webアプリケーションを構成するプログラムはWebサーバーに配置しておきます。Webブラウザからそのプログラムにアクセスするとウェブサーバー上で実行され、その実行結果が得られます。これが基本的なWebアプリケーションの仕組みです。

データベースを操作するWebアプリケーションの場合は、データベースを操作する処理をWebサーバーに配置するプログラムに記述しておきます。アクセス先のデータベースは、Webサーバーと同じであることも、別のサーバーであることもあります。

▶図15-1 Webブラウザ、Webサーバー、データベースの関係

15-1-2 Webサーバーの役割

　Webアプリケーションで処理の中枢を担うのがWebサーバーです。Webサーバーとは、Apacheやnginxなどのサーバーソフトをインストールしたサーバーのことで、Webブラウザから、接続があると、その要求に対するコンテンツを返します。Webアプリケーションでは、Webサーバー上にシステムを構成するプログラムを置いています。するとWebブラウザの要求に応じてそのプログラムが実行され、処理結果がブラウザに返されます。例えば、データベースにアクセスして保存されているデータの一覧を整形して出力するようなプログラムを配置しておくと、ブラウザでアクセスしたときに、その一覧を参照できるようになります。

▶図15-2 Webサーバーの構成

ApacheなどのWebサーバーソフトウェアをインストールしたものが、Webサーバー

15-1-3 WebサーバーからのデータはHTMLで返す

　Webブラウザは、Webサーバーから戻ってきたデータをHTMLと呼ばれる言語で書かれたデータとして処理し、整形します。HTMLは、見出しや段落などを「タグ」と呼ばれる「<」と「>」で囲まれた文字で表現する記法です。

▶図15-3 Webページと対応するHTMLコード

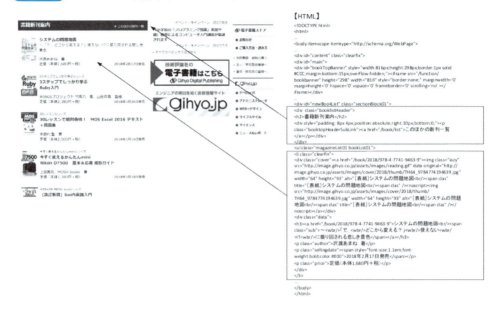

　Webサーバー上のプログラムがデータを返す場合、このHTMLの記法にのっとったものを返すようにします。そうすると、整形して表示されます。例えば、表形式で表示するには「table」というタグを使いますが、このタグを使うとブラウザ上でデータが表形式として表示されます。

▶図15-4 tableタグを使うと、ブラウザ上でデータが表形式で表示される

id	会社名	郵便番号	都道府県	住所	電話番号
1101	シリウス社	156-0044	東京都	世田谷区赤堤	03-1234-5678
1102	ベガ社	156-0054	東京都	世田谷区桜丘	03-1234-5679
1103	カペラ社	157-0072	東京都	世田谷区祖師谷	03-1234-5680
1104	リゲル社	146-0091	東京都	大田区鵜の木	03-1234-5681
1105	ベテルギウス社	152-0033	東京都	目黒区大岡山	03-1234-5682

```
<table border='1'>
<tr>
<th>id</th><th>会社名</th><th>郵便番号</th><th>都道府県</th><th>住所</th><th>電話番号</th>
</tr>
<tr>
<td>1101</td><td>シリウス社</td><td>156-0044</td><td>東京都</td><td>世田谷区赤堤</td><td>03-2222-9999</td>
</tr>
<tr>
<td>1102</td><td>ベガ社</td><td>156-0054</td><td>東京都</td><td>世田谷区桜丘</td><td>03-1234-5678</td></tr>
<tr><td>1103</td><td>カペラ社</td><td>157-0072</td><td>東京都</td><td>世田谷区祖師谷</td><td>03-1234-5680</td>
</tr>
...
</table>
```

15-1-4 Webサーバー上でプログラムを動かす方法

　Webサーバー上でプログラムを動かすための方法は、Webサーバーのソフトウェアの種類（Apacheやnginxなど）や設定によって異なります。そして、どのようなプログラミング言語でプログラムを作るかによっても、やり方が違います。そもそもサーバー上でプログラムを動かすことはサーバーの負荷を高める要因やセキュリティのリスクとなるため、レンタルのWebサーバーでは許可されていないこともあります。

　本書の付録DVD-ROMに収録しているVirtualBoxイメージでは、Webアプリケーションを作るときによく使われる**PHP**で作ったプログラムを動かせる構成にしてあります。次のように操作すると、PHPで書いたプログラムが動きます。

1. ユーザー「user01」でログインする
2. あらかじめ作られている「public_htmlディレクトリ（/home/user01/public_html）」の下に、拡張子「.php」のファイルを置く
3. 「http://192.168.56.11/~user01/2のファイル名」で実行できる

　例えば、public_htmlディレクトリにexample.phpというファイルを置くと、「http://192.168.56.11/~user01/example.php」でアクセスしたときに、そのプログラムが実行され、結果が表示されます。

▶図15-5 Webサーバー上にプログラムを置きURLを指定することでブラウザからアクセスできる

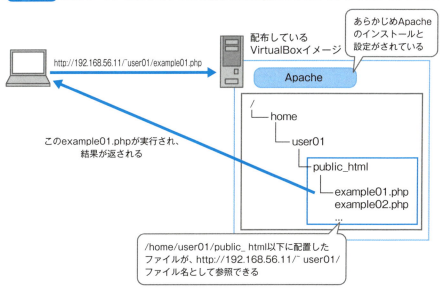

15-1-5 PHPのプログラムの基本

PHPのプログラムは、これから説明するいくつかの決まりごとに従って記述します。

●「<?php」から書く

PHPのプログラムは、次のリスト15-1のように最初に「<?php」を記述します。PHPのプログラムの最後には「?>」を書くこともありますが、最近ではセキュリティ上の問題で最後に「?>」を書かないことが増えているため、本書もそれにならい「?>」を書かないことにします。

▶ **リスト15-1** PHPのプログラムは「<?php」から始まる

```
<?php
…PHPのプログラム…
```

●文末は「;」で終わる

PHPで画面に文字を出力するには「print」という命令を使います。次のリスト15-2のようにすると、「Hello」と表示できます。SQLと同じように、それぞれの文末には;(セミコロン) を書きます。

▶ **リスト15-2** 文末には「;」を書く

```
<?php
print("Hello");
```

●文字列は「"」または「'」で囲む

文字列を記述するときは、リスト15-2で「"Hello"」として示したように、全体を "(ダブルクォート) または '(シングルクォート) で囲みます。" は内部に「$」や「\」で始まる特殊な文字があった際、それが特殊な意味に解釈されるのに対し、' はそうした特殊な解釈がされないという違いがあります。普段は " で囲んでおけばよいでしょう。

●タグも出力する

WebアプリケーションはHTMLとして出力するべきです。よって、当然HTMLタ

グもprintで出力します。例えば、「<p>」という要素として出力するなら、次のように
するのがよいでしょう。

▶リスト15-3 HTMLタグもprint内に書く

```
<?php
print("<p>Hello</p>");
```

●文字列の連結は「.」

.（ピリオド）を使うと、文字列を連結できます。例えば下記のリスト15-4は、
「<h1>example</h1><p>Hello</p>」と出力するのと同じ意味です。

▶リスト15-4 「.」で文字列を連結する

```
<?php
print("<h1>example</h1>" . "<p>Hello</p>");
```

●拡張子は「.php」、文字コードは「UTF-8」

このプログラムを拡張子「.php」のファイルとして保存して、Webサーバーに配置
すれば、実行できます。その際、文字コードはUTF-8で保存するのが望ましいです。
本書では、データベースの文字コードをUTF-8にしているので、それと合わせればデ
ータベースとのやりとりの際に文字コードの変換が必要ないからです。データベース
の文字コードと違う文字コードを選択してしまうと、文字化けが発生する可能性があ
ります。

15-1-6 PHPのプログラムを書いて実行してみよう

PHPの簡単なサンプルを書いて保存し、実際にブラウザでアクセスして実行できる
か確かめてみましょう。ファイルを保存するには、第13章でVirtualBoxにログインす
るときに使った「RLogin」のSFTPファイル転送機能を使います。

❶サンプルのPHPファイルを用意する

Windowsのメモ帳などのテキストエディタを使って、次の内容のファイルを作成し
ます。ファイル名は「example.php」としてください。ファイルを保存するときは、文
字コードとして「UTF-8」を選択してください。

15-1 Webアプリとデータベース 373

▶リスト15-5 example.php

```php
<?php
print("<h1>example</h1>" . "<p>Hello</p>");
```

▶図15-6 example.phpを作成しUTF-8で保存する

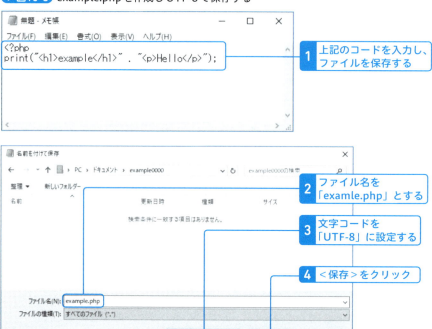

1 上記のコードを入力し、ファイルを保存する
2 ファイル名を「examle.php」とする
3 文字コードを「UTF-8」に設定する
4 <保存>をクリック

Column　ファイル転送ソフトも使える

　ファイルの転送には、WinSCPなどのSFTPに対応したファイル転送ソフトを使うこともできます。また、本書の学習環境ではFTPも利用可能なように構成しているので、FFFTPなどのFTPソフトを使って、「192.168.56.11」というホストに、ユーザー名「user01」、パスワード「pass01」でアクセスすることでもファイルを転送できます。

❷public_htmlディレクトリにPHPファイルを配置する

　第13章を参考に、RLoginを使ってVirtualBoxで構成したサーバーにuser01ユーザーでログインしてください。ログインしたら、＜ファイル＞メニューから＜SFTPファイルの転送＞メニューを選択してSFTP機能を開きます。ディレクトリ一覧が表示されるので、public_htmlディレクトリ以下に、❶で作成したexample.phpをコピーしてください。

▶図15-7　RLoginのSFTPファイルの転送機能でexample.phpをコピーする

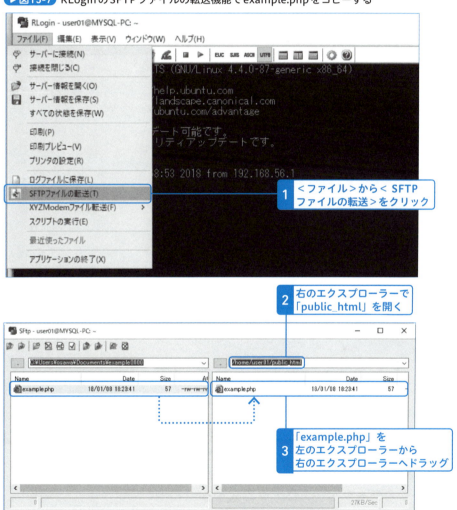

15-1 Webアプリとデータベース

❸Webブラウザでアクセスする

Webブラウザで、「http://192.168.56.11/~user01/example.php」にアクセスします（「~」の記号は[Shift]キーを押しながら[^]のキーを押すと入力できます）。アクセスすると、画面には「example」という見出し（大きな文字）の下に「Hello」と表示されるはずです。

▶図15-8 http://192.168.56.11/~user01/example.phpにアクセスし、結果を確認する

- Webアプリケーションは Web ブラウザと Web サーバーで構成され、Web サーバーからデータベースにアクセスする
- Webサーバー上でプログラム（本節ではPHP）を動かして、データベースにアクセスし、結果を Web ブラウザに表示する

Chapter 15 | **Webアプリケーションの作成**

15-2

データ一覧を表示する
～Webサーバーからデータベースへのアクセス～

PHPの基本が理解できたら、まずはデータベースにアクセスしてテーブルに保存されたデータを一覧表示するプログラムを作りましょう。テーブルからデータを取得するSELECT文をPHPからどうやって送信するかがポイントです。

15-2-1 プログラムからデータベースにアクセスする

　第14章で説明したように、プログラムからデータベースにアクセスするには、ドライバを構成し、データベースへのアクセス権が設定されていることが必要です。ここではPHPを使ってアクセスしているので、セクション14-2で説明している設定が、すでになされていることを前提としています。なお、PHPにはいくつかのバージョンがありますが、本書では、PHP 7.0であることを想定します。また、本書付録のDVD-ROMで配布しているイメージでは、Webサーバーとデータベースサーバー（MySQL）は同じサーバーで動いており、次の設定でアクセスできることを前提とします。「localhost」は、「プログラムが実行されているのと同じサーバー」であることを示します。

▶表15-1　本章の前提となる実行環境

設定	内容
接続先	localhost
ユーザー名	user
パスワード	pass
データベース名	ghexample

15-2 データ一覧を表示する　377

▶図15-9 付録のDVD-ROMの内部イメージ

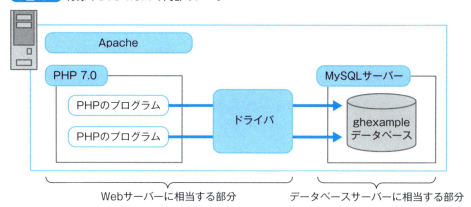

1台の同じサーバーに、WebサーバーソフトであるApacheもデータベースソフトであるMySQLも実行するように構成している。そしてPHPやドライバも構成済みで、「接続先ホスト名localhost、ユーザー名user、パスワードpass」で、接続できるように設定してある

15-2-2 すべてのレコードを表示するプログラムの例

では実際に、データベースにアクセスする例を示します。最初に示すのは、jusho（住所）テーブルにアクセスして、すべてのレコードを表示する例です。仮に、このファイル名を「viewdata.php」とします。なお、PHPのプログラムにおいて、「//」から始まる文は**コメント文**と呼ばれる文です。これはプログラムに対するコメントを記述するためのもので、実行に影響を与えない文です。

▶リスト15-6 すべてのレコードを表示するプログラム（viewdata.php）

```
<?php
// データベースの接続とデータベースの選択
$link = mysqli_connect("localhost", "user", "pass");
mysqli_select_db($link , "ghexample");

// SELECT文を実行する
$result = mysqli_query($link ,"SELECT * FROM jusho ORDER BY idju;");
// 結果を取り出す
print("<html><body>");
print("<table border='1'>");
print("<tr>");
print("<th>id</th><th>会社名</th><th>郵便番号</th><th>都道府県</th><th>住所</th><th>電話番号</th>");
print("</tr>");
```

```
while ($row = mysqli_fetch_assoc($result)) {
        print("<tr>");
        print("<td>" . htmlspecialchars($row["idju"]) . "</td>");
        print("<td>" . htmlspecialchars($row["company"]) . "</td>");
        print("<td>" . htmlspecialchars($row["zip"]) . "</td>");
        print("<td>" . htmlspecialchars($row["state"]) . "</td>");
        print("<td>" . htmlspecialchars($row["address"]) . "</td>");
        print("<td>" . htmlspecialchars($row["tel"]) . "</td>");
        print("</tr>");
}
print("</table>");
print("</body></html>");

// 切断する
mysqli_close($link);
```

本章の最後に実際に実行する方法を示しますが、このプログラムをpublic_html以下に保存して、「http://192.168.56.11/~user01/viewdata.php」にブラウザでアクセスすると、次の図15-10のようにjushoテーブルに保存されたデータが表示されます。

▶図15-10 http://192.168.56.11/~user01/viewdata.phpにアクセスした結果

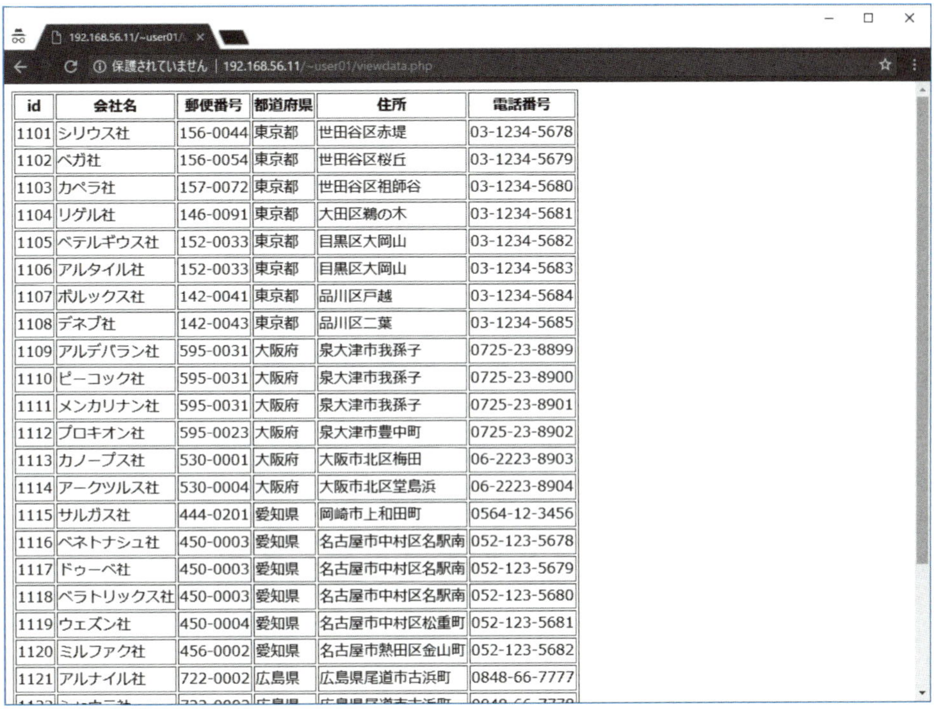

id	会社名	郵便番号	都道府県	住所	電話番号
1101	シリウス社	156-0044	東京都	世田谷区赤堤	03-1234-5678
1102	ベガ社	156-0054	東京都	世田谷区桜丘	03-1234-5679
1103	カペラ社	157-0072	東京都	世田谷区祖師谷	03-1234-5680
1104	リゲル社	146-0091	東京都	大田区鵜の木	03-1234-5681
1105	ベテルギウス社	152-0033	東京都	目黒区大岡山	03-1234-5682
1106	アルタイル社	152-0033	東京都	目黒区大岡山	03-1234-5683
1107	ポルックス社	142-0041	東京都	品川区戸越	03-1234-5684
1108	デネブ社	142-0043	東京都	品川区二葉	03-1234-5685
1109	アルデバラン社	595-0031	大阪府	泉大津市我孫子	0725-23-8899
1110	ピーコック社	595-0031	大阪府	泉大津市我孫子	0725-23-8900
1111	メンカリナン社	595-0031	大阪府	泉大津市我孫子	0725-23-8901
1112	プロキオン社	595-0023	大阪府	泉大津市豊中町	0725-23-8902
1113	カノープス社	530-0001	大阪府	大阪市北区梅田	06-2223-8903
1114	アークツルス社	530-0004	大阪府	大阪市北区堂島浜	06-2223-8904
1115	サルガス社	444-0201	愛知県	岡崎市上和田町	0564-12-3456
1116	ベネトナシュ社	450-0003	愛知県	名古屋市中村区名駅南	052-123-5678
1117	ドゥーベ社	450-0003	愛知県	名古屋市中村区名駅南	052-123-5679
1118	ベラトリックス社	450-0003	愛知県	名古屋市中村区名駅南	052-123-5680
1119	ウェズン社	450-0004	愛知県	名古屋市中村区松重町	052-123-5681
1120	ミルファク社	456-0002	愛知県	名古屋市熱田区金山町	052-123-5682
1121	アルナイル社	722-0002	広島県	広島県尾道市古浜町	0848-66-7777

15-2-3 データベースへの接続とデータベースの選択

PHPでMySQLを使うには、「mysqli_」から始まる関数を使います。始めに、mysqli_connect関数を使ってMySQLに接続します。この関数には、先頭から「接続先」「ユーザー名」「パスワード」を引数として渡します。

▶リスト15-7 mysqli_connect関数に接続先などの情報を渡す

```
$link = mysqli_connect("localhost", "user", "pass");
```

成功すると、以降のデータベース操作に必要な「データベース接続」という結果が得られます。上記の例では、これを「$link」という名前の**変数（へんすう）**に保存しています。変数とは、値に名前を付けて一時的に保存できる箱のような仕組みです。第12章でストアドファンクションの戻り値に変数を使いましたが、考え方はストアドファンクションもPHPも同じです。また、ここでは変数を「$link」という名前にしましたが、このlinkという名前に意味はなく、別の名称でも構いません。

接続が完了したら、次に操作対象とするデータベースを選択します。それにはmysqli_select_db関数を使います。1番目の引数には、mysqli_connectで取得した「データベース接続」の変数を渡します。そして2番目の引数には、操作対象とするデータベース名を渡します。ここではghexampleという名前のデータベースを操作するようにしました。ここまでが、PHPでデータベースを操作するときに最初に必要となる、定型的な処理となります。

▶リスト15-8 データベース接続情報とデータベース名を引数にmysqli_select_db関数を呼び出す

```
mysqli_select_db($link , "ghexample");
```

15-2-4 SQLを実行して結果を受け取る

PHPからデータベース操作する場合、今までphpMyAdminなどで操作してきたのと同じく「SQL文を使ってデータベースへの指示をする」という方法は変わりません。PHPからSQLを実行する場合、「結果が戻ってくる場合（SELECT文など）」と「結果が戻ってこない場合（INSERT INTO、UPDATE、DELETEなど）」によって、使う関数が違います。前者の場合は**mysqli_query関数**を使い、後者の場合は**mysqli_real_query関数**を使います（後者については、次の節で説明します）。

例えば、jusho（住所）テーブルから、idju列の小さいもの順で、すべてのレコードを取り出すには、**SELECT** **FROM jusho ORDER BY idju;** という SQL 文を実行すればよいので、次のように書きます。ここでは結果を **$result** という変数で受け取るようにしましたが、別の変数名でも構いません。

▶**リスト15-9** mysqli_query 関数を呼び出し、SELECT 文の結果を変数に受け取る

```
$result = mysqli_query($link ,"SELECT * FROM jusho ORDER BY idju;");
```

15-2-5 結果を繰り返し取り出して文字列にする

実行した結果は、$result を使って、1レコードずつ読み取ります。それには繰り返しの処理が必要です。繰り返し処理は次の構文のような形で書きます。

▶**リスト15-10** 繰り返し処理の構文

```
while ($row = mysqli_fetch_assoc($result)) {
    …ここで$rowに1レコードずつ取り出される…
}
```

上記のようにすると **$row['列名']** と記述したとき、その列の値を取得できます。例えば、「**$row["idju"]**、**$row["company"]**、…」という具合です。

15-2-6 整形や特殊なタグを置換して表示する

$row["列名"] の値を print 命令で出力してもよいのですが、そのままだとわかりにくいので、整形するのがよいでしょう。サンプルでは、次のように整形しています。

❶タグを使って表として整形する

サンプルでは、出力結果を表としています。HTML では、**table**、**tr**、**th**、**td** のタグを使うことで、表形式で表示することができます。**table** が表全体を、**tr** が1行分を、**th** が見出し、**td** がデータを示します。サンプルでは、次の構造の HTML を print 関数で出力しています。

15-2 データ一覧を表示する　381

▶リスト15-11 HTMLで表を表現する

```
<table border='1'>
  <tr>
    <th>id</th><th>会社名</th><th>郵便番号</th><th>都道府県</th><th>住所</th><th>電話
番号</th>
  </tr>
  <tr>
    <td>値</td><td>値</td>…  ------------(A)
  </tr>
  …
</table>
```

（A）の部分が実際に1レコードずつ表示する部分です。次のように、**$row["列名"]**
を書き出すことで<td>と</td>で囲まれた文字列を出力しています。

▶リスト15-12 <td>と</td>の間にテーブルからの取得値を挟んで表示する

```
print("<tr>");
print("<td>" . htmlspecialchars($row["idju"]) . "</td>");
print("<td>" . htmlspecialchars($row["company"]) . "</td>");
print("<td>" . htmlspecialchars($row["zip"]) . "</td>");
print("<td>" . htmlspecialchars($row["state"]) . "</td>");
print("<td>" . htmlspecialchars($row["address"]) . "</td>");
print("<td>" . htmlspecialchars($row["tel"]) . "</td>");
print("</tr>");
```

❷HTMLエスケープする

リスト15-12では、<td>を付けて出力する際そのまま **$row["列名"]** を出力するの
ではなく、**htmlspecialchars** という関数を実行しています。

▶リスト15-13 htmlspecialchars関数を使ってHTMLをエスケープ

```
print("<td>" . htmlspecialchars($row["idju"]) . "</td>");
```

htmlspecialchars と いう 関 数 は、「<」 を 「<」、「>」 を 「>」、「&」 を
「&」など、HTMLのタグをほかの文字に置換する機能を持ちます。この処理を
しないと、表示しようとする文字に「<」「>」「&」の記号が含まれていたとき、画面
に文字が正しく表示されなくなる恐れがあります（そして、この処理をしないと、セ
キュリティ上の問題になることもあります）。こうしたHTMLの特殊な文字を置換す
ることを **HTMLエスケープ** といいます。

▶図15-11 htmlspecialchars関数を通して、「<」や「>」をHTMLエスケープする

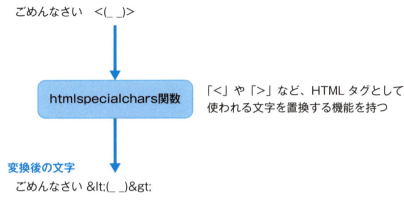

15-2-7 データベースから切断する

データベースの処理がすべて終わったら、データベースとの接続を切断します。切断するには、mysqli_close関数を実行します。

▶リスト15-14 データベースとの接続を切断する

```
mysqli_close($link);
```

15-2-8 データ一覧を表示してみよう

ここまで説明したことを実際に実行して確かめてみましょう。

❶viewdata.phpを作成して配置する

viewdata.phpを作成して、public_htmlディレクトリに置きます。PHPファイルの配置方法を忘れてしまった場合は、P.375に戻って確認してください。

❷アクセスして確認する

「http://192.168.56.11/~users/viewdata.php」にブラウザでアクセスします。jusho（住所）テーブルの内容が一覧として表示されるかどうかを確認します。

▶図15-12 jushoテーブルの内容が一覧表示された

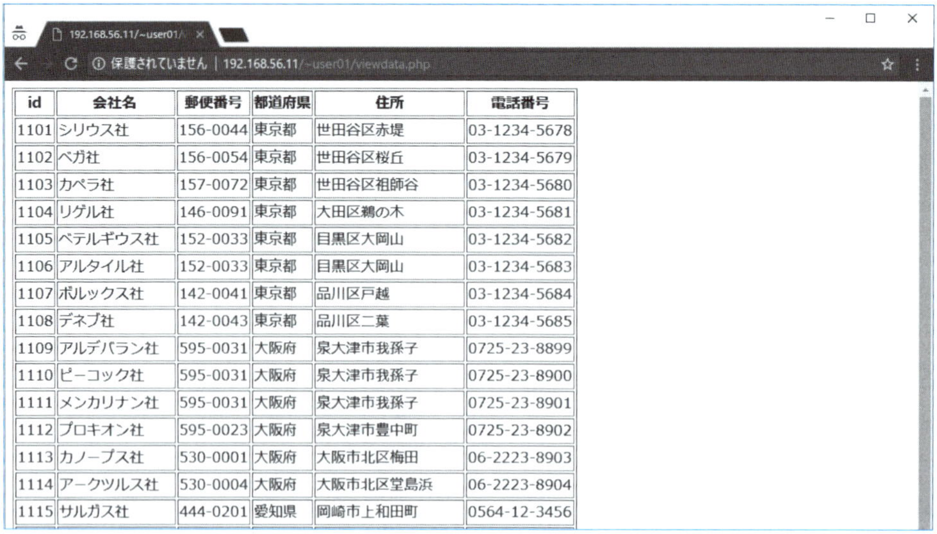

id	会社名	郵便番号	都道府県	住所	電話番号
1101	シリウス社	156-0044	東京都	世田谷区赤堤	03-1234-5678
1102	ベガ社	156-0054	東京都	世田谷区桜丘	03-1234-5679
1103	カペラ社	157-0072	東京都	世田谷区祖師谷	03-1234-5680
1104	リゲル社	146-0091	東京都	大田区鵜の木	03-1234-5681
1105	ベテルギウス社	152-0033	東京都	目黒区大岡山	03-1234-5682
1106	アルタイル社	152-0033	東京都	目黒区大岡山	03-1234-5683
1107	ポルックス社	142-0041	東京都	品川区戸越	03-1234-5684
1108	デネブ社	142-0043	東京都	品川区二葉	03-1234-5685
1109	アルデバラン社	595-0031	大阪府	泉大津市我孫子	0725-23-8899
1110	ピーコック社	595-0031	大阪府	泉大津市我孫子	0725-23-8900
1111	メンカリナン社	595-0031	大阪府	泉大津市我孫子	0725-23-8901
1112	プロキオン社	595-0023	大阪府	泉大津市豊中町	0725-23-8902
1113	カノープス社	530-0001	大阪府	大阪市北区梅田	06-2223-8903
1114	アークツルス社	530-0004	大阪府	大阪市北区堂島浜	06-2223-8904
1115	サルガス社	444-0201	愛知県	岡崎市上和田町	0564-12-3456

Column データ数が多いときはページングする

このサンプルではjusho(住所) テーブルのレコードすべてを表示していますが、格納されているレコード数が多いと、とても長い時間がかかったり、サーバーの処理が遅くなる可能性があります。それを避けるため、テーブルのレコード数が多いような場合は、すべてを返すのではなくて、先頭から50件や100件など、限られたレコード数しか返さないようにしてみてください。そのためには、実行しているSELECT文を SELECT * FROM jusho ORDER BY idju LIMIT 50; などのようにして、LIMIT句で制限すればよいでしょう。多くのWebアプリケーションでは、レコードの数が多いときは、それをある程度の件数で区切って表示し、それ以降は、「次へ」のリンクを設けて、それをクリックしたときに表示するというように、1ページに表示する最大件数を設けます。このようにレコード数が多いときに、ページを順繰りにたどって見せる仕組みをページングといいます。

まとめ

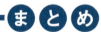

- ◉ mysqli_connect関数でデータベースに接続する
- ◉mysqli_query関数でSELECT文が、mysqli_real_query関数でINSERT INTO文、UPDATE文、DELETE文が発行できる
- ◉ mysqli_close関数でデータベース接続を解除する

Chapter 15 Webアプリケーションの作成

15-3 データを追加する
~入力フォームを使ったデータの送信~

テーブルのデータをブラウザに表示できたので、今度は入力したデータをテーブルに登録します。Webアプリケーションでのデータ入力には、入力フォームを使います。入力フォームでレコードを追加するプログラムを作っていきましょう。

15-3-1 データを入力するフォーム

データを追加したり修正したりする場合など、ブラウザで文字入力するときには**入力フォーム**という仕組みを使います。入力フォームは、ECサイトでショッピングをする際に配送先や支払い方法など、さまざまな入力をするときに幅広く使われているものです。

●入力フォームを構成する部品

入力フォームには、**テキストボックス**や**リストボックス**、**チェックボックス**、**ラジオボタン**、**ボタン**などの部品要素があります。対応するHTMLのタグを記述すると、その形状の部品がブラウザに表示され、そこに文字入力したり選択したりできるようになります。

▶図15-13 入力フォームの要素とそれぞれのHTMLタグ

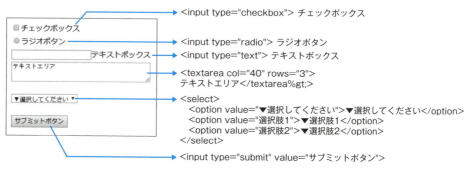

15-3 データを追加する 385

●サブミットボタン

　入力フォームには、サブミットボタンと呼ばれるボタンが1つ以上必要です。これは、<input type="submit">のように **type="submit"** が指定されたボタンのことです。サブミットは「提出」という意味であり、このボタンをクリックすると、入力したデータがサーバーにまとめて送信されます。valueに指定しているのはボタンに表示されるボタン名であり、任意の名称です。

▶リスト15-15 サブミットボタン

```
<input type="submit" value="サブミットボタン">
```

●入力部品には名前を付ける

　入力部品には、name="**名前**" として名前を付けておきます。そうしておかないと、サーバー側のプログラムで、どの項目のデータに相当するのかわからないためです。例えば、次のように「kaisha」という名前を付けておくと、サーバー側でこのkaishaに入力されたデータがわかります。

▶リスト15-16 テキストボックスをkaishaと命名

```
<input type="text" name="kaisha">
```

●呼び出し先と方法を指定する

　入力フォームを使うときは、その構成要素の部品全体を<form>と</form>で囲みます。そして<form>には、**どのプログラムに、どのような方法**で送信するのかを指定します。前者はaction、後者はmethodで指定します。

▶リスト15-17 <form>にどのプログラムをどのような方法で送信するのかを指定

```
<form action="プログラム名" method="方法">
    <input  …などの入力を構成する要素>
    …
</form>
```

①action

　「hozon.php」など、呼び出すURLを指定します。フォーム上でサブミットボタン（<input type="submit">）がクリックされたときは、<form>と</form>で囲まれた、

すべての入力部品に入力されたデータが、このURLに送信されます。

② method

データを受け渡す方法です。**GET**と**POST**の2種類があります。省略したとき（method自体を書かなかったとき）はGETが指定されたものと見なされます。また、大文字と小文字は区別せず、`method="POST"`と書いても`method="post"`と書いても（さらに大文字小文字を混在させても）同じです。

GETを指定したときは、入力されたデータがURLの後ろに「?」という文字に続いて送信されます（このデータは実際にアドレスバーのURLの後ろにつくので、ブラウザで確認できます）。それに対してPOSTを指定したときはURLとは別の、ユーザーからは直接見えない方法で送信されます。

▶図15-14　URL末尾の「?」以降に渡したい情報が続いて送信される

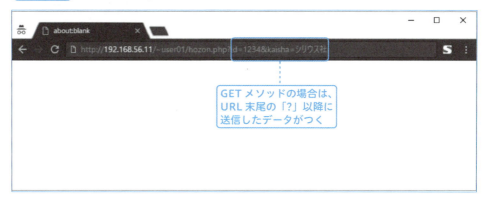

データベースの更新などの操作で使う入力フォームは、一般にPOSTを使います。POSTで送信したデータは、ブラウザの＜更新＞ボタンなどで再送信しようとするとブラウザからの再送信に関する警告が表示されること、キャッシュの対象にならないことなどから、間違えて複数回登録する危険性が少ないからです。それに対して検索条件などを指定する入力フォームでは、GETを使うことが多いです。これは「再読込」しても警告が出ないため何度も再更新しやすいことや、同じ検索条件からキャッシュしたほうが高速化に貢献することなどによるものです。

▶表15-2 GETとPOSTの違い

違い	GET	POST
送信方法	URLの後ろ	ボディ部と呼ばれるユーザーからは見えない場所
キャッシュ対象	なる	ならない
再読込時の警告	なし	あり
ファイルの送信	できない	できる
大きなデータの送信	できない	できる
使い分け	何度再読込しても同じ結果を得たいならこちら	入力データを保存する場合など、再読込したときに二重登録する恐れがあるときやキャッシュに残したくないときはこちら

15-3-2 フォームに入力されたデータの読み込み

例えば、次のような入力フォームを用意するとします。

▶リスト15-18 テキストボックスとサブミットボタンのみの入力フォーム

```
<form method="POST" action="hozon.php">
    <input type="text" name="kaisha">
    <input type="submit" value="送信">
</form>
```

これをブラウザで見ると、次のようになります。

▶図15-15 テキストボックスとサブミットボタンのみの入力フォーム

「送信」と書かれたサブミットボタンをクリックすると、actionで記述されているhozon.phpが実行されます。またmethod="POST"を指定しているので、方法はPOSTです。このとき、hozon.phpでは、$_POST["kaisha"]と記述することで、ユーザーが<input type="text" name="kaisha">に入力した内容を取得できます。ここではmethodがPOSTなので$_POSTですが、もしmethodがGETの場合は、同様に$_GETと記述します。

▶図15-16 サブミットボタンを押すとhozon.phpが実行され、POSTしたデータを表示できる

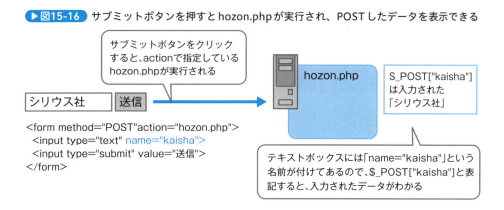

15-3-3 データ入力用のフォームを作る

　これまでの説明を踏まえて、テーブルに新しいレコードを追加するためプログラムを作ります。まずは、入力フォームとしてリスト15-19のようなファイルを用意します。ここではメタタグで文字コードをUTF-8に指定しておきます。このファイルはPHPではなくHTMLファイルであるため、拡張子を「.html」（または.htm）とし、ファイル名を「input.html」などとして保存します。

▶リスト15-19　input.html

```
<html>
<body>
<meta charset="utf-8">
<form method="POST" action="tsuika.php">
id： <input type="text" name="id"><br>
会社名： <input type="text" name="kaisha"><br>
郵便番号：<input type="text" name="yuubin"><br>
都道府県：<input type="text" name="todoufuken"><br>
住所：<input type="text" name="jusyo"><br>
電話：<input type="text" name="denwa"><br>
<input type="submit" name="保存">
</form>
</body>
</html>
```

ブラウザで表示したときは、次のようになります。

▶ **図15-17** リスト 15-19 をブラウザで表示

15-3-4 入力されたデータをレコードとして追加する

　input.htmlでは、次のようにactionはtsuika.phpを設定し、methodはPOSTとしています。ですから、tsuika.phpというプログラムを作り、$_POST["名前"]を参照すれば、入力された値を取得できます。

▶ **リスト15-20** リスト 15-19 の POST の指定

```
<form method="POST" action="tsuika.php">
```

　入力された値をデータベースのレコードとして登録するには、INSERT INTO文を実行します。プログラムは次のようになります。

▶リスト15-21 tsuika.php

```php
<?php
// データベースの接続とデータベースの選択
$link = mysqli_connect("localhost", "user", "pass");
mysqli_select_db($link , "ghexample");

// 入力された値からINSERT INTO文を作る
$s = "INSERT INTO jusho (idju, company, zip, state, address,tel) VALUES (";
$s = $s . mysqli_real_escape_string($link, $_POST["id"]) . ",";
$s = $s . "'" . mysqli_real_escape_string($link, $_POST["kaisha"]) . "','";
$s = $s . "'" . mysqli_real_escape_string($link, $_POST["yuubin"]) . "','";
$s = $s . "'" . mysqli_real_escape_string($link, $_POST["todoufuken"]) . "','";
$s = $s . "'" . mysqli_real_escape_string($link, $_POST["jusyo"]) . "','";
$s = $s . "'" . mysqli_real_escape_string($link, $_POST["denwa"]) . "');";

// 実行する
$result = mysqli_real_query($link, $s);

if ($result) {
        print("<html><body>保存しました</body></html>");
} else {
        print(mysqli_error($link));
}

// 切断する
mysqli_close($link);
```

◉INSERT INTO文の作成

tsuika.phpでは、次のようにして入力されたデータからINSERT INTO文を作成しています。

▶リスト15-22 リスト15-21のINSERT INTO文の作成箇所

```php
$s = "INSERT INTO jusho (idju, company, zip, state, address,tel) VALUES (";
$s = $s . mysqli_real_escape_string($link, $_POST["id"]) . ",";
$s = $s . "'" . mysqli_real_escape_string($link, $_POST["kaisha"]) . "','";
$s = $s . "'" . mysqli_real_escape_string($link, $_POST["yuubin"]) . "','";
$s = $s . "'" . mysqli_real_escape_string($link, $_POST["todoufuken"]) . "','";
$s = $s . "'" . mysqli_real_escape_string($link, $_POST["jusyo"]) . "','";
$s = $s . "'" . mysqli_real_escape_string($link, $_POST["denwa"]) . "');";
```

少し長いのでわかりにくいのですが、これは . を使った文字の結合に過ぎません。それぞれの入力項目の値は $_POST["名前"] で取得できるので、それをつなげているだけです。この結果、変数 $s には次のようなINSERT INTO文の文字列が作られます。

▶ **リスト15-23** 変数$sに作られたINSERT INTO文の例

```
INSERT INTO jusho (idju, company, zip, state, address,tel)
VALUES (5555,'ウルトラ社','3920022','長野県','諏訪市','0266-12-3456');
```

このように文字列の連結でINSERT INTO文を作ればよいのですが、1点だけ注意点があります。それは、**$_POST["名前"]** を直接使うのではなくて、mysqli_real_escape_string関数を使っているという点です。これは、ユーザーが「SQLの文法上、特別な文字を入力したときの対策」で、**SQLエスケープ処理**と呼ばれます。

具体的には、この関数を呼び出すと、**'** や**%** などの文字が適切な形に変換されます。**'** はSQLにおいて文字列を示す記号です。もし、文字列中に**'** を含むときは**''** のように2重に記述しなければなりません。**%** も同様に**%%** と書かなければならないことがあります。そうした置換処理をするのが、mysqli_real_escape_string関数です。この関数を使って置換しないと、ユーザーが**'** や**%** を含む文字を入力したときに、正しいSQLが作られない可能性があります。

SQLエスケープ処理は、単純にSQLの文法のエラーを防ぐだけではなく、不正なSQLが実行されないために不可欠な処理です。悪意あるユーザーは、こうした**'** や**%** などの記号を混じったものをブラウザに入力して、それがデータベースに正しくない形で送信されることによって誤動作を引き起こす攻撃をしようとする攻撃例があります。このような攻撃を**SQLインジェクション**と呼びます。

◉INSERT INTO文の実行

作成したINSERT INTO文のSQLを実行するには関数を利用します。mysqli_real_query関数を使います。

▶ **リスト15-24** 作成したSQLを実行する処理

```
$result = mysqli_real_query($link, $s);
```

関数の実行が成功したかどうか、つまり引数に指定したSQLの実行が成功したかどうかは、左辺に書いた変数、この場合は$resultの値で確認できます。成否の判定はif文を使い次のように記述します。if文は条件によって処理を分岐するPHPの構文です。

▶**リスト15-25** 条件によって処理を分岐するif文の構文

```
if ($result) {
    成功したときに実行される文
} else {
    失敗したときに実行される文
}
```

サンプルでは、成功したときは「保存しました」と表示しています。失敗したときは、mysqli_error関数を呼び出しています。こうすると、失敗した理由を示すエラーメッセージを取得できます。

▶**リスト15-26** データの登録に成功した場合と失敗した場合で処理を分岐

```
if ($result) {
        print("<html><body>保存しました</body></html>");
} else {
        print(mysqli_error($link));
}
```

15-3-5 入力したデータをテーブルに登録してみよう

本文中で説明したことを実際に実行して確かめてみましょう。

❶input.htmlやtsuika.phpを作成して配置する

input.htmlやtsuika.phpを作成して、public_htmlディレクトリに置きます。方法を忘れてしまった場合は、P.375に戻って確認してください。

❷入力フォームにアクセスする

「http://192.168.56.11/~users/input.html」にブラウザでアクセスします。すると入力フォームが表示されるので、追加したいレコードの値を入力して<送信>と書かれたサブミットボタンをクリックします。するとtuika.phpが呼び出され、INSERT INTO文が実行されます。このとき画面には「保存しました」と表示されます。

▶図15-18 http://192.168.56.11/~users/input.htmlにブラウザでアクセスし情報を入力

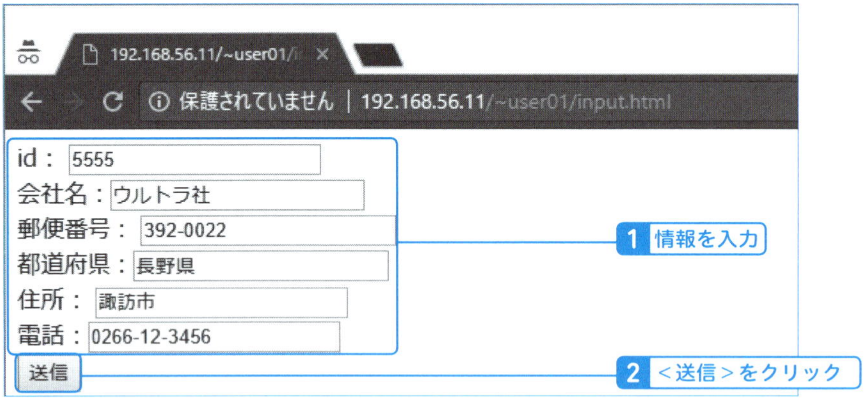

1 情報を入力
2 <送信>をクリック

▶図15-19 <送信>ボタンをクリックすると「保存しました」と表示される

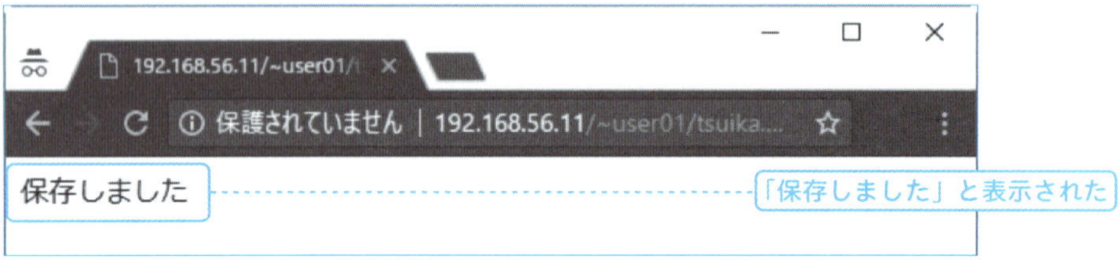

「保存しました」と表示された

Column 削除や更新も同様に処理できる

　本書では割愛しますが、削除や更新も同様にして処理します。これは難しくなく、削除の場合はDELETE文を、更新の場合はUPDATE文を文字列連結で作り、それを実行するようにプログラムを作るだけです。PHPからのデータベース操作は、「どのようなSQLを作って、データベースに送信するのか」というだけであり、やりたいSQLさえ作れば、どのような処理でも実現できます。トランザクション操作もできますし、あまりやりませんが、必要があるなら、CREATE TABLE文を実行してテーブルを作成するなどの操作をすることもできます。

---

❸データを確認する

　セクション15-2で作成したサンプルの「http://192.168.56.11/~user01/viewdata.php/」にアクセスします。末尾に、たった今追加したデータが存在することがわかります。もちろん、phpMyAdminなどから確認しても同じように追加されていることが確認できるはずです。

▶図15-20 データが追加されたことが確認できた

入力した情報が追加された

Column きちんとエラーチェックする

　本書ではできるだけ基本を示すため、入力された値のエラーチェックなどをしていません。本来であれば、入力された値をチェックして、不正なデータが入力された場合や空欄であったときには、エラーメッセージを表示して再入力させるべきです。そのためには、PHPのif文などを使って、$_POST["名前"]の項目が正しい値かどうかを調べるようにプログラムを作ります。最近では、正しくない値を入力して、プログラムを誤動作させる攻撃も増えているので、入力された値が正しいかどうかを確認する処理を作ることは必須ともいえます。

- データの追加や修正には、入力フォームを使用する
- 入力フォームには、入力内容をどのプログラム（action）に、どのような方法（method）で送るかを設定する

索 引

A〜B

ABS()	143
ACOS()	143
ADDTIME()	159, 163
AND	131, 132
AS	168
ASC	177
ASIN()	143
ATAN()	143
AVG()	185
BEGIN	263
BETWEEN	121, 126
BIGINT	95
BINARY	106
BIT	96
BIT_AND()	185
BIT_LENGTH()	150
BLOB	106

C

CALL	283
CASCADE	237
CAST()	169
CEIL()	141, 143
CEILING()	141, 143
CHAR	106
CHAR_LENGTH()	150, 155
COMMIT	60, 263
CONCAT()	149, 152
CONV()	143
CONVERT()	169, 170
COS()	143
COUNT()	185
CURDATE()	158, 160
CURRENT_DATE()	158
CURRENT_TIME()	158
CURRENT_TIMESTAMP()	158
CURTIME()	158, 160

D

DATE()	160
DATE_ADD()	159, 163
DATEDIFF()	159, 164
DATE_FORMAT()	165
DATE_SUB()	159, 163
DAY()	159, 161
DAYNAME()	162
DBMS	11
DCL	59
DDL	59
DECIMIAL	96
DECLARE	290
DEGREES()	143
DELETE	81
DESC	177
DISTINCT	174
DML	59
DOUBLE	87, 96
dump	330

E〜G

ELT()	151
ENUM	106
EXISTS	213
EXP()	142
EXPLAIN	249
EXPORT_SET()	151
FIELD()	151
FIND_IN_SET()	151
FLOAT	96
FLOOR()	141, 143
FORMAT()	151, 157
FOR UPDATE	271
FULLTEXT	245
GEOMETRY	90
GRANT	60
GROUP BY	186
GROUP_CONCAT()	185

H～L

HAVING	189
HOUR()	159, 161
IN	121, 128
INDEX	245
INNER JOIN	202
INSERT()	149
INSERT INTO	71
INSTR()	151
INT	87, 95
INTERVAL	163
JDBCドライバ	354
LAST_DAY	160
LEFT()	150, 155
LEFT JOIN	207
LENGTH()	150
LIKE	121, 123
LIMIT	181
LINESTRING	90
LN()	142
LOAD_FILE()	151
LOCATE()	151
LOG()	142
LOWER()	151, 154
LPAD()	150, 156
LTRIM()	150

M～N

MAKE_SET()	151
MAKEDATE()	160
MAKETIME()	160
MAX()	185
MEDIUMINT	95
MID()	150, 155
MIN()	185
MINUTE()	159, 161
MONTH()	159, 161
MySQL	19
MySQLコネクタ	343
MySQLモニタ	325

NO ACTION	237
NoSQL	13
NOT	131, 133
NOW()	158, 160
NULL	109
NUMERIC	96

O～R

OCTET_LENGTH()	150
ODBC	359
OR	131, 132
ORDER BY	177
PERIOD_ADD()	159
PERIOD_DIFF()	159
phpMyAdmin	24, 28, 48
PI()	143
POINT	90
POLYGON	90
POSITION()	151
PostgreSQL	20
POW()	142
POWER()	142
QUOTE()	151
RADIANS()	143
RAND()	143, 147
RDB	13
READ COMMITTED	276
READ UNCOMMITTED	275
REPEAT()	151
REPEATABLE READ	276
REPLACE()	149, 154
RESTRUCT	237
REVERSE()	151
REVOKE	60
RIGHT()	150, 155
RIGHT OUTER JOIN	208
rootユーザー	221, 303
ROUND()	141, 143
RPAD()	150, 156
RTRIM()	150

索引 397

索 引

S

SECOND()	159, 161
SELECT	61
SERIALIZABLE	276
SET	106
SET NULL	237
SIGN()	143
SIN()	143
SMALLINT	95
SOUNDEX()	151
SPACE()	150
SPATIAL	245
SQL	54
SQRT()	142
START TRANSACTION	263
STD()	185
STDDEV()	185
STDDEV_POP()	185
STDDEV_SAMP()	185
STRCMP()	151
SUBSTR()	150
SUBTIME()	159, 163
SUM()	185
SYSDATE	158

T〜U

TAN()	143
TCP/IPポート	344
TEXT	88, 106
TIME	88
TIME()	160
TIMEDIFF()	159, 164
TIMESTAMP()	160
TIMESTAMPADD()	159
TIMESTAMPDIFF()	159, 164
TINYINT	95
TRIM()	150
TRUNCATE()	141
Ubuntu	302
UCASE()	151

UNIQUE	245
UNIXソケット	344
UPDATE	76
UPPER()	151, 154
UTC	159

V〜Y

VALUES	71
VARBINARY	106
VARCHAR	88, 106
VARIANCE()	185
VAR_POP()	185
VAR_SAMP()	185
VirtualBox	28, 31, 37
WEEK()	159
WEEKDAY()	162
WEIGHT_STRING()	151
WHERE	68
YEAR()	159, 161

あ〜か行

あいまい検索	124
インデックス	244
打ち切り誤差	97
エスケープシーケンス	107
演算子	114
オートインクリメント	230
オフセット	181
オペランド	114
外部キー	236
外部結合	197, 206
可変長	104
カラム	16
カラムクエリ	212
関数	138
キャスト関数	169
行クエリ	212
共有ロック	269
グループ化	186
固定小数型	96

固定長 —————— 104
コミット —————— 264

さ行

サブクエリ —————— 210
三角関数 —————— 142
算術演算子 —————— 115, 117
参照アクション —————— 236
時刻型 —————— 101
四捨五入 —————— 143
自然結合 —————— 214
実行計画 —————— 249
集約関数 —————— 184
主キー —————— 229
照合順序（文字コード）—————— 222
数値関数 —————— 141
スカラサブクエリ —————— 211
スキーマ —————— 17, 225
ストアドファンクション —————— 288
ストアドプロシージャ —————— 279
ストアドルーチン —————— 278
正規化 —————— 193
整数型 —————— 95
制約 —————— 230

た行

データ型 —————— 86
データ制御言語 —————— 58, 59
データ操作言語 —————— 58, 59
データ定義言語 —————— 58, 59
データベース —————— 10
データベース管理システム —————— 11
テーブル —————— 16
テーブルクエリ —————— 212
テーブルロック —————— 271
デッドロック —————— 274
デフォルト値 —————— 230
ドライバ —————— 342
トランザクション —————— 262
トランザクション分離レベル —————— 275

トリガー —————— 294

な～は行

内部結合 —————— 196, 202
年型 —————— 103
パーミッション —————— 318
排他ロック —————— 269
バイナリ型 —————— 106
バックアップ —————— 82, 329
比較演算子 —————— 115, 120
引数 —————— 139
左外部結合 —————— 207
日付型 —————— 100
日付時刻型 —————— 102
ビット値型 —————— 96
ビュー —————— 253
浮動小数型 —————— 96
別名 —————— 167

ま～わ行

右外部結合 —————— 208
文字列型 —————— 106
文字列関数 —————— 149
文字列の置換 —————— 149
文字列の長さ —————— 150
文字列の連結 —————— 149
戻り値 —————— 139
ライブラリ —————— 342
ランダムな数値 —————— 147
リストア —————— 329
リテラル値 —————— 55
レコード —————— 16
レコードロック —————— 271
ロールバック —————— 264
ロック —————— 268
論理演算子 —————— 116, 131
和集合 —————— 195, 200

[著者略歴]
小笠原 種高（おがさわら しげたか）
テクニカルライター、イラストレーター、フォトグラファー。システム開発やWebサイト構築の企画、マネジメント、コンサルティングに従事。雑誌や書籍などで、記事の執筆や動画の作成を行っている。主な著書に「256(ニャゴロー)将軍と学ぶWebサーバ」（工学社）、「はじめてのAccess2016」（秀和システム）などがある。

ウェブサイト   ：モウフカブール　http://www.mofukabur.com
執筆協力   ：大澤 文孝、浅居 尚、大西 すみこ
仮想イメージ作成：大澤 文孝

> ■お問い合わせについて
> 本書の内容に関するご質問は、下記の宛先までFAXまたは書面にてお送りください。電話によるご質問、および本書に記載されている内容以外の事柄に関するご質問にはお答えできかねます。あらかじめご了承ください。
>
> 〒162-0846
> 東京都新宿区市谷左内町21-13
> 株式会社技術評論社　書籍編集部
> 「これからはじめるMySQL入門」質問係
> FAX番号　03-3513-6167
>
> なお、ご質問の際に記載いただいた個人情報は、ご質問の返答以外の目的には使用いたしません。また、ご質問の返答後は速やかに破棄させていただきます。

●カバー　　　　　　　　　小川純（オガワデザイン）
●本文デザイン　　　　　　小川純（オガワデザイン）
●編集・DTP　　　　　　　リブロワークス
●担当　　　　　　　　　　落合祥太朗
●技術評論社ホームページ　https://book.gihyo.jp/116

これからはじめる MySQL 入門

2018年　6月　7日　初版　第1刷発行
2022年10月12日　初版　第2刷発行

著者　　小笠原 種高
発行者　片岡 巌
発行所　株式会社技術評論社
　　　　東京都新宿区市谷左内町21-13
　　　　電話　03-3513-6150　販売促進部
　　　　　　　03-3513-6160　書籍編集部
印刷／製本　図書印刷株式会社

定価はカバーに表示してあります。

本書の一部または全部を著作権法の定める範囲を超え、無断で複写、複製、転載、テープ化、ファイルに落とすことを禁じます。

©2018　小笠原 種高

> 造本には細心の注意を払っておりますが、万一、乱丁（ページの乱れ）や落丁（ページの抜け）がございましたら、小社販売促進部までお送りください。送料小社負担にてお取り替えいたします。

ISBN978-4-7741-9759-3　C3055
Printed in Japan